新型建造方式与工程项目管理创新丛书　分册 4

# 建设项目
# 工程总承包管理

校荣春　贾宏俊　李永明　编著

中国建筑工业出版社

**图书在版编目（CIP）数据**

建设项目工程总承包管理 / 校荣春，贾宏俊，李永明编著. —北京：中国建筑工业出版社，2022.7
（新型建造方式与工程项目管理创新丛书；分册 4）
ISBN 978-7-112-27461-1

Ⅰ.①建… Ⅱ.①校…②贾…③李… Ⅲ.①建筑工程承包方式—项目管理 Ⅳ.① TU723.1

中国版本图书馆 CIP 数据核字（2022）第 097243 号

责任编辑：封　毅　张礼庆
责任校对：李美娜

新型建造方式与工程项目管理创新丛书　分册 4
**建设项目工程总承包管理**
校荣春　贾宏俊　李永明　编著
*
中国建筑工业出版社出版、发行（北京海淀三里河路 9 号）
各地新华书店、建筑书店经销
北京建筑工业印刷厂制版
北京富诚彩色印刷有限公司印刷
*
开本：787 毫米×1092 毫米　1/16　印张：16¼　字数：295 千字
2022 年 7 月第一版　　2022 年 7 月第一次印刷
定价：**58.00** 元
ISBN 978-7-112-27461-1
（39136）

# 课题研究及丛书编写指导委员会

## 课题研究及丛书编写委员会

徐　坤　中建科工集团有限公司总工程师

刘明生　陕西建工控股集团有限公司党委常委、董事

王海云　黑龙江建工集团公司顾问总工程师

王永锋　中国建筑第五工程局华南公司总经理

张宝海　中石化工程建设有限公司EPC项目总监

李国建　中亿丰建设集团有限公司总工程师

张党国　陕西建工集团创新港项目部总经理

苗林庆　北京城建建设工程有限公司党委书记、董事长

何　丹　宏盛建业投资集团公司总工程师

李继军　山西四建集团有限公司副总裁

陈　杰　天一建设集团有限公司副总工程师

钱　红　江苏苏中建设集团总工程师

蒋金生　浙江中天建设集团总工程师

安占法　河北建工集团总工程师

李　洪　重庆建工集团副总工程师

黄友保　安徽水安建设公司总经理

卢昱杰　同济大学土木工程学院教授

吴新华　山东科技大学工程造价研究所所长

# 课题研究与丛书编写委员会办公室

**主　任:** 贾宏俊　尤　完

**副主任:** 郭中华　李志国　邓　阳　李　琰

**成　员:** 朱　彤　王丽丽　袁金铭　吴德全

# 《建设项目工程总承包管理》
# 编委会


**主　编：** 校荣春　贾宏俊　李永明

**副主编：** 吴新华　李志国　周可璋　杨宏选

**编　委：** 校荣春　贾宏俊　李永明　周可璋　杨宏选　周德军　辛　平
吴新华　李志国　雷　克　梁艳红　李云岱　王丽丽　方君宇

# 丛书总序

2021年是中国共产党成立100周年，也是“十四五”期间全面建设社会主义现代化国家新征程开局之年。在这个具有重大历史意义的年份，我们又迎来了国务院五部委提出在建筑业学习推广鲁布革工程管理经验进行施工企业管理体制改革35周年。

为进一步总结、巩固、深化、提升中国建设工程项目管理改革、发展、创新的先进经验和做法，按照党和国家统筹推进“五位一体”总体布局，协调推进“四个全面”战略布局，全面实现中华民族伟大复兴“两个一百年”奋斗目标，加快建设工程项目管理资本化、信息化、集约化、标准化、规范化、国际化，促进新阶段建筑业高质量发展，以适应当今世界百年未有之大变局和国内国际双循环相互促进的新发展格局，积极践行“一带一路”建设，充分彰显建筑业在经济社会发展中的基础性作用和当代高科技、高质量、高动能的“中国建造”实力，努力开创我国建筑业无愧于历史和新时代新的辉煌业绩。由山东科技大学、中国亚洲经济发展协会建筑产业委员会、中国（双法）项目管理研究专家委员会发起，会同中国建筑第八工程局有限公司、中国建筑第五工程局有限公司、中建科工集团有限公司、陕西建工集团有限公司、北京城建建设工程有限公司、天一投资控股集团有限公司、河南国基建设集团有限公司、山西四建集团有限公司、广联达科技股份有限公司、瑞和安惠项目管理集团公司、苏中建设集团有限公司、江中建设集团有限公司等三十多家企业和西北工业大学、中国社科院大学、同济大学、北京建筑大学等数十所高校联合组织成立了《中国建设工程项目管理发展与治理体系创新研究》课题研究组和《新型建造方式与工程项目管理创新丛书》编写委员会，组织行业内权威专家学者进行该课题研究和撰写重大工程建造实践案例，以此有效引领建筑业绿色可持续发展和工程建设领域相关企业和不同项目管理模式的创新发展，着力推动新发展阶段建筑业转变发展方式与工程项目管理的优化升级，以实际行动和优秀成果庆祝中国共产党成立100周年。我有幸被邀请作为本课题研究指导委员会主任委员，很高兴和大家一起分享了课题研究过程，颇有一些感受和收获。该课题研究注重学习追踪和吸收国内外业内专家学者研究的先进理念和做法，归纳、总结我国重大工程建设的成功经验和国际工程的建设管理成果，坚持在研究中发现问题，在化解问题中深化研究，体现了课题团队深入思考、合作协力、用心研究的进取意识和奉献精神。课题研究内容既全面深入，又有理论与实践相结合，其实效性与指导性均十分显著。

一是坚持以习近平新时代中国特色社会主义思想为指导，准确把握新发展阶段这个战略机遇期，深入贯彻落实创新、协调、绿色、开放、共享的新发展理念，立足于构建以国内大循环为主题、国内国际双循环相互促进的经济发展势态和新发展格局，研究提出工程项目管理保持定力、与时俱进、理论凝练、引领发展的治理体系和创新模式。

二是围绕“中国建设工程项目管理创新发展与治理体系现代化建设”这个主题，传承历史、总结过去、立足当代、谋划未来。突出反映了党的十八大以来，我国建筑业及工程建设领域改革发展和践行“一带一路”国际工程建设中项目管理创新的新理论、新方法、新经验。重点总结提升、研究探讨项目治理体系现代化建设的新思路、新内涵、新特征、新架构。

三是回答面向“十四五”期间向第二个百年奋斗目标进军的第一个五年，建筑业如何应对当前纷繁复杂的国际形势、全球蔓延的新冠肺炎疫情带来的严峻挑战和激烈竞争的国内外建筑市场，抢抓新一轮科技革命和产业变革的重要战略机遇期，大力推进工程承包，深化项目管理模式创新，发展和运用装配式建筑、绿色建造、智能建造、数字建造等新型建造方式提升项目生产力水平，多方面、全方位推进和实现新阶段高质量绿色可持续发展。

四是在系统总结提炼推广鲁布革工程管理经验35年，特别是党的十八大以来，我国建设工程项目管理创新发展的宝贵经验基础上，从服务、引领、指导、实施等方面谋划基于国家治理体系现代化的大背景下“行业治理—企业治理—项目治理”多维度的治理现代化体系建设，为新发展阶段建设工程项目管理理论研究与实践应用创新及建筑业高质量发展提出了具有针对性、实用性、创造性、前瞻性的合理化建议。

本课题研究的主要内容已入选住房和城乡建设部2021年度重点软科学题库，并以撰写系列丛书出版发行的形式，从十多个方面诠释了课题全部内容。我认为，该研究成果有助于建筑业在全面建设社会主义现代化国家的新征程中立足新发展阶段，贯彻新发展理念，构建新发展格局，完善现代产业体系，进一步深化和创新工程项目管理理论研究和实践应用，实现供给侧结构性改革的质量变革、效率变革、动力变革，对新时代建筑业推进产业现代化、全面完成“十四五”规划各项任务，具有创新性、现实性的重大而深远的意义。

真诚希望该课题研究成果和系列丛书的撰写发行，能够为建筑业企业从事项目管理的工作者和相关企业的广大读者提供有益的借鉴与参考。

张基尧

二〇二一年六月十二日

**张基尧**

中共第十七届中央候补委员，第十二届全国政协常委，人口资源环境委员会副主任

国务院原南水北调工程建设委员会办公室主任，党组书记（正部级）

曾担任鲁布革水电站和小浪底水利枢纽、南水北调等工程项目总指挥

# 丛书前言

改革开放40多年来，我国建筑业持续快速发展。1987年，国务院号召建筑业学习鲁布革工程管理经验，开启了建筑工程项目管理体制和运行机制的全方位变革，促进了建筑业总量规模的持续高速增长。尤其是党的十八大以来，在以习近平同志为核心的党中央坚强领导下，全国建设系统认真贯彻落实党中央"五位一体"总体布局和"四个全面"的战略布局，住房城乡建设事业蓬勃发展，建筑业发展成就斐然，对外开放度和综合实力明显提高，为完成投资建设任务和改善人民居住条件做出了巨大贡献。从建筑业大国开始走向建造强国。正如习近平总书记在2019年新年贺词中所赞许的那样：中国制造、中国创造、中国建造共同发力，继续改变着中国的面貌。

随着国家改革开放的不断深入，建筑业持续稳步发展，发展质量不断提升，呈现出新的发展特征：一是建筑业现代产业地位全面提升。2020年，建筑业总产值263 947.04亿元，建筑业增加值占国内生产总值的比重为7.18%。建筑业在保持国民经济支柱产业地位的同时，民生产业、基础产业的地位日益凸显，在改善和提高人民的居住条件生活水平以及推动其他相关产业的发展等方面发挥了巨大作用。二是建设工程建造能力大幅度提升。建筑业先后完成了一系列设计理念超前、结构造型复杂、科技含量高、质量要求严、施工难度大、令世界瞩目的高速铁路、巨型水电站、超长隧道、超大跨度桥梁等重大工程。目前在全球前10名超高层建筑中，由中国建筑企业承建的占70%。三是工程项目管理水平全面提升，以BIM技术为代表的信息化技术的应用日益普及，正在全面融入工程项目管理过程，施工现场互联网技术应用比率达到55%。四是新型建造方式的作用全面提升。装配式建造方式、绿色建造方式、智能建造方式以及工程总承包、全过程工程咨询等正在成为新型建造方式和工程建设组织实施的主流模式。

建筑业在取得举世瞩目的发展成绩的同时，依然还存在许多长期积累形成的疑难问题和薄弱环节，严重制约了建筑业的持续健康发展。一是建筑产业工人素质亟待提升。建筑施工现场操作工人队伍仍然是以进城务工人员为主体，管理难度加大，施工安全生产事故呈现高压态势。二是建筑市场治理仍需加大力度。建筑业虽然是最早从计划经济走向市场经济的领域，但离市场运行机制的规范化仍然相距甚远。挂靠、转包、串标、围标、压价等恶性竞争乱象难以根除，企业产值利润率走低的趋势日益明显。三是建设工程项目管理模式存在多元主体，各自为政，互相制约，工程实施主体责任不够明确，监督检查与工程实际脱节，严重阻碍了工程项目管理和工程总体质量协同发展提升。四是创新驱动发展动能不足。由于建筑业的发展长期依赖于固定资产投资的拉动，同时企业自身资金积累有限，因而导致科技创新能力不足。在新常态背景下，当经济发展动能从要素驱动、投资驱动转向创新驱动时，对于以劳动密集型为特征的建筑业而言，创新驱动发展更加充满挑战性，创新能力成为建筑业企业发展的短板。这些影响建筑业高质量发展的痼疾，必须要彻底加以革除。

目前，世界正面临着百年未有之大变局。在全球科技革命的推动下，科技创新、传播、应用的规模和速度不断提高，科学技术与传统产业和新兴产业发展的融合更加紧密，一系列重大科技成果以前所未有的速度转化为现实生产力。以信息技术、能源资源技术、生物技术、现代制造技术、人工智能技术等为代表的战略性新兴产业迅速兴起，现代科技新兴产业的深度融合，既代表着科技创新方向，也代表着产业发展方向，对未来经济社会发展具有重大引领带动作用。因此，在这个大趋势下，对于建筑业而言，唯有快速从规模增长阶段转向高质量发展阶段、从粗放型低效率的传统建筑业走向高质高效的现代建筑业，才能跟上新时代中国特色社会主义建设事业发展的步伐。

现代科学技术与传统建筑业的融合，极大地提高了建筑业的生产力水平，变革着建筑业的生产关系，形成了多种类型的新型建造方式。绿色建造方式、装配建造方式、智能建造方式、3D打印等是具有典型特征的新型建造方式，这些新型建造方式是建筑业高质量发展的必由路径，也必将有力推动建筑产业现代化的发展进程。同时还要看到，任何一种新型建造方式总是与一定形式的项目管理模式和项目治理体系相适应的。某种类型的新型建造方式的形成和成功实践，必然伴随着项目管理模式和项目治理体系的创新。例如，装配式建造方式是来源于施工工艺和技术的根本性变革而产生的新型建造方式，则在项目管理层面上，项目管理和项目治理的所有要素优化配置或知识集成融合都必须进行相应的变革、调整或创新，从而才能促使工程建设目标得以顺利实现。

随着现代工程项目日益大型化和复杂化，传统的项目管理理论在解决项目实施过程中的各种问题时显现出一些不足之处。1999年，Turner提出“项目治理”理论，把研究视角从项目管理技术层面转向管理制度层面。近年来，项目治理日益成为项目管理领域研究的热点。国外学者较早地对项目治理的含义、结构、机制及应用等问题进行了研究，取得了较多颇具价值的研究成果。国内外大多数学者认为，项目治理是一种组织制度框架，具有明确项目参与方关系与治理结构的管理制度、规则和协议，协调参与方之间的关系，优化配置项目资源，化解相互间的利益冲突，为项目实施提供制度支撑，以确保项目在整个生命周期内高效运行，以实现既定的管理战略和目标。项目治理是一个静态和动态相结合的过程：静态主要指制度层面的治理；动态主要指项目实施层面的治理。国内关于项目治理的研究正处于起步阶段，取得一些阶段性成果。归纳、总结、提炼已有的研究成果，对于新发展阶段建设工程领域项目治理理论研究和实践发展具有重要的现实意义。

党的十九届五中全会审议通过的《中共中央关于制定国民经济和社会发展第十四个五年规划和二〇三五年远景目标的建议》，着眼于第二个百年奋斗目标，规划了“十四五”乃至2035年间我国经济社会发展的目标、路径和主要政策措施，是指引全党、全国人民实现中华民族伟大复兴的行动指南。为了进一步认真贯彻落实党的十九届五中全会精神，准确把握新发展阶段，深入贯彻新发展理念，加快构建新发展格局，凝聚共识，团结一致，奋力拼搏，推动建筑业“十四五”高质量发展战略目标的实现，由山东科技大学、中国亚洲经济发展协会建筑产业委员会、中国（双法）项目管理研究专家委员会发起，会同中国建筑第八工程局有限公司、中国建筑第五工程局有限公司、中建科工集团有限公司、陕西建工集团有限公司、北京城建建设工程有限公司、天一投资控股集团有限公司、河南国基建设集团有限公司、山西四建集团有限公司、广联达科技股份有限公司、瑞和安惠项目管理集团公司、苏中建设集团有限公司、江中建设集团有限公司等三十多家企业和西北工业大学、中国社科院大学、同济大学、北京建筑大学等数十所高校联合组织成立了《中国建设工程项目管理发展与治理体系创新研究》课题，该课题研究的目的在于探讨在习近平新时代中国特色社会主义思想和党的十九大精神指引下，贯彻落实创新、协调、绿色、开放、共享的发展理念，揭示新时代工程项目管理和项目治理的新特征、新规律、新趋势，促进绿色建造方式、装配式建造方式、智能建造方式的协同发展，推动在构建人类命运共同体旗帜下的"一带一路"建设，加速传统建筑业企业的数字化变革和转型升级，推动实现双碳目标和建筑业高质量发展。为此，课题深入研究建设工程项目管理创新和项目治理体系的内涵及内容构成，着力探索工程总承包、全过程工程咨询等工程建设组织实施方式对新型建造方式的作用机制和有效路径，系统总结"一带一路"建设的国际化项目管理经验和创新举措，深入研讨项目生产力理论、数字化建筑、企业项目化管理的理论创新和实践应用，从多个层面上提出推动建筑业高质量发展的政策建议。该课题已列为住房和城乡建设部2021年软科学技术计划项目。课题研究成果除《建设工程项目管理创新发展与治理体系现代化建设》总报告之外，还有我们著的《建筑业绿色发展与项目治理体系创新研究》以及由吴涛著的《"项目生产力论"与建筑业高质量发展》，贾宏俊和白思俊著的《建设工程项目管理体系创新》，校荣春、贾宏俊和李永明编著的《建设项目工程总承包管理》，孙丽丽著的《"一带一路"建设与国际工程管理创新》，王宏、卢昱杰和徐坤著的《新型建造方式与钢结构装配式建造体系》，袁正刚著的《数字建筑理论与实践》，宋蕊著的《全过程工程咨询管理》《建筑企业项目化管理理论与实践》，张基尧和肖绪文主编的《建设工程项目管理与绿色建造案例》，尤完和郭中华著的《绿色建造与资源循环利用》《精益建造理论与实践》，沈兰康和张党国主编的《超大规模工程EPC项目集群管理》等10余部相关领域的研究专著。

本课题在研究过程中得到了中国（双法）项目管理研究委员会、天津市建筑业协会、河南省建筑业协会、内蒙古建筑业协会、广东省建筑业协会、江苏省建筑业协会、浙江省建筑施工协会、上海市建筑业协会、陕西省建筑业协会、云南省建筑业协会、南通市建筑业协会、南京市住房城乡建设委员会、西北工业大学、北京建筑大学、同济大学、中国社科院大学等数十家行业协会、建筑企业、高等院校以及一百多位专家、学者、企业家的大力支持，在此表示衷心感谢。《中国建设工程项目管理发展与治理体系创新研究》课题研究指导委员会主任、国务院原南水北调办公室主任张基尧，第十届全国人大环境与资源保护委员会主任毛如柏，原铁道部常务副部长、中国工程院院士孙永福亲自写序并给予具体指导，为此向德高望重的三位老领导、老专家致以崇高的敬意！在研究报告撰写过程中，我们还参考了国内外专家的观点和研究成果，在此一并致以真诚谢意!

二〇二一年六月三十日

**肖绪文**

中国建筑集团首席专家，中国建筑业协会副会长、绿色建造与智能建筑分会会长，中国工程院院士。本课题与系列丛书撰写总主编

# 本书前言

建筑业经过40多年的改革开放和发展，已经成为国民经济的支柱产业、民生产业和基础产业，但仍然存在制约建筑业持续健康和高质量发展的疑难问题和薄弱环节。党的十八大以来，习近平新时代中国特色社会主义思想成为全党全国人民为实现中华民族伟大复兴而奋斗的行动指南，也是我们做好各项工作的根本遵循。在全球新技术革命和新型产业革命的迅速兴起的大环境下，现代科学技术、新一代信息技术与传统建筑产业深度融合，激发中国工程项目管理创新走向高维度项目治理，催生中国建筑业裂变出多种类型的新型建造方式，工程建设组织实施模式得到优化。其中，大力推进工程总承包是实现我国工程项目建设组织方式由碎片化到集成化的必由之路。工程总承包是指承包单位按照与建设单位签订的合同，对工程设计、采购、施工或者设计、施工等阶段实行总承包，并对工程的质量、安全、工期和造价等全面负责的工程建设组织实施方式。2017年2月21日，国务院办公厅印发《关于促进建筑业持续健康发展的意见》（国办发〔2017〕19），要求加快推行工程总承包。2019年12月23日，住房和城乡建设部和国家发展改革委联合颁发的《房屋建筑和市政基础设施项目工程总承包管理办法》（建市规〔2019〕12号），为促进工程总承包模式的发展提供了坚实保障。与此同时，全国各地也陆续出台了一系列政策性文件，标志着我国的工程总承包市场进入了蓬勃发展的新阶段。为促进中国建设工程总承包模式健康发展，本书结合中建八局工程总承包的实践，在系统总结我国大型国有企业实施工程总承包管理经验的基础上，分析了国内外不同工程项目总承包业务发展模式，针对我国工程总承包发展中存在的问题进行了创新性研究，形成了本书的主要内容。具体包括工程总承包模式发展现状及市场环境，工程总承包模式与其他承包模式的比较分析，工程总承包企业培育，工程总承包管理的原则及要素，工程总承包管理体系，新基建与工程总承包等内容，并对中建八局工程总承包管理体系经验进行了总结提升，以希望为工程总承包企业及工程总承包项目提供较为成功的经验和较为科学的管理运行体系。

本书是住房和城乡建设部2021年建筑业转型升级软科学研究项目《中国建设工程项目管理发展与治理体系创新研究》课题总报告的重要成果之一，是在以张基尧、孙丽丽院士为主任的课题指导委员会和丛书编委会肖绪文、吴涛主任指导下进行的。由校荣春、贾宏俊、李永明、吴新华、李志国、杨宏选、周德军、雷克等教授和专家共同研究并执笔完成。本书在写作过程中得到了国内数十家行业协会、建筑企业、高等院校、科研机构、软件企业的众多专家、学者、企业家的大力支持，在此深表谢意！除已经附注的参考文献外，我们还吸收了相关专家的观点和建议，在此一并致谢！书中尚有许多欠妥和不当之处，恳请各位同仁批评指正！

贾宏俊

2022 年 6 月 30 日

# 目录

# 第1章

# 工程总承包概论

## 1.1 工程总承包模式概念及实施意义

工程总承包管理模式是将建筑工程项目的管理模式同设计、施工进行了结合，解决传统承包模式（DBB）设计与生产分离的弊端而产生的符合现代工程项目管理的发展要求，符合业主希望承包商能够承担更多的责任、义务和风险，并且愿意支付更多费用的需求的一种建设组织管理模式。

### 1.1.1 工程总承包模式的概念

工程总承包是工程建设项目管理模式的一种，所谓工程建设项目管理模式是指针对整个工程中各参与方（包含业主、承包商、设计方、供货方和设备租赁商等）中的不同的角色共同组成的管理架构，体现业主与承包方以及其他项目参与者之间的责任、权利、利益关系。近些年，因为项目的建设规模变得越来越大、设计的难度较高，相应的管理也极其复杂，涉及各行各业，这时候一种比较新型的工程建设项目的管理模式，即工程总承包管理模式就应运而生了，这种新型的管理模式更能符合业主的要求，更能体现项目的整体交付目标。

工程总承包管理模式，按照字面理解就是整个工程项目的具体管理工作的实施均由工程总承包商负责，业主不直接参与管理工作。这种管理模式概括来讲，就是业主来委托有能力进行工程总承包的大型企业，依据合同规定对所实施的项目完成现场调研、勘察设计、物资设备采购、施工建设、试运行等进行全部过程或若干过程的承包；工程总承包的大型企业依据所签的合同规定对所承包的工程项目的施工质量、施工周期、成本造价等向业主负责，可以依据相关法律法规及合同规定将其承包的工程里面的部分工程再次分包给拥有相应能力的企业，分包企业依据分包合同的规定要向总承包的企业负责；业主同从事工程总承包的企业就工程总承包的具体模式、工作内容及相应责任等需在合同中进行约定。

关于工程总承包的概念，国内主要法律法规或政策文件中有着不同的描述。《中华人民共和国建筑法》中规定："建筑工程的发包单位可以将建筑工程的勘察、设计、施工、设备采购一并发包给一个工程总承包单位，也可以将建筑工程的勘察、设计、施工、设备采购的一项或者多项发包给一个工程总承包单位。"在《建设项目工程总承包管理规范》GB/T 50358—2017 中对工程总承包定义为："工程总承包合同，指项目承包人与项目发包人签订的对建设项目的设计、采购、施工和试运行实行全过程或若干阶段承包的合同。"在《房屋建筑和市政基础设施项目工程总承包管理办法》第三条中明确了工程总承包的定义，即"本办法所称工程总承包，是指承包单位按照与建设单位签订的合同，对工程设计、采购、施工或者设计、施工等阶段实行总承包，并对工程的质量、安全、工期和造价等全面负责的工程建设组织实施方式。"

通过以上法律法规标准或政策文件中对工程总承包的界定可以看出，工程总承包本质上是借鉴了工业生产组织的经验，实现建设过程的组织集成化，避免工程建设管理的碎片化带来的不利影响，将工程项目建设的多个阶段进行集成管理，最核心的是实现设计与施工的结合与集成。

### 1.1.2 工程总承包模式的特征

工程总承包模式与传统工程交易模式存在本质上的不同，具有自身独特的优势，主要表现在设计施工一体化对项目的优化以及合同签订单一性等，但也有承担更多责任与风险等缺陷。

（1）设计施工一体化

设计与施工阶段隶属于同一单位，有利于工程总承包企业对资源进行整体协调配置。同时，实现设计方案的初始理念将得到体现，节约空间随之优化。总承包项目对项目整体进行统一组织策划，对专业人员素质也有了更高要求。装配式建筑大力推进，其设计、生产与装配需要不同专业人员的协调配合，工程总承包这一特点符合其专业性要求，有助于建筑工业化深入推进。

（2）合同签订单一性

业主将项目整体发包给工程总承包企业，总承包企业承接全寿命周期内各环节工作，为业主提供符合合同要求与标准的工程、项目与服务。业主基于原则性、整体性对项目进行管控，有效缩减合同界面，有利于避免因合同问题导致利益相关方之间的纠纷，以实现全面履约。

（3）责任与风险分担

从工程总承包企业视角，需对项目全寿命周期进行管控并承担相应责任，但风险与责任成正比。可基于全寿命周期价值链对企业进行分析，将非核心环节或不具有优势的业务进行外包，并对外部较独立或具有优势的环节进行整合，实现风险有效规避，获取更大的利润空间。从业主视角，对项目参与度、控制度降低，但部分风险可被规避，管理风险被转移到工程总承包企业。

当然，这一点应引起工程总承包单位的高度重视，工程总承包单位所承担的风险与施工总承包截然不同。例如，某海外工程总承包项目——海上风力发电厂的设计、制造、安装工程总承包项目。在招标文件中，有业主方的相关技术要求，其中针对基础部分，要求符合由一家国际等级与证明机构专为海上风力涡轮装置制定的设计标准，即所谓的 J101，但是此后发现该所谓的 J101 标准内有一项错误，并将导致基础结构存在瑕疵。总承包方是严格遵照业主招标文件以及其中所包括的设计标准和所谓的 J101 进行施工的，但是，因为前述的瑕疵问题，最终导致基础结构倒塌并产生维修费用高达 2625 万欧元。经仲裁该项目损失由总承包人承担。意味着总承包人应以交付标准履行合同义务，项目没有达到合同约定交付标准，责任由总承包人承担。

### 1.1.3　实施工程总承包模式的意义

实施工程总承包模式实现了设计与施工的集成，在很大程度上保证了项目的整体交付，重构了业主与承包商的风险分担。开展工程总承包模式，总承包商向业主承担合同项下全部工程责任，总承包商是整个项目建设的主体、合约的主体。通过开展这种承包方式能够帮助建设单位和总承包单位克服分阶段、分专业平行发包的不足，能够充分发挥市场机制作用，促使承包商、设计师、建筑师等各方资源共同寻求最经济、最切实可行的方法建造工程项目。通过开展工程总承包，能够较为容易地解决设计、采购、施工、试运行等各个环节中存在的主要矛盾，从而使得整个工程项目的建设达到质优、效高、成本低的效果。同时，实施工程总承包也是国际工程承包的主要模式。具体看，实施工程总承包的意义主要体现在以下几个方面：

### 1. 有利于与国际接轨，更好服务于“一带一路”倡议

工程总承包是国际通行的建设项目组织实施方式。大力推进工程总承包，有利于提升项目可行性研究和初步设计深度，实现设计、采购、施工等各阶段工作的深度融合，提高工程建设水平；有利于发挥工程总承包企业的技术和管理优势，促进企业做优做强，推动产业转型升级，服务于“一带一路”倡议。“一带一路”倡议的提出，对我国建筑业及工程项目管理发展创新提供了强大的战略机遇，有利于我国建筑业进一步走向世界，实现跨越式发展和世界引领。反过来看，大力实施工程总承包模式，培养一批具备国际视野和丰富工程总承包经验的企业，能更好为实施倡议保驾护航。

### 2. 实现单一责任主体，业主减少对项目的直接管理

实施工程总承包模式，由承包单位负责项目的设计、采购、施工等任务，对项目的质量、工期、安全、造价全面负责，实现了单一的责任主体，减少了合同界面，避免推卸责任等现象发生。也减少了业主单位在设计方与施工方协调的工作。业主只与工程总承包单位建立合约关系，从而最大限度地减少了建设单位需要面对的工程承包商个数，进而节省了工程建设单位在工程管理中的精力投入，给业主在管理上带来了极大的便利。建设单位无论是从招标管理还是项目的具体管理上，工作量都大幅减少，有利于业主把主要管理精力集中在战略管理层面。

### 3. 专业的人做专业的事，项目品质更有保障

项目的设计、采购、施工均由总承包商牵头，各个专业的设计、采购和施工界面都由总承包商负责协调管理，进而保证了各个界面上的沟通顺畅有效，避免了各自为政。同时，又因为整个工程从设计到竣工移交的建设过程是连续的，能够最大限度地发挥总承包商在项目报价、设计、采购、施工等过程中的积极性及创造性，有利于总承包商对工程项目的整体管控，能够有效地对项目的质量、安全、工期、成本等各个环节进行综合控制。最大限度地减少因设计、采购、施工等不协调造成的工期延误、拆改及合同纠纷等，减少了责任盲区及不必要的推诿扯皮。还能够保证出图、采购以及施工工序的合理穿插，从而使整个项目周期（从设计到竣工）大大缩短，因而可以保证项目的既定总目标实现，又快又好地完成项目建设。

### 4. 有效地减少合同纠纷，变外部关系为内部关系

工程总承包模式的项目中，总承包商的责任体系是完备的，承担合同项下全部工程责任。无论是设计施工、设计采购、采购施工以及不同专业工程的施工均由总承包商负责协调，可以最大限度地减少业主在工程建设过程中面临的合同纠纷。同时，大大减少了项目内部协调、设计变更管理等工作量，把原来需要业主单位协调的工作转化为总承包单位内部协调和管控工作。

### 5. 实现设计与施工的集成，提升项目价值

工程总承包并不是一般意义上施工承包的重复式叠加，它是区别于一般土建承包、专业承包，具有独特内涵的一种建设方式。它是一种以向业主交付最终产品服务为目的，对整个工程项目实行整体构思、全面安排、协调运行的前后衔接的承包体系。它将过去分阶段分别管理的模式变为各阶段通盘考虑的系统化管理的模式，使工程建设项目管理更加符合建设规律。发达国家建筑市场有近一半的工程项目采取工程总承包的方式。工程总承包模式能实现设计和施工深度交叉，从而降低工程造价，缩短建设周期，提高工程质量。

设计阶段是对工程造价影响最大的环节。工程造价平均 90% 在设计阶段就已经确定，施工阶段影响项目投资平均仅占 5% 左右。因此在设计阶段实行限额设计，通过优化方案降低工程造价的效果十分显著。在传统承包模式下，施工和设计是分离的，双方难以及时协调，常常产生造价和使用功能上的损失。设计和施工过程的深度交叉，能够在保证工程质量的前提下，最大幅度地降低成本。同时，设计阶段属于案头工作，进行修改优化设计的成本是很低的，但是对项目投资的影响却是决定性的。实现设计、采购、施工、试运行全过程的质量控制，能够在很大程度上消除质量不稳定因素。设计、采购、施工、试运行各阶段的深度合理交叉，在设计阶段就积极应用新技术、新工艺，考虑到施工的便于操作性，最大限度地在施工前发现图纸存在的问题，有利于保证工程质量，对于缩短建设周期也大有裨益。

工程总承包反映了市场专业化分工的必然趋势和业主规避风险的客观要求，必将得到业主的认同和市场的认同，成为未来建筑业的一种重要的承包模式。

## 1.2 工程总承包管理模式的发展现状

### 1.2.1 国外工程总承包管理模式的发展现状

随着经济社会的不断发展，工程项目日趋复杂。传统的项目管理模式不断地呈现出设计、采购和施工之间的脱节关系，各项目主要环节互相分割和脱节已不能满足整体的工程管理要求，同时伴随着工程效率低、建设周期长、投资效益差等新问题，这对工程项目管理模式提出了新的挑战和要求。于是，现代的工程总承包模式呼之欲出。

现代的工程总承包模式于20世纪60年代出现在美国，逐步从房屋建设领域拓展到基础建设领域，1987年美国服务管理署出版了第一个正式的工程总承包合同范本。同时，英日等发达国家也开始从事大型工程项目的总承包业务，并在全球特别是发展中国家的基础设施建设项目中开展EPC等总承包模式。据相关文献显示，美国采用总承包模式的比例在不断增加。由此可见，美国等发达国家工程总承包模式发展得较为成熟。

全球承包商规模仍在稳步增长。举例来说，根据ENR（Engineering News-Record）发布的排名数据，2018年度全球承包商250强的营业收入总计为16351.167亿美元，比2017年度14935.86亿美元增长了9.48%；其中国际工程总收入高达4602.504亿美元，比2017年度增长了3.06%；而2018年度新增合同总额为23201.215亿美元，比2017年度增长了16.53%。通过相关数据可以看出，房屋建筑、交通基础设施和石油化工业3个方面仍然是2018年度全球承包商250强的主要业务领域。三者占营业收入的比例分别为37.38%、29.99%和11.14%，三者总计占营业收入的比例高达78.51%。

从地区上来看，亚洲地区一直是全球最大的国际建筑工程承包市场，并且亚洲也是承包商的集中地域。从营业收入看，亚洲、欧洲和北美洲为2018年度全球承包商250强主要集中地域，各洲营业收入总和占全球承包商250强总收入的比例分别为63.49%、19.91%和14.57%，三者总计已高达97.97%。从上榜承包商数量看，亚洲、北美洲和欧洲为2018年度全球承包商250强主要集中地域，各洲上榜的承包商数量占全球承包商250强数量的比例分别为42.8%、38.4%和15.2%，三者总计达到了96.4%。

从总承包市场的结构来看，无论是公司数量，还是这些公司所占的市场份额，发达国家和地区的国际工程建筑市场都占有优势，其中尤其以美国、加拿大、欧洲和日本为盛。但是，中国的承包商发展迅猛。举例来说，从实际业绩来看，2017 年 250 强中德国承包商的业绩增长最为强劲，国际营业收入整体同比增长了 28.6%。美国近几年的承包商发展一直在下降，并且下降较为明显。2017 年进入 250 强的美国承包商比上年减少了 7 家，为 36 家，国际营业额出现了 20% 的降幅。

### 1.2.2　国内工程总承包管理模式的发展现状

国内工程总承包管理模式较西方起步较迟。但经过多年的发展，目前工程总承包模式飞速发展。

新中国成立以来，我国建设项目管理体制实行过多种方式，大体上可分为四个阶段：

第一阶段是新中国成立初期，以建设单位自营方式为主。

这一阶段设计施工力量十分薄弱和分散，所谓自营方式就是建设单位自己组织设计人员，施工人员自己招募工人和购置施工机械、采购材料，自行组织工程项目建设。

第二阶段从 1953 年到 1965 年，学习苏联模式，实行以建设单位为主的甲乙丙三方制。

甲方建设单位由政府主管部门负责组建，乙方设计单位和丙方施工单位分别由各自的主管部门进行管理建设。单位自行负责建设项目全过程的具体管理、设计、制造、施工，任务分别由各自的政府主管部门下达。项目实施过程中的许多技术经济问题由政府有关部门直接协调和解决。

第三阶段从 1965 年至 1984 年，大多以工程指挥部方式为主。

许多大中型项目的建设采用建设指挥部的方式把管理建设的职能与管理生产的职能分开建设，指挥部负责建设期间设计、采购、施工的管理。项目建成后移交给生产管理机构负责运营，建设指挥部即完成历史使命。

我们国家有很大一批建设项目是在以上几种管理模式下建成的。

第四阶段是学习国际通用工程项目管理方式阶段。

改革开放以后，随着大量引进国外成套设备、国外资金和国外承包商，我国建设市场相继出现了国际通行的项目管理和工程承包方式。因此，建设管理体制进入了新的发展阶段。

20世纪80年代初，工程建设领域开始推行工程总承包和项目管理。先后经历了探索、试点、推广三个阶段。建设部、国家计委和财政部等国务院有关部门，先后对勘察、设计和施工等单位开展工程总承包工作，颁发了一系列的指导文件、规定和办法，指导和推动了这项工作的开展。具体来说，我国的EPC工程总承包的发展是依照住房和城乡建设部发布的相关规定进行稳步推进的。

对于工程总承包模式的实施来说，我国从20世纪80年代初就开始推行工程总承包和项目管理工作。

1984年9月，国务院印发《关于改革建筑业和基本建设管理体制若干问题的暂行规定》（国发〔1984〕123号）；

1984年12月，国家计委、建设部联合发出关于印发《工程承包公司暂行办法》的通知（计设〔1984〕2301号）；

1987年4月，国家计委、财政部、中国人民建设银行、国家物资局联合颁发《关于设计单位进行工程建设总承包试点有关问题的通知》（计设〔1987〕619号），成立12家试点单位；

1992年11月，建设部颁发《设计单位进行工程总承包资格管理的有关规定》（建设〔1992〕805号）；

1999年8月，建设部印发《关于推进大型工程设计单位创建国际型工程公司的指导意见》通知（建设〔1999〕218号）；

2000年5月，《国务院办公厅转发外经贸部等部门关于大力发展对外承包工程的意见的通知》（国办发〔2000〕32号）；

2003年2月，建设部发布《关于培育发展工程总承包和工程项目管理企业的指导意见》（建市〔2003〕30号）；

2004年12月，建设部颁发《建设工程项目管理试行办法》（建市〔2004〕200号）；

2005年7月，建设部联合发展改革委等其他5部委联合出台《关于加快建筑业改革与发展的若干意见》（建质〔2005〕119号）；

2006年12月，铁道部《关于印发〈铁路项目建设工程总承包办法〉的通知》（铁建设〔2006〕221号）。

在这之后，随着EPC工程总承包市场的日益扩大，我国从2016年开始进入EPC工程总承包的发展阶段。特别是2019年12月23日，住房和城乡建设部和国家发展改革委联合颁发的《房屋建筑和市政基础设施项目工程总承包管理办法》（建市规〔2019〕12号），为促进工程总承包模式的发展提供了坚实保障。

随着建筑市场的不断完善以及为便于与国际建筑市场接轨，我国相继出台了一系列政策来发展工程总承包模式。在政府的支持下，模式涉及的行业从石油化工行业逐步推广到市政、电力、机械、冶金、轻工等行业，并且在房屋建筑工程领域也取得了明显的发展。

从国际上来看，2014—2018 年度进入 ENR 全球承包商 250 强的中国公司数量持续平稳上升，由 2014 年度的 48 家增至 2018 年度的 54 家，总体营业收入与 2014 年度相比增长了 1.39 倍，同时在全球承包商 250 强中所占的比重增长了 1.04 倍。

### 1.2.3　国内工程总承包发展制约因素

工程总承包管理模式能否顺利推进，取决于三个方面：一是市场问题，二是动力问题，三是机制问题。市场要有需求，国内基本建设特别是新基建市场体量巨大，应该说为工程总承包的健康发展提供了广阔的市场环境。动力问题既包括业主方面愿意采用工程总承包模式实施项目管理，同时总承包人也有实施工程总承包的动力，主要体现在计价方式上。机制问题主要是相关的法律法规政策，能否进行一个系统的修订甚至重新构建。从微观上来说，制约因素体现于以下 4 个方面。

#### 1. 管理体系尚不健全

多数设计单位或施工单位并没有建立起相对完善的，能够与工程总承包模式所匹配的组织架构和相应的管理体系。国内的工程总承包项目大部分由设计单位牵头，而其中绝大部分牵头单位在项目实际管理中并没有设立项目计划部、招采部、设计管理部等组织机构，只是通过简单设立工程总承包部满足业主部分总承包管理需求。在统筹规划、现场协调管理、总承包服务、管理机构设置、质量安全管理体系、专业工程管理能力、技术管理能力等方面均不能达到工程总承包的相关要求。而工程总承包项目的监理单位，往往把工作重点局限在现场施工阶段的监理上，其项目管理的体系架构、标准和人员配备等都不能满足工程总承包监理服务要求。

#### 2. 项目管理方式还不够先进

目前，我国的设计、施工、监理企业并没有建立相对系统的工程总承包项目管理手册和较为完善的管理流程。与发达国家相比，在项目管理方式和手段上显得较为落后，缺乏工程项目计算机管理系统及互联网应用。在设计及建造的管理体制、制度流程等方面也与国际上的通用模式有所差距。而在国际上的大型工程承包商一般都具有高水平的 BIM 应用能力以及大数据分析技术。在工程项目的设计施工管理过程中往往能够借助大量的基础管理数据作为管理依据，高水平的 BIM 模型构建和集成化的项目管理信息化系统得以较为广泛地采用，现代化管理软件的应用在项目总承包管理过程中往往扮演着越来越重要的角色。

### 3. 科技创新机制不健全

国内承包商普遍缺乏具有国际领先水平的施工工艺和工程技术，特别是在科技创新、QC 创优、工法、专利等方面亟待加强。而国外的先进建筑承包商大多非常注重科技创新及技术研发，尤其善于与科研机构长期合作，能够将专利技术转化为具体的施工工艺或细部做法，进而形成自己独特的管理优势。

### 4. 总承包管理的专业人才相对匮乏

国内建筑承包商的高素质人才储备相对匮乏，这种情况往往在专业技术带头人、项目经理以及懂法律法规，能够技术与商务相结合，又精通外语的复合型人才方面较为突出。尤其是缺乏能力强、素质优且能严格依据工程承包管理要素进行总承包管理的项目团队。在实际的总承包项目管理中往往存在做商务的不懂技术、做技术的不懂生产、干生产的不懂 BIM、做 BIM 的不懂商务的情况，复合型人才特别匮乏。

## 1.3 工程总承包管理模式的市场环境

工程总承包市场包括国际市场和国内市场，而国际工程承包市场的不同环境状况对中国企业选择和开拓国别市场影响显著。国内市场环境随着政府大力促进工程总承包模式的发展，工程总承包的市场份额不断壮大。

考虑到“一带一路”建设，企业更应该关注工程总承包国际环境，分析国际工程承包市场主要环境要素，建立国际工程承包市场分析框架体系，帮助我国国际工程承包企业全方位识别各区域市场环境及竞争特点，进而做出正确的市场选择。

### 1.3.1 国际承包市场分析

2018 年我国对外承包工程业务完成营业额 1690.4 亿美元，折合人民币 1.12 万亿元。2019 年我国对外承包工程业务完成营业额 1729 亿美元，折合人民币 1.19 万亿元。2020 年，我国对外投资合作保持平稳健康发展，全年我国对外承包工程保持平稳，新签合同额 2555.4 亿美元（折合 17626.1 亿元人民币）；完成营业额 1559.4 亿美元（折合 10756.1 亿元人民币）。在中国对外承包工程企业百强榜中新签合同额前 100 家企业合计达到 2368.6 亿美元，占全国份额的 92.7%。有 8 家企业新签合同额超过 100 亿美元，完成营业额前 100 家企业合计达到 1233.82 亿美元，占全国份额的 79.12%，有 2 家企业完成营业额超过 100 亿美元。目前，国际工程承包市场潜力巨大。虽然世界经济发展受到相应的不确定因素冲击，但是总体来看，国际工程承包市场规模依旧在稳步发展。国际工程承包的范围早已超出过去单纯的工程施工和安装，延伸到投资规划、工程设计、国际咨询、采购、技术贸易、劳务合作、人员培训、指导使用、项目运营维护等涉及项目的全过程。国际承包市场出现如下几个特点。

#### 1. 以工程总承包能力为基础培育企业价值链的增值点

近几十年以来，国际总承包市场中以 EPC 工程总承包为代表的一系列总承包商模式逐步推广应用，这种承包方式将建筑业企业的利润源从施工承包环节扩展到包括设计、采购和验收调试等在内的工程全过程，能够快速胜任这种承包模式的企业获得了有利的竞争地位。越来越多的建筑企业经过国际市场上的竞争磨炼开始形成一定的总承包能力，并在此基础上进一步培育企业价值链的增值点，全方位寻求扩大利润空间的经营方式。换言之，建筑业企业将自己置身于一个比竞争对手更广阔的掌控资源和创造价值的任务环境，将客户、供应商、金融机构乃至于客户的客户都纳入企业经营的一个框架，通过企业价值链与这些密切关联的外部群体的价值链的有效协同，产生新的增值点，为总承包商创造更大的盈利空间。

#### 2. 现代信息和通信技术正在改变着工程项目管理的模式

现代信息技术和通信技术前所未有地迅猛发展不仅深刻影响了人们的生活和工作方式，而且对陈旧落后的经营观念、僵化臃肿的组织体制、粗放迟钝的管理流程等企业经营管理的各个方面进行了深刻的变革。信息技术和通信技术的广泛应用不但改变着建筑业整个行业的体制和机制，而且也改变着建筑产品生产的组织模式、管理思想、管理方法和管理手段。建筑业正在经历一场革命，信息和通信技术是推动这场革命的主要力量之一。

### 3. 工程总承包扩大自己在国际建筑市场的主导地位

随着建筑技术的提高和项目管理的日益完善，国际建筑工程的业主越来越关注承包商提供更广泛的服务能力。以往对工程某个环节的单一承包方式被越来越多的综合承包所取代，EPC 工程总承包成为主流模式之一。此外，对于公路、水利等大型公共工程项目，BOT 模式、BOOT 模式等工程承包方式也因其资金和收益方面的特征，越来越引起业主和承包商的兴趣，成为国际工程承包中新的方式。

### 4. 国际工程承包的投资作用日益加强

一方面，在海外投资有利于经营国际承包业务的公司渗透到当地市场，承揽当地没有在国际市场公开招标的项目；另一方面，在竞争激烈的国际市场，尤其是在国内资金短缺的发展中国家，资金实力成为影响企业竞争力的重要因素。因此，承包商跨国经营的战略期望和资金紧缺项目的采购模式为带资承包创造了市场需求。

国际工程承包市场复杂多变，各要素间相互联系、相互影响，建立市场环境分析框架，需合理选用环境分析指标，深入挖掘各区域市场环境特征。国际工程承包市场分析框架（图 1–1），既考虑不同地区经济、政治和社会环境的不确定性及市场的变动，又考虑各国承包商间的竞争程度、我国承包企业的竞争地位及竞争压力。对国际市场的分析可采集相关数据，各指标数据的主要来源可参考表 1–1。

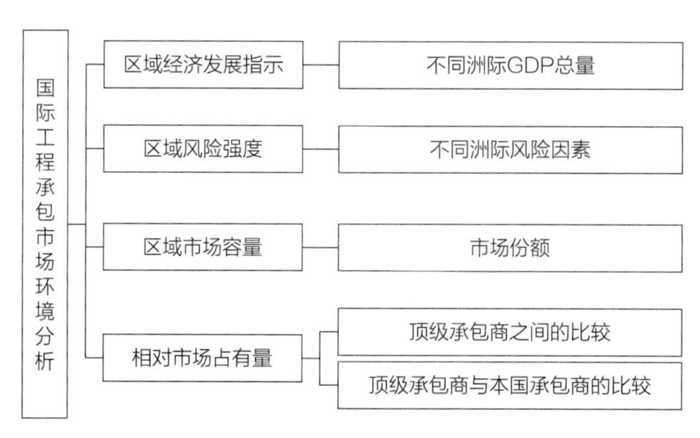


图 1-1 国际工程承包市场环境分析框架

国际工程承包市场环境分析各项指标数据来源及分析法 表 1-1

| 指标 | 可采集的数据来源 |
| --- | --- |
| 区域经济发展指标（统计不同洲际 GDP 总量作为衡量区域经济发展状况的指标） | 世界银行公布的各国 GDP；国际货币基金组织发行的世界经济展望；国际金融统计、政府财政统计年鉴等 |
| 区域风险强度（对国际工程承包不同区域市场环境进行宏观评价） | 全球三大国际评级机构的信用评级和风险评估数据；中国出口信用保险公司发布的《国家风险分析报告》等 |
| 区域市场容量（通过各区域市场份额反映区域市场容量的大小；通过区域市场营业额的时间序列反映本区域的市场容量变化情况） | 美国《工程新闻纪录》发布的国际承包商 225 强数据；中国对外承包工程商会发布的《中国对外承包工程发展报告》、国际承包商协会发布的统计数据、联合国统计年鉴、政府数据信息（NetEYEInc）等 |
| 相对市场占有率（是分析企业竞争状况的重要指标，通过比较不同区域市场上不同国家承包商市场份额可以识别不同国家国际工程承包企业的竞争地位） | 美国《工程新闻纪录》发布的国际承包商 225 强数据；中国国家统计年鉴及中国对外承包工程商会发布的《中国对外承包工程发展报告》、国际承包商协会发布的统计数据、联合国统计年鉴、政府数据信息（NetEYEInc）等 |

### 1.3.2 国内承包市场分析

国内工程总承包市场受政策的影响性较大，同时受市场需求和管理体制的影响。当前，工程建设相关政策法规，如《中华人民共和国建筑法》《中华人民共和国招标投标法》《建设工程质量管理条例》《中华人民共和国招标投标法实施条例》等，都是围绕传统的 DBB 建设模式开展的。

推行工程总承包模式，涉及建设项目招标投标制度、工程发承包与合同管理制度、资质资格监管制度、审图制度、工程监理制度、竣工验收、工程审计制度、工程担保制度等相关政策法规，是一个复杂的系统工程，需要“自上而下”的顶层法规制度设计保障其顺利实施。诚信体系不完善，业主质量风险大。“签合同之前怎么样都行，签合同之后怎么样都不行”，项目实施过程中设计院的“设计优化（功能缩）”导致节省的投资是总包方的利润，前期建设看似多快好省，后期生产运营存在较多问题，全寿命周期成本增加。因此，从国内市场环境看亟需改进完善，为推进工程总承包创造更好的条件。

在促进工程总承包市场发展时也应该注意到并不是所有的项目都适合于实施工程总承包模式。适合于项目特点的管理模式就是最好的模式，因此，各种项目管理组织模式并无优劣之分，应当根据项目的特点及建设单位的需求合理选用。是不是可以选用工程总承包模式的核心标准就在于工程价款和风险范围是不是可以合理预见，发包人的需求是否明确、具体、固定，建设的范围、功能要求、建设标准、建设规模是否确定。对于地质条件复杂、地下工程所占比重较大、工程范围不够明确的项目，不适合采用工程总承包模式。在 FIDIC 合同条件中也体现了这一观点。例如《生产设备和设计—建造合同条件》，适用于业主只负责编制项目纲要和生产设备性能要求（发包人要求），承包商负责大部分设计工作和全部施工及安装工作的工程项目；由工程师监督生产设备的制造、施工和安装，并签发支付证书；采用固定总价合同为主，按里程碑支付，少部分工作可能采用单价支付；业主与承包商之间的风险分担比较均衡。而《EPC/Turnkey 项目合同条件》，适用于业主直接管理项目施工过程，采用比较宽松的管理方式，但有严格的竣工试验和竣工后试验，以确保项目的最终质量；项目风险大部分由承包商承担，但业主要多支付一定的风险费，同时为了规避质量风险应实施高额的履约担保制度。FIDIC 指出了其《EPC/Turnkey 项目合同条件》不适用的三种情况：第一是投标人没有足够的时间或充足的信息及资料以仔细审查和核查业主的要求或开展设计、风险评估及费用估算工作；第二是工程涉及相当数量的地下工程，或投标人无法对未来工程所占区域开展调查，除非在专用条件中对不可预计的各类条件予以说明；第三是业主想要密切监督或控制承包商的工作，或审核承包商的大部分设计图纸。

通过以上分析，要进一步促进国内工程总承包市场，需要对现有的招标投标制度、监理制度、合同管理制度等进一步完善。

（1）经济环境稳定发展，为推进工程总承包管理模式提供了物质基础。相比较而言，工程总承包行业是一个资本密集型行业，大量建设资本的来源主要得益于经济的发展，所以，市场经济这个大环境是工程总承包行业市场发展的重要因素。最近几年，中国经济持续稳定发展，表现出稳中向好发展势头。党中央和国务院面对错综复杂的国内外经济环境，习近平总书记提出了统筹推进“五位一体”总体布局和协调推进“四个全面”战略布局，要求全国上下坚持稳中求进的总体工作基调，坚持新的发展理念，以推进供给侧结构性改革为主线，适度扩大总需求，坚定深化改革，妥善应对国内外市场的风险挑战，进而引导形成良好社会预期，国民经济呈现出缓中趋稳、稳中向好的良性局面。2019 年，面对国内外复杂的经济环境和各种严峻挑战，在以习近平为核心的党中央坚强领导下，建筑业以习近平新时代中国特色社会主义思想为指导，全面贯彻党的十九大和十九届二中、三中、四中全会精神，持续深化供给侧结构性改革，发展质量和效益不断提高。全国建筑业企业（不含劳务分包建筑业企业）完成建筑业总产值 248445.77 亿元，同比增长 5.68%；完成竣工产值 123834.13 亿元，同比增长 2.52%；签订合同总额 545038.89 亿元，同比增长 10.24%，其中新签合同额 289234.99 亿元，同比增长 6.00%；完成房屋施工面积 144.16 亿 $m^2$，同比增长 2.32%；完成房屋竣工面积 40.24 亿 $m^2$，同比下降 2.68%；实现利润 8381 亿元，同比增长 9.40%。截至 2019 年底，全国有施工活动的建筑业企业 103814 个，同比增长 8.82%；从业人数 5427.37 万人，同比下降 2.44%；按建筑业总产值计算的劳动生产率为 399656 元 / 人，同比增长 7.09%。特别是为应对当前经济下行，克服发展中的困难，党中央国务院提出促进基础设施建设，规模适度超前，这也有利于工程总承包管理模式的进一步推进。

（2）政府方面政策引导，有利于发展工程总承包管理模式。随着工程总承包业务在国内的不断发展，政府也加大了宏观调控管理力度，相继制定了一系列与之相关的法律法规，有力地促进了工程总承包管理模式的发展。

（3）业主对工程总承包管理模式认识不断提高。工程总承包业务主要涉及业主和承包商两大主体，其中业主是工程的主导，也是推动工程承包业务发展的动力源。业主的推动为工程总承包发展提供了不懈的动力，不然尽管有较强的工程承包能力，也是无源之水，很快就会衰竭；相反，即便承包商的承包能力较低，只要存在市场需求，也会出现很多符合要求的工程总承包商。

### 1.3.3　工程总承包相关政策分析

自 20 世纪 80 年代起，我国通过借鉴发达国家的经验，开始将工程总承包模式在建筑领域推行，建筑企业初尝此模式带来的优势。早在 1984 年国务院就发布了《关于改革建筑业和基本建设管理体制若干问题的暂行规定》（国发〔1984〕123 号），标志着工程总承包模式在我国正式启动，但是由于相关的法律法规不健全和建筑业大环境的不完善导致工程总承包模式并没有以较快的速度推进和发展。进入 2014 年后，我国对工程总承包推广发展的速度明显加快，尤其体现在政策出台的方面，截至 2019 年底，中央出台的工程总承包政策达到 38 部，2015 年之后发布的地方性政策总数达到 126 部。国家在 2016 年之后开始大量发布关于 EPC 工程总承包的相关实施办法。具体来说，住房和城乡建设部、交通运输部和中国铁路总公司分别在 2015 年都发布了相关的 EPC 工程总承包文件；2017 年，全国人大、国务院办公厅和住房和城乡建设部等多部门密集发布关于 EPC 工程总承包项目的政策文件，发布的数量多达 8 份。各地方政府也陆续出台了一系列地方性政策。这也标志着我国的 EPC 工程总承包市场进入了蓬勃发展的阶段。其中 2019 年 12 月住房和城乡建设部和国家发展改革委发布的《房屋建筑和市政基础设施项目工程总承包管理办法》（以下简称“12 号文”）是近期的纲领性文件之一。12 号文共二十八条，对工程总承包项目范围、资质要求、风险分担机制、项目经理的资格、分包方式等方面进行了规范，并要求自 2020 年 3 月 1 日起执行。在 12 号文出台后，自 2019 年 12 月底至 2020 年 8 月 10 日，全国共有十个省市发布了工程总承包相关的文件或者举措，从中也能反映出各省市对工程总承包业务的导向、重视程度与推行力度。国家层面和地方性政策发布的情况如图 1–2 所示，体现国家从政策这一方向对工程总承包建设体制的改革具备的决心（近期发布的有关政策见表 1–2）。

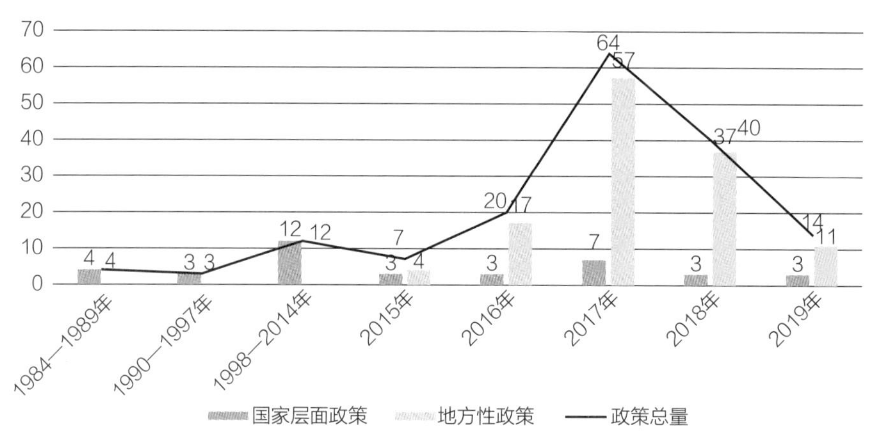


图 1-2 1984—2019 工程总承包国家政策数量统计

近期出台的部分 EPC 政策（2019 年 1 月 1 日—2020 年 8 月 10 日） 表 1-2

| 政策性质 | | 发布时间 | 发布部门 | 政策名称 |
|---|---|---|---|---|
| 全国性 | | 2019.03 | 住房和城乡建设部 | 住房和城乡建设部建筑市场监管司 2019 年工作要点 |
| | | 2019.12 | 住房和城乡建设部、国家发展改革委 | 房屋建筑和市政基础设施项目工程总承包管理办法 |
| 地方性 | 河南 | 2019.03 | 河南省住房和城乡建设厅 | 2019 年全省建筑业工作要点 |
| | 河北 | 2019.08 | 廊坊市住房和城乡建设局 | 关于印发《EPC 工程总承包招标工作指导规则》的通知 |
| | | 2020.03 | 河北省住房和城乡建设厅 | 关于支持建筑企业向工程总承包企业转型的通知 |
| | 山东 | 2019.04 | 山东省人民政府办公厅 | 关于进一步促进建筑业改革发展的十六条意见 |
| | | 2019.09 | 淄博市住房和城乡建设局、发展改革委和财政局 | 淄博市房屋建筑和市政基础设施工程总承包、全过程咨询试点工作实施方案 |
| | | 2020.07 | 济南市住房和城乡建设局 | 济南市房屋建筑和市政基础设施工程施工招标评标管理细则 |
| | | 2020.07 | 山东省住房和城乡建设厅、发展改革委 | 贯彻《房屋建筑和市政基础设施项目工程总承包管理办法》十条措施 |
| | 江苏 | 2019.10 | 南京市城乡建设委员会 | 南京市城乡建设委员会关于明确工程总承包招投标等有关问题的通知 |
| | | 2020.07 | 江苏省住房和城乡建设厅 | 关于推进房屋建筑和市政基础设施项目工程总承包发展实施意见的通知 |
| | 四川 | 2019.03 | 四川省住房和城乡建设厅 | 四川省住房和城乡建设厅关于在装配式建筑推行工程总承包招标投标的意见 |

续表

| 政策性质 | | 发布时间 | 发布部门 | 政策名称 |
|---|---|---|---|---|
| 地方性 | 四川 | 2020.04 | 四川省住房和城乡建设厅 | 房屋建筑和市政基础设施项目工程总承包管理办法 |
| | 吉林 | 2020.04.14 | 吉林省住房和城乡建设厅 | 关于规范房屋建筑和市政基础设施项目工程总承包管理的通知 |

回顾自 1984 年以来，我国中央及地方发布的工程总承包政策，可以发现政策的发布可以大致分为四个阶段，分别为工程总承包起步阶段（1984—1989 年），这一阶段内首先将工程总承包模式引入我国后进行学习和理解，建立工程承包公司，并逐渐成为组织项目建设的主要形式，对项目建设的内容作出指导，实行全过程的总承包或部分承包。工程总承包明确资质阶段（1990—1997 年），在此阶段内《工程总承包企业资质管理暂行规定》对工程总承包企业的资质管理、承包管理和罚则都做出了具体的规定，随后 1997 年出台的《中华人民共和国建筑法》中指出承包建筑工程的单位应当持有依法取得的资质证书，并在其资质等级许可的业务范围内承揽工程。工程总承包政策调整期（1998—2014 年），在此阶段内国家陆续出台了有关工程总承包的指导意见和管理规范，一定程度上提高了建设企业的工程总承包能力。工程总承包政策密集阶段（2015 年至今），此阶段最具代表性的就是工程总承包相关政策发布数量增加最为明显，在 2014 年《住房城乡建设部关于推进建筑业发展和改革的若干意见》中指出加大工程总承包的推广力度，此后相关政策迎来出台的爆发情况，通过比较 2013—2018 年我国工程总承包的市场规模也能看出，在政策频繁颁发之后，对于市场具有的推动作用。工程总承包市场规模变化如图 1–3 所示。

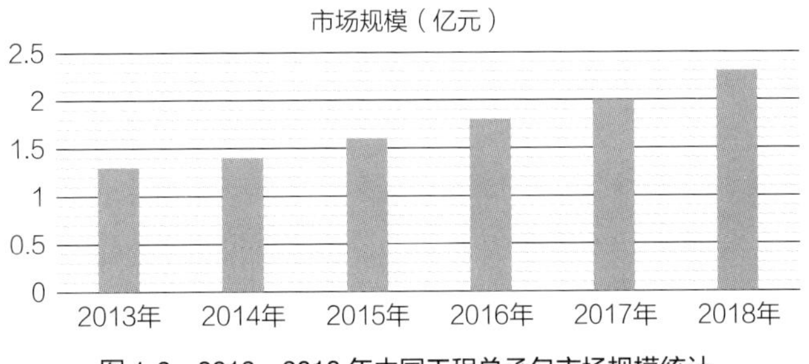


图 1-3 2013—2018 年中国工程总承包市场规模统计

我国工程总承包模式发展与国家有关政策法规高度相关，经统计分析 249 部法律法规的效力值，以及工程中工程总承包项目的占比，结果如图 1–4 所示。将法律法规的效力值与工程总承包项目的比例做皮尔逊相关性分析，结果显示每年颁布的所有法律法规的效力值与工程总承包模式的比例显著相关（$r = 0.885$，$p < 0.01$），

说明工程总承包模式的推广应用与工程管理政策导向高度相关。一个典型的例证是，近年来兴起的装配式建造、绿色建造、智慧建造等新型建造方式的组织实施，按国家和地方政策规定要求采用工程总承包方式。

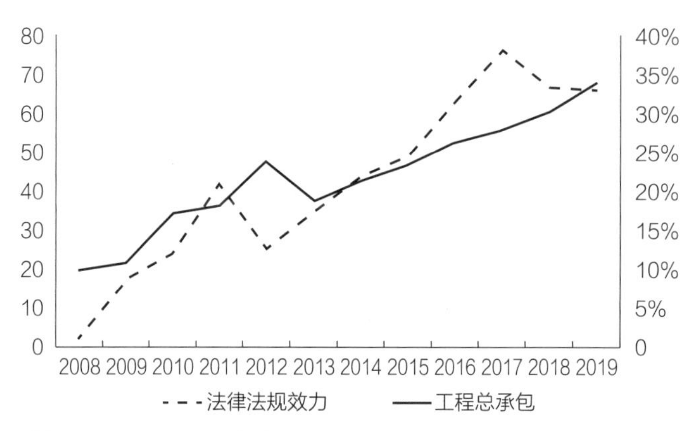


图 1-4 2004—2019 年法律法规的效力值与工程总承包模式的比例

相关政策文件对于开展总承包的方式、发包阶段、风险分摊等有了明确的规定：

## 1. 明确工程总承包的方式

12 号文第三条规定，工程总承包“是指承包单位按照与建设单位签订的合同，对工程设计、采购、施工或者设计、施工等阶段实行总承包，并对工程的质量、安全、工期和造价等全面负责的工程建设组织实施方式”，明确工程总承包应当同时包含设计和施工内容，应采用 EPC 和 D-B 方式，将 EP、PC 等非典型总承包模式排除在办法规定的工程总承包方式之外。

## 2. 明确工程总承包的应用范围

12 号文之前经历过两个版本征求意见稿，都是提出了“政府投资项目、国有资金占控股或者主导地位的项目应当优先采用工程总承包方式，采用建筑信息模型技术的项目应当积极采用工程总承包方式，装配式建筑原则上采用工程总承包方式”等表述，但在最终发布版中该具有明确指向性的文字没有了，在第六条中规定，“建设单位应当根据项目情况和自身管理能力等，合理选择工程建设组织实施方式。建设内容明确、技术方案成熟的项目，适宜采用工程总承包方式”。

从各省出台的文件来看，除了直接转发的五个省市，其他五个省对该条进行了明确说明，具体见表 1-3。

承包条件要求　表 1-3

| 省 | 承包条件 |
|---|---|
| 吉林 | 建设内容明确、技术方案成熟的政府投资（以政府投资为主）项目应采用工程总承包模式，装配式建筑应采用工程总承包模式 |
| 四川 | 政府投资项目、国有资金占控股或者主导地位的项目；抢险救灾项目、装配式建筑项目优先采用工程总承包 |
| 山东 | 在全省房屋建筑、市政基础设施和园林绿化工程领域，全面推行工程总承包。政府和国有资金投资的房屋、市政项目原则上实行工程总承包。鼓励社会投资项目实行工程总承包。<br>对项目获得国家级、省级和市级工程奖项的工程总承包单位，可分别按照不超过工程造价的 1.5%、1.0% 和 0.8% 的标准计取优质优价费用予以补贴。同一项目获得多项奖项的，按最高奖项标准进行补贴 |
| 江苏 | 在建设内容明确、技术方案成熟的前提下，政府投资项目、国有资金占控股或者主导地位的项目率先推行工程总承包方式。实行集中建设的政府投资项目应当积极推行工程总承包方式，装配式建筑原则上采用工程总承包方式，鼓励社会资本投资项目、政府和社会资本合作（PPP）项目采用工程总承包方式。<br>各地每年要明确不少于 20% 的国有资金投资占主导的项目实施工程总承包。至 2025 年，政府投资装配式建筑项目全部采用工程总承包方式，全省培育发展 200 家以上具有工程总承包能力的单位。单独立项目合同估算价在 5000 万元以上的房屋建筑和市政基础设施，2000 万元以上的装饰装修、安装、幕墙，1000 万元以上的园林绿化、智能化工程项目适宜采用工程总承包发包 |
| 浙江 | 政府投资项目、国有资金占控股或者主导地位的项目率先推行工程总承包方式。装配式建筑原则上采用工程总承包。鼓励社会资本投资项目、政府和社会资本合作（PPP）项目采用工程总承包方式 |

其中江苏省旗帜鲜明地提出来“每年要明确不少于 20% 的国有资金投资占主导的项目实施工程总承包”，并明确了不同等级类型的项目适宜采用工程总承包方式，便于实际操作。

### 3. 明确工程总承包的发包条件

按照 12 号文第七条的规定，工程总承包项目发包人应在项目完成项目审批、备案或核准手续后方能进行招标，其中企业投资项目应在完成项目备案或核准手续后进行招标，政府投资项目原则上应在初步设计审批完成后进行招标。

### 4. 明确工程总承包项目的招标要求

12 号文第八条明确，工程总承包项目范围内的设计、采购或者施工中，有任一项属于依法必须进行招标的项目范围且达到国家规定规模标准的，应当采用招标的方式选择工程总承包单位。12 号文第二十一条明确，分包项目除暂估价外，可直接发包。

工程总承包项目通常采用固定总价方式发包，承包人准确报价的前提条件是发包人能提供充分的报价基础资料。实践中，承包人往往以项目发生变更为由，主张对合同价格进行调整，但双方因报价基础资料不完备或不准确导致对于项目是否发生变更产生争议，进而无法对合同价款是否应调整达成一致意见。为减少此类纠纷，12 号文第九条规定，发包人在招标文件中应提供明确的发包人要求，需“列明项目的目标、范围、设计和其他技术标准，包括对项目的内容、范围、规模、标准、功能、质量、安全、节约能源、生态环境保护、工期、验收等的明确要求”，并明确发包人应提供的资料和条件，包括“发包前完成的水文地质、工程地质、地形等勘察资料，以及可行性研究报告、方案设计文件或者初步设计文件等”。发包人在招标时应明确项目需求并确保项目基础资料准确，以便发承包双方能准确判断项目是否发生变更。

#### 5. 对工程总承包单位的资质条件进行调整

12 号文第十条规定，“工程总承包单位应当同时具有与工程规模相适应的工程设计资质和施工资质，或者由具有相应资质的设计单位和施工单位组成联合体”。这就意味着仅具有施工资质或设计资质的企业将无法单独承接工程总承包业务。实践中大量的工程总承包单位仅具有设计资质或者施工资质，12 号文实施后，该类工程总承包企业如想继续承接工程总承包业务，需与其他具有相应施工资质或设计资质的企业组成联合体，确保承包人组成的联合体同时具有设计和施工资质，方能进行投标。

国家为提高工程总承包单位的市场竞争力，一直鼓励总承包单位同时具有工程设计资质和施工资质。为此，12 号文第十二条规定，“鼓励设计单位申请取得施工资质，已取得工程设计综合资质、行业甲级资质、建筑工程专业甲级资质的单位，可以直接申请相应类别施工总承包一级资质。鼓励施工单位申请取得工程设计资质，具有一级及以上施工总承包资质的单位可以直接申请相应类别的工程设计甲级资质”。为便于后续总承包业务的开展，仅具有设计资质或施工资质的企业，应积极申请相应的施工资质或设计资质。

各省市在资质要求方面也基本延续了 12 号文的要求，但在具体执行中，有些省份也有细微差异，主要见表 1–4。

对于分包问题，相关省市的要求更加细化，具体见表 1–5。

在分包管理上，四川省的政策比较有特点，一方面规定得很细致，另外一方面对联合体的数量、联合体各成员的功能进行明确要求，积极避免行业中的联营挂靠的方式开展工程总承包项目。

工程总承包资质要求　　表 1-4

| 省 | 资质要求的特别条款 |
| --- | --- |
| 吉林 | 鉴于我省目前双资质企业较少，为培育工程总承包企业发展，在 2023 年 6 月 30 日之前，建设单位也可根据项目情况和项目特点，选择具有甲级设计资质并在上一年度信用综合评价中获得 AAA 等级的设计企业；具有特、一级施工总承包资质并在上一年度信用综合评价中获得优良等级的施工总承包企业从事工程总承包；木结构公共建筑可采用设计为龙头的工程总承包模式 |
| 四川 | 除技术复杂的大型房屋建筑项目，跨越铁路、公路及其桥梁、涵洞等的大型市政基础设施项目，以及对工程设计或施工有特殊要求的项目外，以联合体方式承揽的，联合体成员中工程设计、施工单位原则上不宜超过 3 家 |

工程总承包中分包的资质要求　　表 1-5

| 省 | 资质要求的特别条款 |
| --- | --- |
| 四川 | 招标可以由建设单位和工程总承包单位联合招标，也可以经建设单位同意由工程总承包单位单独招标，具体方式由建设单位在工程总承包招标文件或工程总承包合同中约定。属于上述应当依法招标范围的，未经单独招标或联合招标，招标人、工程总承包单位不得以总承包分包名义违法直接发包。<br>经建设单位同意，同时具有相应工程设计和施工资质中标或者以联合体形式中标的工程总承包单位，可以将工程总承包项目中的非主体设计或者非主体结构、非关键性专业施工业务分包给具备相应资质的单位，但不得将工程总承包项目中的主体设计或者主体结构、关键性专业施工业务分包。<br>工程总承包单位不得将工程总承包项目中的设计和施工的全部业务一并转包，不得将工程总承包项目中的设计或施工的全部业务分别分包给其他单位，也不得以专业工程名义违法分包给具有施工资质的单位。<br>采用联合体方式承包工程总承包项目的，在联合体分工协议中约定或者在项目实际实施过程中，联合体一方既不实施工程设计或者施工业务，也不对工程实施组织管理，且向联合体其他成员或者以分包形式收取管理费或者其他类似费用的，属于联合体一方将承包的工程转包给其他方 |
| 山东 | 除以暂估价形式包括在工程总承包范围内且依法必须招标的内容外，工程总承包单位可以直接发包总承包合同中涵盖的其他非主体工程业务，建设单位不得指令分包或肢解发包 |
| 浙江 | 工程总承包单位可以采用直接发包的方式进行分包。但以暂估价形式包括在总承包项目范围内的工程、货物、服务分包时，属于依法必须进行招标且达到国家规定规模标准的，应当依法招标。招标可以由建设单位和工程总承包单位联合招标，也可以经建设单位同意由工程总承包单位单独招标，具体方式由建设单位在工程总承包招标文件或工程总承包合同中约定。<br>工程总承包项目由一家工程总承包单位承包的，工程总承包单位应当自行完成主体工程的设计和施工业务；以联合体方式承包的，联合体各方应当按照联合体协议分别自行完成主体工程的设计和施工业务。<br>工程总承包单位根据合同约定或者经建设单位同意，可以将工程总承包项目中的非主体部分、非关键性专业设计或者非主体结构（包括钢结构施工业务）分包给具备相应资质的企业。工程总承包项目包含工程勘察业务，但工程总承包单位不具备相应工程勘察资质的，可以将全部的工程勘察业务分包给具备相应资质的勘察单位。<br>工程总承包单位不得将工程总承包项目转包，也不得将项目的设计和施工业务一并或者分别分包给其他单位。施工分包企业除建筑劳务外，不得再分包；设计分包单位不得再分包 |

## 6. 明确工程总承包项目投标主体的限制范围

虽然国家层面并未出台法律法规禁止前期设计、咨询服务单位（以下简称“前期咨询单位”）参加后续工程总承包项目的投标，且大部分省份出台的相关规定均允许前期咨询单位参加或附条件参加后续工程总承包项目的投标，但 2003 年国家发展计划委员会等七部门发布的《工程建设项目施工招标投标办法》(七部委30号令)(以下简称“30号令”)第三十五条规定,“为招标项目的前期准备或者监理工作提供设计、咨询服务的任何法人及其任何附属机构(单位),都无资格参加该招标项目的投标”。即使30号令明确适用范围为项目施工,实践中发包人或主管部门仍存在以工程总承包项目包含施工内容为由,要求工程总承包项目的招标投标适用前述规定,禁止前期咨询单位参与后续工程总承包项目的投标。即使2013年修订后此条也未修改。

12号文第十一条规定,工程总承包项目的代建单位、项目管理单位、监理单位、造价咨询单位、招标代理单位不得参与工程总承包项目的投标,政府投资项目在招标人公开已经完成的项目建议书、可行性研究报告、初步设计文件的情况下,前述单位可以参与该工程总承包项目的投标。

12号文未对企业投资项目前期咨询单位能否参与后续工程总承包项目的投标进行明确规定,根据“举重以明轻”原则,企业投资项目的管理应当更为宽松,在公开已经完成的咨询成果的情况下,前期咨询单位应该可以参与该工程总承包项目的投标。

### 7. 明确工程总承包项目中风险合理分摊原则

工程总承包项目通常为交钥匙工程,发包人在招标过程中,为将自身风险转嫁给承包人,常常会利用自身的优势地位,要求承包人以固定价格完成合同约定的项目,并承担项目实施过程中的一切风险或大部分风险,加重了承包人的风险,造成承包人风险过重和权利失衡,并导致发承包双方在结算过程中发生争议。

12号文第十五条规定,发承包双方应合理分摊风险,发包人应承担的风险包括“(一)主要工程材料、设备、人工价格与招标时基期价相比,波动幅度超过合同约定幅度的部分;(二)因国家法律法规政策变化引起的合同价格的变化;(三)不可预见的地质条件造成的工程费用和工期的变化;(四)因建设单位原因产生的工程费用和工期的变化;(五)不可抗力造成的工程费用和工期的变化。”通常而言,发承包双方仅能对前述风险内容进行细化,不能将本应属于发包人的风险约定由承包人承担。顾名思义,前述发包人应承担风险事由导致的合同工期延误和费用增加的责任,承包人有权要求工期顺延和调增合同价款。

同时12号文还进一步明确,企业投资项目的工程总承包宜采用总价合同,在合同约定的风险范围内,合同总价不予调整,避免承包人进行不合理低价投标。

如山东省落实优质优价政策中提到了节约资金的奖励补贴的问题，江苏省提出了建设单位应当实施工程款支付担保的问题，浙江省的文件连农民工工资保障的问题、申请领取施工许可证的问题都进行了细致的规定，这也与目前浙江省工程总承包业务推行的效果互相印证。

从合同计价方式来看，各省市还是以 12 号文的精神为主，其中浙江的规定是“都宜采用总价合同，但特殊情况下可以采用单价合同、成本加酬金合同”。对于政府投资项目，计价方式还应该符合政府投资项目的规定以及满足财政评审的要求。

#### 8. 明确工程总承包单位的安全责任

12 号文第二十三条规定，发包人应对其指令导致的安全生产事故承担安全责任，工程总承包单位对承包范围内工程的安全生产负总责，分包不免除工程总承包单位的安全责任，但如果分包单位不服从管理导致生产安全事故的，可减轻工程总承包单位的安全责任，由分包单位承担主要责任。工程总承包单位应承担与《建设工程安全生产管理条例》第二十四条所规定施工总承包单位基本一致的安全责任。

综合来看，12 号文对工程总承包单位资质条件的修改、允许前期咨询单位参与后续工程总承包项目的投标等内容，将推进工程总承包更好发展，并会对今后工程总承包单位的业务开展产生深远的影响。12 号文以及各省市随后出台的一系列地方性政策，对行业市场、人员组织、项目运营和风险管控等方面都具有积极的指导意义，对深化我国建设项目管理体制改革，加速与国际通行的项目管理模式接轨，推进我国工程总承包和项目管理的发展将发挥重要作用。

# 第 2 章

# 工程总承包管理模式

工程总承包管理模式是建设工程项目管理中的一种组织实施方式，由从事工程总承包单位受业主委托，按照合同约定对工程项目的勘察、设计、采购、施工、试运行（竣工验收）等实行全过程或若干阶段的承包。总承包商负责对工程项目进行进度、费用、质量、安全管理和控制，并按合同约定完成工程。根据承包范围的不同，工程总承包具有多种实施模式（见表 2–1），最为典型的有设计—采购—施工总承包（Engineering，Procurement and Construction，EPC）、设计—施工总承包（Design–Build，D–B）两种模式。

工程总承包的分类　　表 2-1

| | 工程项目建设程序 | | | | | | |
|---|---|---|---|---|---|---|---|
| | 项目决策 | 初步设计 | 技术设计 | 施工图设计 | 材料设备采购 | 施工 | 试运行 |
| 交钥匙总承包（Turnkey） | ■ | ■ | ■ | ■ | ■ | ■ | ■ |
| 设计采购施工总承包（Engineering Procurement Construction） | | ■ | ■ | ■ | ■ | ■ | ■ |
| 设计—施工总承包（Design—Build） | | ■ | ■ | ■ | | ■ | |
| 设计—采购总承包（Engineering & Procurement） | | ■ | ■ | ■ | ■ | | |
| 采购—施工总承包（Procurement & Construction） | | | | | ■ | ■ | |
| 施工总承包（General Contractor） | | | | | | ■ | |

注：其中交钥匙总承包还可以延伸至可行性研究。

除此之外，工程总承包的管理模式还包含设计—采购总承包（E–P）、采购—施工总承包（P–C）等其他工程总承包方式，这些模式是在 D–B 模式或者 EPC 模式基础上增加或减少相应的内容，并做相应调整而来的，建设单位在实际应用中可根据项目实际需要自行确定。

工程总承包模式也可以与融资模式相互融合，衍生 PPP ＋ EPC、BOT ＋ EPC 等模式，如图 2–1 所示。

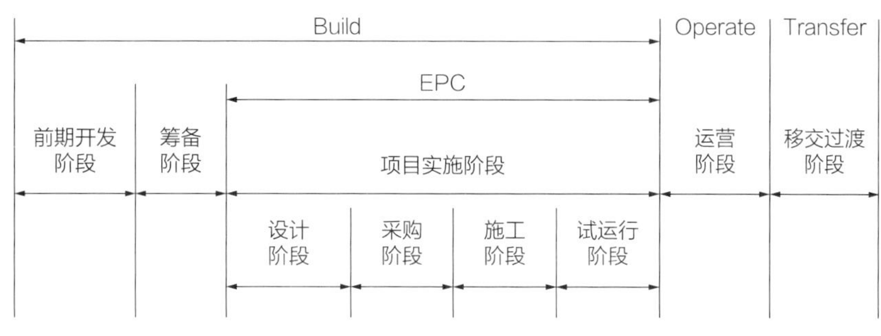


图 2-1　工程总承包模式衍生模式

## 2. 1　工程总承包的主要管理模式

### 2. 1. 1　EPC 模式概念及分析

设计—采购—施工总承包（Engineering，Procurement and Construction，PEC）模式，是国际上通行的、运用最为广泛的建设工程项目管理模式，是指工程总承包单位按照与业主签订的合同，对工程项目的设计工作、采购工作、施工工作实行全过程承包，并对工程项目的安全、质量、造价及进度等负全面责任的管理方式。

在 EPC 模式下，工程总承包单位负责工程项目的设计、采购及施工工作。根据 FIDIC 合同条件（银皮书），EPC 采用二元管理体制，如图 2–2 所示。

在图 2–2 中，EPC 模式所采用的二元管理体制由业主和工程总承包单位组成，业主与工程总承包单位之间是合同关系。采用二元管理体制的 EPC 模式决定了业主采用宽松的监督管理机制，尽可能少地干预工程总承包单位对工程项目的实施，从而使得工程总承包单位具有更大的自主权，更为灵活地对 EPC 项目进行设计、优化、组织实施，充分发挥出工程总承包单位管理的主观能动性和优势。工程总承包单位以统筹部署工程项目的设计、采购、施工等工作，进而使工程项目的质量、安全、进度和造价达到最优水平。EPC 合同多采用固定总价合同。固定总价合同虽不是 EPC 模式所独有，但与其他模式下的总价合同相比，EPC 模式的固定总价合同更接近于真实的固定总价合同。因此，对于建设单位而言，工程总承包单位的资信风险较大。

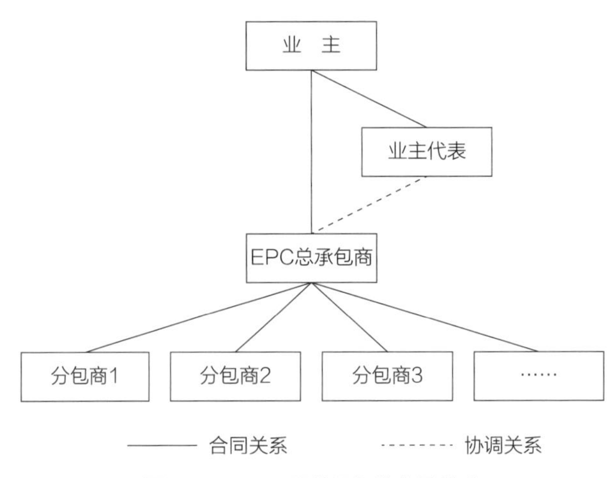


图 2-2 EPC 工程总承包的合同关系

EPC 模式具有以下特点：

（1）业主采用松散的监督机制，在 EPC 模式下业主几乎没有控制的权力，尽可能不参与 EPC 项目的建设。而总承包商则拥有更大的控制权和灵活性，这一点在 EPC 项目的优化设计、组织施工、敲定分包商等方面尤为突出，因总承包商拥有更大的自主活动权，所以能够更好地发挥总承包商的主观能动性。

（2）总承包商将设计作为先导，统筹兼顾地安排 EPC 项目的采购、实施、验收等，从而实现质量、安全、施工周期、成本的最优化。

（3）EPC 合同通常采用固定总价合同，合同总价一般情况下不允许被调整，除非在合同项目周期内因有不可抗力的因素造成的损失或者因业主自己的原因造成的工程索赔，这就意味着当汇率、物价等变化时，合同价也不会变化，同时也不会由于设计发生变更而进行调整价格。

（4）在适用范围方面，EPC 主要适用于以大型设备或工艺过程为核心技术的工业项目建设领域，比如通常包含许多非标准设备的大型的化工、石化、橡胶、制药、冶金、能源等方面，这些项目具有共同的性质就是工艺设备的购置和安装成为建设投资的最重要和最关键的步骤，而工艺设备的购置和安装又与工艺设计的关系密切。

根据业主的不同要求和项目的不同特点，EPC工程总承包还有EPCm（Engineering、Procurement、Construction management），EPCs（Engineering、Procurement、Construction superintendence）、EPCa（Engineering、Procurement、Construction advisory）等类型。

（1）在 EPCm 工程总承包项目中，EPCm 承包商负责工程项目的设计和采购，并负责施工管理。施工承包商与业主签订承包合同，但接受 EPCm 承包商的管理。EPCm 承包商对工程的进度和质量全面负责。EPCm 工程总承包的业务关系如图 2–3 所示。

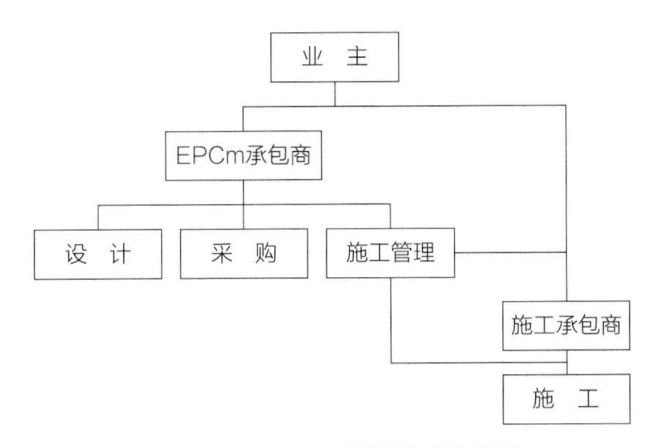


图 2-3 EPCm 工程总承包业务关系

（2）在 EPCs 工程总承包的项目中，EPCs 承包商负责工程项目的设计和采购，并监督施工承包商按照设计要求的标准、操作规程等进行施工，同时负责物资的管理。施工监理费不含在承包价中，按照实际工时计取。业主与施工承包商签订承包合同，并进行施工管理。EPCs 工程总承包的业务关系如图 2–4 所示。

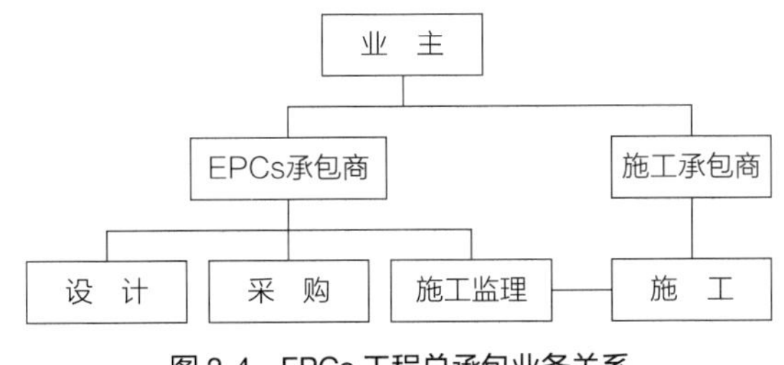


图 2-4 EPCs 工程总承包业务关系

（3）在 EPCa 工程总承包项目中，EPCa 承包商负责工程项目的设计和采购，并在施工阶段向业主提供咨询服务。施工咨询费不含在承包价中，按实际工时计取。业主与施工承包商签订承包合同，并进行施工管理。EPCa 工程总承包的业务关系如图 2–5 所示。

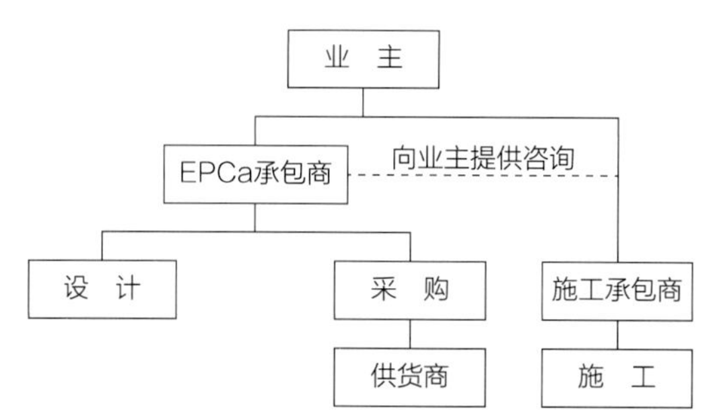


图 2-5 EPCa 工程总承包业务关系

### 2.1.2 交钥匙工程总承包（Turnkey）概念及分析

交钥匙工程总承包是设计采购施工工程总承包向两头扩展延伸而形成的业务和责任范围更广的总承包模式，不仅承包工程项目的建设实施任务，而且提供建设项目前期工作和运营准备工作的综合服务，其范围包括：

（1）项目前期的投资机会研究、项目发展策划、建设方案及可行性研究和经济评价；

（2）工程勘察、总体规划方案和工程设计；

（3）工程采购和施工；

（4）项目动用准备和生产运营组织；

（5）项目维护及物业管理的策划与实施等。

建设工程项目总承包，在某种意义上说是一种高层次的建筑产品交易活动，如何在招标投标阶段做到公开、公平、公正，取决于承包和发包双方主体的成熟程度，也可以说市场主体合格是一个正常的建筑市场的必然要求。

因此，就我国目前的情况而言，除了培育合格的工程总承包企业之外，还必须通过投融资体制改革，完善建设项目法人责任制等，并辅以建立完善规范的社会化、专业化的工程咨询服务行业，为建设单位提供规范化的服务。

EPC 模式与 Turnkey 模式的联系和区别见表 2–2。

EPC 与 Turnkey 的区别与联系表　　表 2-2

| | EPC 模式 | Turnkey 模式 |
|---|---|---|
| 说明 | （1）总承包商对工程设计、设备材料采购、施工、试运行服务全面负责，并可根据需要将部分工作分包给分承包商；分承包商向总承包商负责；<br>（2）业主代表可以是设计公司、咨询公司、项目管理公司或不是承包本工程公司的另一家工程公司，其性质是项目管理服务而不是承包 | （1）Turnkey 是 EPC 总承包业务和责任的延伸；<br>（2）Turnkey 与 EPC 和 D-B 的主要不同点在于其承包范围更大，工期更确定，合同总价更固定，承包商风险更大，合同价相对较高 |

续表

| | EPC 模式 | Turnkey 模式 |
|---|---|---|
| 适用范围 | （1）设计、采购、施工、试运行交叉、协调关系密切的项目；<br>（2）采购工作量大，周期长的项目；<br>（3）承包商拥有专利、专有技术或丰富经验的项目；<br>（4）业主缺乏项目管理经验，项目管理能力不足的项目；<br>（5）大多数工业项目 | （1）业主更加关注工程按期交付使用；<br>（2）业主只关心交付的成果，不想过多地介入项目实施过程的项目；<br>（3）业主希望承包商承担更多风险，而同时愿意支付更多风险费用（合同价较高）的项目；<br>（4）业主希望收到一个完整配套的工程，“转动钥匙”即可使用的项目 |
| 业主主要责任 | （1）选择优秀的业主代表或项目管理承包商；<br>（2）编制业主要求；<br>（3）招标选择总承包商；<br>（4）审查批准分承包商；<br>（5）向总承包商支付工程款；<br>（6）监督和验收 | （1）提出业主要求；<br>（2）选择交钥匙工程承包商；<br>（3）按时给总承包商付款；<br>（4）检查验收 |
| 总承包商的主要责任 | （1）按合同，完成设计、采购、施工、试运行服务全部工作；<br>（2）招标选择分包商；<br>（3）对工程进行四控、三管、一协调；<br>（4）对合同实施效果负责，承担风险和经济责任 | （1）按合同约定完成工程总承包项目的可行性研究、项目立项、设计、采购、施工和试运行；<br>（2）按合同工期和固定的价格交付工程；<br>（3）对业主人员的培训；<br>（4）承包商的其他责任与 EPC 情况相同 |
| 备注 | 与其他工程总承包方式相比，交钥匙工程承包的优越性：<br>（1）能满足某些业主的特殊要求；<br>（2）承包商承担的风险比较大，但获利的机会比较多，有利于调动总包的积极性；<br>（3）业主介入的程度比较浅，有利于发挥承包商的主观能动性；<br>（4）业主与承包商之间的关系简单 | |

### 2.1.3　D-B 概念及分析

设计—建造工程总承包（Design–Build，D–B）是对工程项目实施全过程而言的承发包模式，不过对于项目设备和主要材料采购，将由业主自行采购或委托专业的材料设备成套供应企业承担，工程总承包企业按照合同约定，只承担工程项目的设计和施工，并对承包工程的质量、安全、工期、造价全面负责。D–B 工程总承包的合同关系如图 2–6 所示。

D–B 模式具有以下特点：

（1）业主进行比较严格的控制。业主委托顾问工程师对总承包商实行全程监督与管理，与 EPC 模式相比，D–B 模式下业主对过程的控制比较严格，业主对设计、方案、过程等均具有一定的控制权。

（2）D–B 模式与传统的施工总承包相比增加了设计等内容，但是对比 EPC 模式，D–B 模式下进行的设计任务比较容易，依然以施工任务为重，根据业主敲定的施工图纸来施工，接受来自工程师的全程监督与管理。

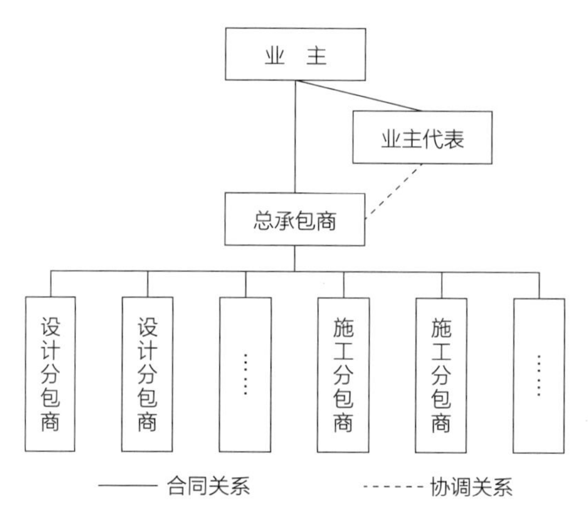


图 2-6 D-B 工程总承包的合同关系

（3）在进行投标和签订合同时，D–B 合同一般以总价合同为基础，但同意价格的调整，也同意部分分项采用单价合同。

（4）在适用范围方面，D–B 模式主要应用于一些只采用简单的系统技术设备的项目，D–B 模式主要是设计与施工两个方面的内容，往往不包含采购工艺装置和工程设备。可见，D–B 模式没有明确规定是总承包负责采购工作，还是业主负责采购工作。一般而言，业主是对主要设备和原材料的采购负责，业主可以选择自购或让专业的设备材料成套供应商来承担采购工作。

D–B 工程总承包的基本出发点是促进设计与施工的早期结合，以便有可能充分发挥设计和施工双方的优势，提高项目的经济性。D–B 工程总承包一般适用于建筑工程项目。但是，在下列三种情况下一般较少采用 D–B 工程总承包模式。

① 纪念性建筑。

这类项目优先考虑的往往不是造价和进度等经济因素，而是建筑造型艺术和工程细部处理等技术因素。

② 新型建筑。

这类项目一般都有较高的建筑要求，同时结构形式的选择和处理有许多不确定因素，无论对设计者还是对施工者可能都缺乏这方面的经验。如果采用总承包方式，业主和承包商的风险都很大。

③ 大型土方工程、道路工程等设计工作量少的项目。

根据承包起始时间不同，D–B 工程总承包可分为四种类型，即从方案设计到竣工验收、从初步设计到竣工验收、从技术设计到竣工验收、从施工图设计到竣工验收，如图 2–7 所示。承包时间越早，承包商的风险越大；但承包的时间越晚，由设计与施工结合而提高项目经济性的可能性亦相应减少。究竟采用哪种承包方式，要根据项目的具体特点和当时所具备的条件确定。

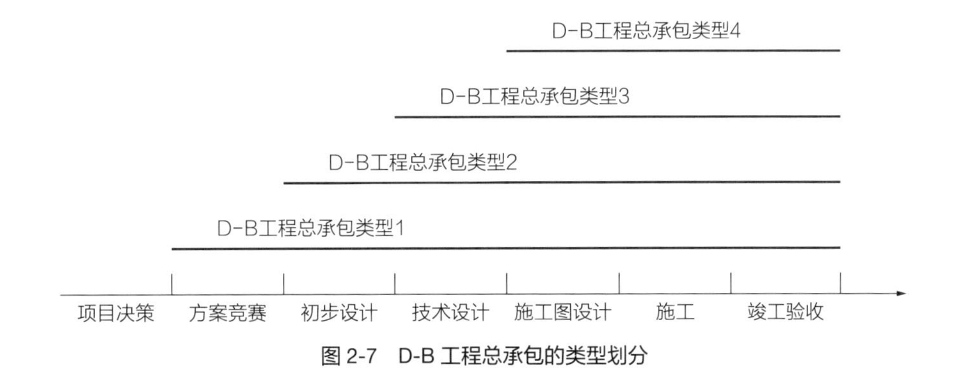


图 2-7　D-B 工程总承包的类型划分

### 2.1.4　工程项目管理总承包

这里必须说明“管理总承包”和“总承包管理”两个用语的不同内涵，后者是指总承包企业对自身所承包的工程项目，在实施过程所进行的管理活动；前者则指专业化、社会化的工程项目管理企业接受业主委托，按照合同约定承担工程项目管理业务，如在工程项目决策阶段，为业主进行项目策划、编制可行性研究报告和经济分析；在工程项目实施阶段，为业主提供招标代理、设计管理、采购管理、施工管理和试运行（竣工验收）等服务，为业主进行工程质量、安全、进度和费用目标控制，并按照合同约定承担相应的管理责任。

工程项目管理企业不直接与该工程项目的总承包企业或勘察、设计、供货、施工等企业签订合同，但可以按合同约定，协助业主与工程项目的总承包企业或勘察、设计、供货、施工等企业签订合同，并受业主委托监督合同的履行。

工程项目管理总承包的具体方式及服务内容、权限、取费和责任等，由业主与工程项目管理企业在合同中约定。

## 2.2　EPC 和 DBB、D-B 模式对比

### 2.2.1　EPC 与 DBB 对比分析

设计—招投标—施工总承包建造模式（DBB 模式，Design-Bid-Build）是一种

起源于 18 世纪的英国，并在 19 世纪得到发展并在国际上广泛使用的一种传统模式，指的是由业主委托工程师进行各项前期工作（如进行可行性研究等），待项目评估并立项后，委托设计单位进行设计，完成设计工作后，再编制施工招标文件，最后通过招标选定承包商并完成建造工作。这种模式最显著的特点是强调工程项目必须完全按照设计、招投标、建造的顺序进行，三个阶段完全独立，只有前面的阶段的工作完成后，才可进入下一阶段。DBB 施工总承包是国内最为主流的承发包模式，可以说我国建筑行业制度设置基本是基于 DBB 模式构建的。

在 DBB 模式中，建设单位将工程的设计工作与施工工作分别进行招标，以此选定设计单位与施工总承包单位，设计单位对所设计的成果负责，施工单位照图施工完成工程项目的建设工作。但 EPC 总承包模式相对施工总承包模式最大的不同之处就是工程总承包单位对设计、采购、施工负总责。建设单位将设计、采购、施工工作共同交由一个承包单位完成，使得设计、采购与施工成为一个整体，工程总承包单位必须将工程项目中的设计、采购与施工工作统筹管控，在安全、质量、进度、造价等多个方面向业主负责。

EPC 总承包模式转变了传统 DBB 的承发包模式，转由工程总承包单位完成从项目立项到运营的全生命周期的项目管理，通过集成管理，合理组织项目设计、采购、施工工作，使这三大块工作得以互相搭接、深入交叉，有效避免了 DBB 模式先设计再招标最后施工的低效率流程所造成的时间浪费，最大限度地压缩项目建设周期，提高投资效益。如图 2-8 所示。

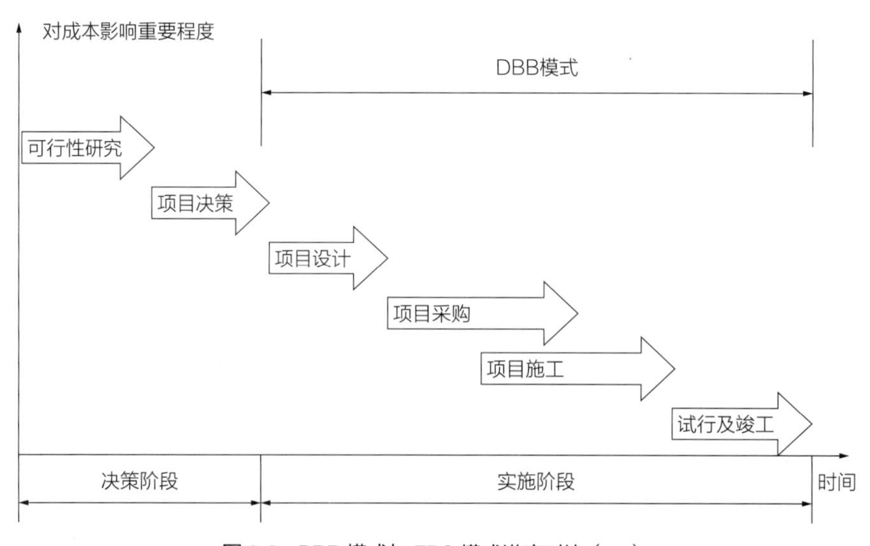


图 2-8　DBB 模式与 EPC 模式进度对比（一）

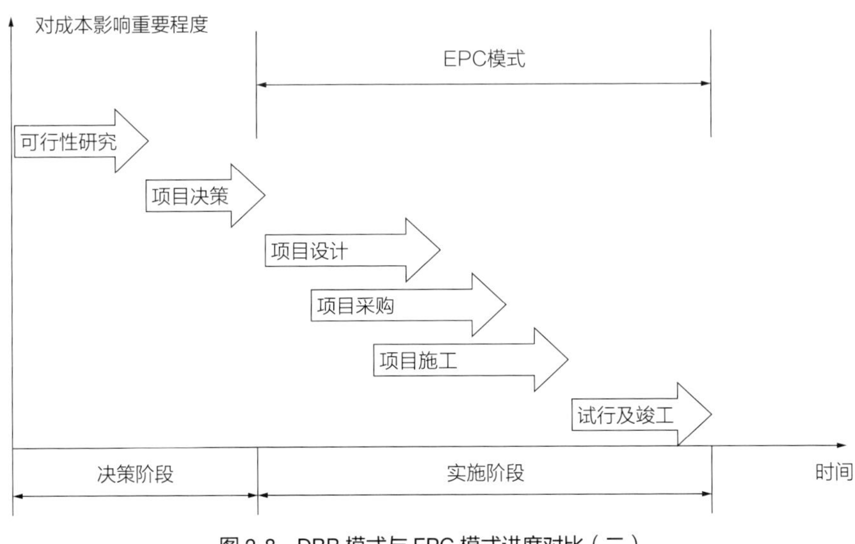


图 2-8 DBB 模式与 EPC 模式进度对比（二）

同时，EPC 总承包模式的一体化特点决定了工程总承包单位具有优化方案与优化设计的自主动力，通过优化，减少因设计不合理导致的资源浪费，充分发挥出工程总承包单位的主观能动性。此外，采购、施工管理人员在设计管理人员的帮助下制定施工方案，有利于降低采购、施工阶段的成本，而采购与施工之间的相互协调也有利于达到既满足技术要求又能节约投资的目的，并且最大限度地控制进度。

## 2.2.2 EPC 与 D-B 模式对比分析

从字面含义就可以看出，D-B 模式仅包含设计与施工两项工作，而由建设单位对主材和设备进行采购管理工作，如建设单位自行采购或将采购工作委托给成套设备供应商。EPC 模式则明确了工程总承包单位至少应负责工程项目的设计、采购、施工工作。

从风险承担的角度上，两种工程总承包模式也有不同。根据 FIDIC 标准合同条件，D-B 模式所采用的可调总价合同，使得工程总承包单位承担了工程项目建设中大多数风险，少数风险由建设单位承担。而 EPC 模式采用固定总价合同，除非发生了极其特殊的风险，否则即便是业主过失产生的损失也由工程总承包单位承担，故工程总承包单位则承担了几乎所有风险，对业主而言，这种模式所承担的风险最小。

对比 FIDIC 银皮书（EPC 模式）与黄皮书（D-B 模式），如银皮书第 4.10 条 Site Data（现场数据）规定，承包商应负责核实并解释所有此种类别的资料，除了

第 5.1 条提出（设计义务一般要求）的情况以外，雇主并不对这些资料的完整性、充分性和准确性负责。而黄皮书在相同条款的表述却比较模糊，这给工程总承包单位向雇主索赔留下了一定余地。又如银皮书第 4.12 条 Unforeseeable Difficulties（不可预见困难）规定，合同价格对任何未预见到的困难和未预见到的费用不予以调整，而黄皮书在相同条款却规定，如果在一定程度上承包商遇到了不可预见的外界条件并发出了通知，且因此遭到了延误和（或）导致了费用，承包商有权根据相关条款进行索赔。通过对比这些合同条款，可以反映出在 EPC 模式下，工程总承包单位所承担的风险远远超过了 D–B 模式下所需要承担的风险。具体见表 2–3。

D-B 模式与 EPC 模式的对比　　表 2-3

| 对比内容 | D–B 模式 | EPC 模式 |
|---|---|---|
| 管理体制 | 三元管理制——建设单位、工程总承包单位、工程师 | 二元管理制——建设单位、工程总承包单位 |
| 总承包单位所承担的风险 | 工程总承包单位承担较大风险 | 工程总承包单位承担几乎所有风险 |
| 合同计价形式 | 可调总价合同 | 固定总价合同 |
| 承包内容 | 设计、施工 | 设计、采购、施工 |
| 设计内容 | 施工图设计 | 方案设计、施工图设计 |
| 索赔及价格调整范围 | 一定范围 | 几乎不可索赔调整 |
| 控制严格程度 | 建设单位采用较为严格的控制 | 建设单位采用宽松的控制 |

## 2.3 工程总承包管理模式创新

### 2.3.1 工程总承包模式存在的主要问题

#### 1. 工程总承包缺乏针对性政策制度

（1）缺少规范工程总承包市场行为的制度。目前针对我国工程总承包模式的政策较模糊，缺乏规范总承包项目实施过程的操作依据。国家有关部门已出台工程建设设计、施工方面的招标投标管理方法，但未颁发专门针对工程总承包模式招标投标的办法规定。可见，现阶段我国工程总承包模式的资质管理、市场准入、业务运作、审计监管不够规范，缺乏具有针对性的法律法规，欠缺政策的引导与鼓励，工程总承包制度的不完善无法适应其广阔的市场前景。

（2）工程总承包的法律地位不明确。我国相关政府部门对工程总承包政策规范制定重视不足，在法律上未给予其稳定明确地位。近年来，我国先后出台工程总承包相关政策，但层级较低，无法直接作为工作依据。工程总承包地位的不明确使政府各部门、工程总承包企业及其他利益相关者对此建设模式的理解程度产生偏差，在开拓工程总承包市场、承接工程总承包项目及其经营运作时较为困难，给有关市场主体开展工程总承包业务带来较大风险，制约了工程总承包模式的有序发展。

### 2. 工程总承包的市场认同度较低

（1）欠缺对工程总承包模式的认识。工程总承包模式把项目看作一个整体，将原本分开经营的各个工作有机结合，进而提高建设效率与工程质量。但现阶段我国建筑业市场缺乏对工程总承包模式足够的了解，对其概念理解不清晰，未客观正确认识工程总承包模式在工程项目建设过程中的重要作用与深远意义，业主只注重建设过程中成本的增加，忽视总承包企业凭借其知识、技能和经验为业主创造的效益。

（2）工程总承包市场混乱现象严重。目前，我国工程总承包企业整体水平较低，无明显竞争优势，缺乏科技先进、具备核心竞争力、综合性强的总承包企业；在现行的建筑管理体制下，我国建筑市场行业垄断严重，低层次恶性竞争激烈。在采取工程总承包模式的工程项目设计与实施过程中，设计方案不明确，施工图纸不清晰，一味追求速度而压缩工期等，给相关环节带来诸多不便，甚至降低工程质量与效率。实际操作的不规范造成工程总承包市场乱象，严重阻碍了工程总承包模式的发展。

### 3. 工程总承包的项目管理水平不高

（1）专业人员不适应工程总承包的要求。人才短缺是制约我国工程总承包模式发展的主要问题之一，目前我国工程总承包模式人才结构不合理、人员流动频繁，非专业机构、非专业人员直接参与管理总承包项目，缺乏相应具备项目管理理论知识和丰富实践经验的综合型高级管理人才。同时国内总承包企业员工培训、人才激励、绩效薪酬等机制欠完善。非专业人员、非专业机构对项目管理程序、方法和技术了解较少，不熟悉总承包项目运行规律，未建立与工程总承包相匹配的组织架构，使项目实施过程无序、失调，导致巨大损失和浪费。

（2）项目管理体系有待完善。目前我国工程总承包模式整体协调能力较差，管理决策不科学、无计划、无控制，常运用传统手段和方法进行项目管理，其项目管理过程不具备动态性、科学性和数字化。从事项目管理业务的组织多数未建立完善的项目管理体系与内部运行机制，在组织机构、人才配置、后勤保障等方面不能适应工程总承包模式的快速发展。在实际具体操作过程中，建设单位参与工程总承包项目时放权不够，往往通过指定分包、节点考核等方式干预工程总承包企业的工程建设工作，甚至越权行使总承包企业的部分职能，一定程度上使总承包企业形同虚设，破坏工程总承包项目整体性，丧失了工程总承包模式自身特有优势。

## 2.3.2　我国工程总承包模式机制创新

我国工程总承包模式在30多年的改革实践过程中存在不足之处，其优越性和重要性有待进一步被认识和接受。为促进此模式持续健康发展，应遵循“五位一体”创新机制（图2-9），以观念现代化为基础，以战略国际化为导向，以技术专业化为手段，以制度规范化为保障，以管理科学化为核心。基于此机制，提出以下对策。

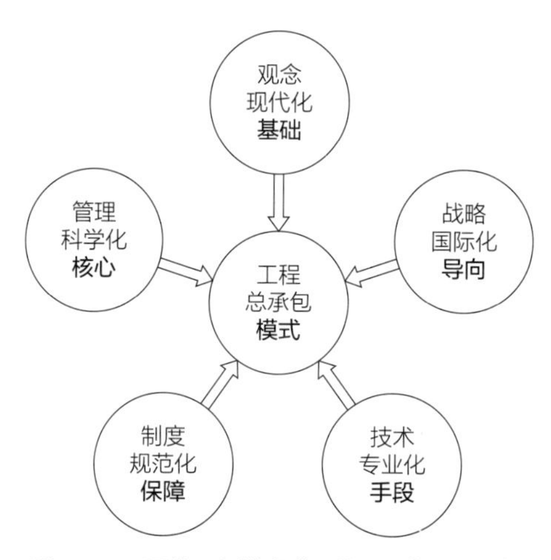


图2-9　工程总承包模式“五位一体”创新机制

### 1. 工程总承包观念现代化

我国建筑行业对工程总承包模式的认同度较低，为摒弃传统建筑观念的惯性思维，要在思想上树立工程总承包模式意识，一是要求各地重点对行政主管部门进行培训，转变观念，统一思想，完善国家政策支撑体系。二是加强人们对工程总承包模式重要性的认识，创新宣传渠道，通过报刊、广播、互联网等多种媒体方式和途径向社会报道工程总承包的典型事例，对传统建筑方式与工程总承包模式进行成本分析，重点强调实施工程总承包模式的优势与意义，使该模式逐步得到社会认可。三是结合国家政策以及总承包模式相关改革措施，与有关部门一起组织力量对业主进行培训。总承包企业要创新认识，不断提高工程总承包项目效益，履行社会责任，提高社会影响力，以在竞争日趋激烈的市场环境中更好地生存与发展。

### 2. 工程总承包战略国际化

在经济全球化时代，网络普及，技术不断创新，企业发展离不开世界，在建筑领域全面推进工程总承包模式必须立足国内，接轨国际工程总承包市场，积极承接国际型建设项目，加快培育具有国际竞争力的总承包企业。我国工程总承包企业应积极探索战略转型，树立国际化视野，明确企业与国际接轨的总体战略和发展路径，制定与之相适应的整体与局部相互融合推进的人才发展战略、技术创新战略等，使发展理念、市场布局、人才配置不断国际化；要了解国际总承包市场现状与未来发展趋势，结合我国实际情况学习吸收国外企业先进管理经验，创新国际化商业模式，迎合发展实际积极参与国际竞争，提升总承包企业国际化管理水平，应对国际市场巨大挑战；要合理选择进入国际市场的时机、规模以及模式，加快国际合作渠道建设，把握国际有关政策制度，按国际惯例处理争议问题，维护自身合法权益。

### 3. 工程总承包技术专业化

（1）培育核心技术。为提高我国工程总承包模式技术水平，鼓励技术创新成果涌现，必须树立技术创新意识，加大技术创新投入，优化技术创新体系，培养技术创新人才，积极营造良好的技术创新氛围。培育核心技术要结合自身实际，充分发挥企业现有技术优势，注重创新性与时代性，牢牢抓住工程总承包技术发展趋势。要大力推进技术创新成果落地，结合工程项目实践的实际情况，将理论知识转化为模式、程序、方法和技术等，使技术创新来源于实践，并应用于实践，提升项目效益，推动工程总承包模式向更高层次发展。同时依靠协会以及专业组织开展相关研究、技术专题报告、经验交流等活动，鼓励业界人士积极参与此类学术活动，建立协作与共享机制，分享行业技术创新资源，探索产学研结合之路，以整体提升技术创新实力。

（2）完善信息化管理平台。工程总承包业务规模不断扩大，数量不断增多，工程总承包企业应以项目整体利益最大化为目标，并结合自身优势与项目实施的实际效果，建立涵盖成本管理、人力资源管理、风险管理等多方协同的信息化管理平台，贯穿项目全生命周期。学习国际有关专业机构先进经验，引进成熟的项目管理软件，利用大量基于网络的应用技术、虚拟现实技术、结构仿真技术等带动工程总承包整体管理水平的提高。打破传统建筑企业管理中时间、地域、空间、资源的限制，实现信息共享、快速调度、有效沟通，使各业务间的协同合作更具有实时性和高效性，进一步加强系统间的衔接、整合和优化，增强建设项目的实施效果，实现工程总承包模式资源合理配置、任务协同运行，保证项目过程各阶段的顺利实施。

### 4. 工程总承包制度规范化

为推进工程总承包模式规范化开展，需加强相关法律法规建设，国家有关部门应有针对性地完善条例规定，明确工程总承包法律地位，规范工程总承包业务在具体实施工作中的各个环节。首先，分析和梳理现有法律，完善资质管理、市场准入、项目融资、财务担保、审计监管等法律体系，为专业性强、具备综合能力的企业向工程总承包领域发展提供政策扶持，创造良好政策法律环境。其次，增强法律制度约束力，将法律法规贯穿于工程总承包模式实施全过程，覆盖到项目实施、经营管理的各个环节。最后，强化政府监管职能，充分发挥舆论和政策导向作用，建设公平竞争的建筑市场，推进工程总承包良性发展，提高工程总承包模式规范化与制度化水平。

### 5. 工程总承包管理规范化

（1）实施高效项目管理。实行项目管理便于对项目的各个环节进行全面协调控制，优化组织资源配置，应对市场复杂变化，提高项目管理效率。首先，国家应组织有关部门对总承包企业进行培训和辅导，提高对项目管理体系的认识。并进行资质审核、定期检查、颁发相关证书，从制度上保证项目管理体系顺利实施。其次，借鉴、吸收成功管理经验，以项目总体目标为导向，结合工程总承包项目的具体要求以及自身组织特点、地域特点、文化特点等，设计与企业战略相适应的项目管理体系，充分考虑各业务单位的协调统一。最后，在企业生命周期、外部环境、内部战略等相关要素发生巨大变化时，应适时进行更新调整，不断优化项目管理体系，合理配置资源，实现工程总承包模式可持续发展。

（2）重视人力资源管理。针对工程总承包模式中人力资源管理问题，应创新人力资源管理理念和办法，制定符合项目实际的人才管理机制，形成多元化、多层次人才结构体系。招聘具备工程总承包相关理论知识、技能的专业型人才，明确其资质管理，培养能够对项目范围、费用、质量、进度、风险、安全等方面协调控制，具有工程总承包管理经验的项目管理人才，杜绝非专业人士管理项目，优化人才配置，确保企业充足人力资源储备。通过开展针对性培训，提高工作人员能力素质水平，保障人才持续发展，建立综合素质高、专业能力强的人才队伍，以适应日趋严峻的工程总承包模式发展趋势。加强绩效薪酬管理，完善福利分配机制，发挥员工主观能动性，增强员工归属感、价值感，使专业员工尽其所长，发挥最大协同效应。

# 第 3 章

# 工程总承包企业

## 3.1 工程总承包企业界定

2003 年，建设部发布《关于培育发展工程总承包和工程项目管理企业的指导意见》，对工程总承包的基本概念进行了阐述，但工程总承包企业概念并未被加以明确。“工程总承包企业”通常被认定为承揽总承包项目的主体，只担任工程项目实施中的一种角色，并非为一种建筑企业。当然，该意见指出不能简单地将工程总承包企业认定为承包工程总承包项目的主体，这与提供兼具融资、设计、采购、施工服务，并在项目完成过程中实现各环节深度交叉的工程总承包企业概念有本质区别，工程总承包企业应在企业状态和项目状态下解决“适应市场环境”和“整合内部流程”问题，能够整合产业链关键资源和掌控工程总承包模式实施全局。

住房和城乡建设部联合发展改革委印发《房屋建筑和市政基础设施项目工程总承包管理办法》，意味着更多具有相应实力的建筑企业进入工程总承包市场。其明确规定，工程总承包单位应当同时具有与工程规模相适应的工程设计资质和施工资质，或具有相应资质的设计单位和施工单位组成联合体，联合体应当根据项目特点及复杂程度合理确定牵头单位。一方面表现出工程总承包是国家及地方政府关于建筑业转型发展政策导向，另一方面反映了工程总承包项目、工程总承包企业形成路径的复杂性及特殊性。综上，工程总承包企业是由传统单一建筑企业通过整合其上、下游企业业务范围及资源而形成的综合型企业，通过与业主签订工程总承包合同，满足业主要求实现一体化服务，达成双赢局面。

项目实施过程中，工程总承包企业依据合同要求进行设计、采购和施工。合同结束时，业主得到的是一个配备完毕、可即刻投入使用的工程设施，并满足合同要求的各项性能指标。总承包企业了解项目的各个部分，并能将其分解为各个组成部分，各组成部分可移交给具有相关专业知识的承包商，最终在项目期间整合，直至项目完成。由于工程总承包项目往往采用总价合同，业主可减少对不可预见风险的调控，由总承包企业承担设计相关质量风险、工期风险和成本风险。工程总承包企业不仅有义务按期、保质交付项目，而且应在项目实施过程中遵守当地法律法规，保护生态环境，维护业主、当地社区等多方利益。国际工程总承包项目在实施中有较大的获利空间，但此类建设项目是一个庞杂系统，涉及众多利益相关方且面临复杂的社会经济自然环境，总承包企业要担任项目实施过程的大部分风险，不可避免地面临着严峻的项目履约挑战。但国际合同的数量减少了国内市场周期性的影响，从而有利于公司的持续增长。国际建筑市场不断扩大的积极势头使建筑承包商得以维持，也面临着市场条件迅速变化的威胁。一个建筑公司需要一个有效的竞争策略，才能在这个高度竞争和全球化的时代生存。因此，有必要找出总承包企业应具备的能力，以确定对其有用的发展战略的基准。

## 3.2　工程总承包企业培育

### 3.2.1　工程总承包企业形成路径

2020 年实行的《房屋建筑和市政基础设施项目工程总承包管理办法》中提出，鼓励设计单位申请取得施工资质，鼓励施工单位申请取得工程设计资质，明确了施工与设计资质的互认。基于此，结合我国建筑业发展历史等方面，可归纳总结出工程总承包企业的横向、纵向发展两种形成路径。

#### 1. 传统单一建筑企业纵向发展（图 3-1）

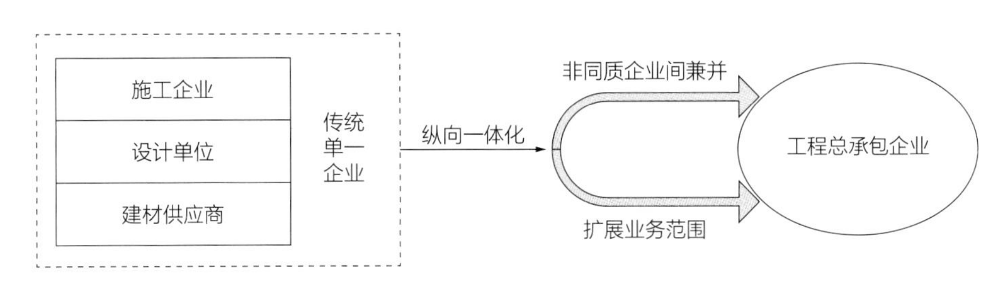


图 3-1　传统单一企业纵向发展路径

传统单一企业诸如施工企业、设计单位、建材供应商等，沿建筑产业链进行纵向发展，即上游、下游非同质企业进行企业间兼并与收购，或通过人才招聘培养、技术设备创新升级等扩展业务范围，实现原业务范围扩充至覆盖工程总承包项目实施全过程。

2. 传统单一建筑企业横向发展（图 3-2）

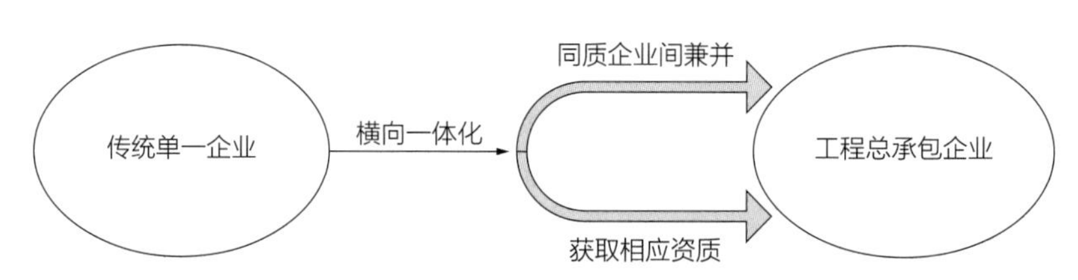


图 3-2 传统单一企业横向发展路径

横向发展是指建筑企业在自身核心业务范围内进行横向发展，包括相同性质企业及存在竞争关系的企业间兼并与收购，或培养核心竞争力获取建筑市场中的竞争优势，获取高级别资质。诸如设计单位取得工程设计综合资质、行业甲级资质、建筑工程专业甲级资质，可以直接申请相应类别施工总承包一级资质，进而实现横向发展，逐步发展为工程总承包企业。

在时代背景下，工程总承包企业不仅获得了发展机遇，也面临着较大的挑战与压力。上述两种路径发展而来的工程总承包企业不可避免地存在对原非核心业务不熟悉、发展不平衡等问题，因此亟需对工程总承包能力形成清晰的认知，实现内部能力协调培育、多元化发展、维护总承包企业资质，进而取得国际市场上的竞争优势，扩大国际市场占有率。

### 3.2.2 总承包企业基本要求与责任

1. 工程总承包应具备的基本要求

（1）具有与工程规模相适应的工程设计和施工资质是总承包人进行工程总承包需要具备的形式条件也是基本条件。

（2）具有与工程规模相适应的项目管理体系和项目管理能力，财务、风险承担能力是工程总承包人承揽工程的实质性条件。

① 资历及信誉应符合要求。资历及信誉内容包括：有独立法人资格、注册资本或净资产、年营业收入等。

② 专业技术人员的要求。建筑活动是技术性、专业性很强的工作，涉及生命和财产安全。从事建筑活动的人员，不管是设计类还是施工类，均要求有法定的执业资格。

③ 技术装备及管理水平要求。

④ 财务能力及风险承担能力的要求。实务上，需要投标人提供经会计事务所审核出具的财务报告、参与本项目的管理人员及拟组建的项目部情况、投标人施工的相类似工程的合同及履约情况等文件予以证明。

⑤ 组织机构、管理班子的组织模式、管理成员的素质要求。工程总承包模式下，项目经理必须要熟悉工程设计、工程施工管理、工程采购管理、工程的综合协调管理。

对于总包人来说，设计和施工深度融合所带来的效益是十分明显的，其中很重要的一个就是可以更好地控制项目的造价和工期，给企业带来更高的利润。现实中，很多总包人并不同时具备设计和施工两类资质。这种情况下，其实同样可以实现设计和施工的深度融合，关键在于涵盖了设计和施工阶段的组织机构和管理机制，只有避免了分包之后的一甩了之，将设计和施工事项放在一起计划和管理，才有可能把工程总承包的优势发挥出来。

采用联合体方式承包工程的，在联合体分工协议中约定或者在项目实际实施过程中，联合体一方既不按照其资质实施设计或者施工业务，也不对工程实施组织管理，且向联合体其他成员收取管理费或者其他类似费用的，视为联合体一方将承包的工程转包。

### 2. 工程总承包企业的基本责任

由于工程总承包企业作为建设工程项目总承包的主体，在工程项目的实施过程中，同时扮演着勘察、设计、采购、施工等多种角色，因此，也就相应地负有我国建筑法和相关法规对勘察设计单位、施工企业所规定的法律责任。此外，从行业的角度看，工程总承包企业具有规模大、实力强、管理先进等特点，是整个行业的排头兵，对带动行业的发展起着举足轻重的作用。这里讲的总承包基本责任，主要是讨论工程总承包企业在工程承包及其建设过程中所应承担的经济、法律和社会责任。至于它作为一个企业，还应该承担法律所赋予的一般企业责任，在此不另作说明。工程总承包企业的基本责任有如下几方面：

（1）对业主的责任

① 全面、正确地履行工程总承包合同约定的工作任务，在规定的期限内完成

并交付质量符合规定标准的工程目的物。

② 在建设工程实施过程，主动配合业主或其工程师（顾问工程师或监理工程师）的工作，认真执行工程师指令，做好各项额外指定的工作并合理确定相关的价款或酬金。

③ 按照规定的要求，及时向业主提交建设工程实施方案、计划和相关的技术资料，定期向业主报告工程进展情况及质量状况。

（2）对社会的责任

① 必须严格按企业的资质定位，承包相应等级的工程，参与公平竞争，不得越级承包，不得转包或肢解分包。

② 必须贯彻执行工程建设过程有关安全、职业健康和环境保护的法律法规和相关政策。

③ 必须坚持建设可持续发展，注意节约资源和能源，合理规划使用建设用地。

④ 必须保持与建设地区政府机关、近邻单位及居民的良好沟通，做到施工不扰民。

（3）对行业的责任

① 积极研发或采用工程新技术、新材料、新工艺和新设备，不断推动行业技术进步。

② 坚持诚信经营，树立企业良好的公众形象。

③ 扶植和培育分包企业，在合作过程中进行技术和管理的指导、帮助。

④ 不拖欠分包商工程款或供应商货款。

### 3.2.3 不同企业实施工程总承包模式分析

#### 1. 设计单位实施 EPC 工程总承包模式

设计单位实施 EPC 工程总承包，通过与建设单位签订 EPC 总承包合同承揽 EPC 项目，由其负责项目的设计、采购、施工全过程的管理，作为唯一主体，完成项目的建设工作。但由于设计单位不具备采购与施工的管理能力，通常需要将采购与施工的工作交由一家或多家施工单位来完成，将其作为 EPC 总承包单位的分包单位，分包单位接受作为总承包单位的设计单位的管理。

此外，设计单位也可以通过兼并施工企业，整合资源，以此组建与所承揽 EPC 项目相匹配的采购与施工部门，丰富设计单位的组织结构体系，采购、施工部门与设计单位的设计部门为并列关系。受限于目前建筑业企业的资质要求，设计单位所兼并的施工企业需具备较高的施工总承包资质等级，以达到现行法规的规定。

以设计单位为主体实施EPC总承包模式，可以使得设计单位将其技术优势融入初步设计、施工图设计、设备选型采购、施工方案、试运行等各个建设环节中，使得建设项目始终处于有力的技术支撑下。相较于其他单位，设计单位对项目前期各项基础资料的分析整理较其他单位更为全面、具体、深入和细致，对项目的认识也相对充分，在实施阶段，设计单位对项目的技术要求和设计意图也较其他单位更加准确到位，从而在技术层面上保证项目的质量，使其始终处于系统、可控的状态。此外，由于设计单位处在资源整合的高端和源头，作为知识密集型的代表，市场对以设计单位为主体实施的EPC模式也较为信任与认可。

但设计单位实施EPC模式也存在短板，主要包括较为薄弱的服务意识，较弱的施工现场管理水平以及轻资产状态下较弱的抗风险能力。

### 2. 施工单位实施EPC工程总承包模式

施工单位实施EPC工程总承包模式，通过与建设单位签订EPC总承包合同承揽EPC项目，主导项目的设计、采购、施工的全过程管理，施工单位作为唯一的项目建设责任主体，完成项目的建设工作。通常情况下，施工单位并不具备设计能力，因此需要施工单位通过招标，将设计工作分包给合适的设计单位。设计单位作为施工单位的分包，接受作为总承包单位的施工单位的管理，向施工单位的EPC项目设计工作负责。

此外，也可由施工单位通过成立设计部门，丰富施工单位的组织结构体系，以此具备与所承揽EPC项目相匹配的设计能力。设计部门与施工单位原有的采购、施工部门为并列关系。如同设计单位实施EPC模式一样，施工单位实施EPC模式也需要所兼并或组建的设计部门具备设计资质。

少数优秀施工单位经过市场竞争的磨炼，已经逐步壮大，自身也初步具备一定的设计能力。因此以施工单位为主体的EPC模式，虽然发展较设计单位为晚，但由于其长期深耕施工现场，在错综复杂的关系下，现场管理能力强，具备较强的问题解决能力；管理人员对现场恶劣条件的适应能力强于长期处于舒适工作环境下的设计单位的设计管理人员；长期薄利微利的工程施工合同使其具有很强的成本意识；同时，大特型施工单位规模体量远超设计单位，重资产，抗风险能力也相对强得多。

### 3. 设计单位与施工单位组成联合体实施 EPC 工程总承包模式

设计单位与施工单位组成联合体，以联合体总承包商的形式对项目进行投标，建设单位通过分别考察设计单位与施工单位的能力，以此评定联合体的能力。中标后的联合体作为唯一建设主体，与建设单位签订 EPC 总承包合同，对项目的设计、采购、施工进行全过程管理，完成项目的建设工作。

虽然对建设单位而言，联合体是唯一建设主体，但毕竟其中包含两个并列关系的主体，因此组成联合体的双方需要在内部达成一致，友好协商双方的权责利，并分别委派项目负责人。

联合体作为非单一责任主体实施 EPC 总承包模式，有效地解决了设计单位施工能力差、施工单位设计能力缺失的局面，充分发挥各自优势，通过联合体的形式，同时获得设计与施工能力，满足承揽 EPC 项目的基本要求。但遗憾的是，也正是由于其责任主体不单一，不同主体之间各自心怀鬼胎，貌合神离，在采用联合体投标的时候，要求附上联合体协议，但协议往往条款粗放，流于形式，中标后，联合体各方需要签订详细的联合协议，其实质是对利益和责任进行分割。但对于很多本来界限就不明确的工作内容硬要进行分割，自然谁都不愿意兜底。最后往往弄成了，各自负责各自实施内容的部分，各挣各的钱。设计牵头的联合体，因设计费占小头，与牵头方的责任严重不匹配而没有动力；施工牵头的联合体，因受制于技术，很难做到从设计源头上控制成本。导致遇事互相推诿扯皮，导致在实际操作过程中，严重偏离了工程总承包模式设计采购施工相融合的基本思想，不尽人意。

## 3.2.4 工程总承包企业能力要素

### 1. 融资能力

随着社会和经济的发展，城镇化快速推进，社会对建设项目的需求量迅速增加。同时，建设项目的规模不断扩大、工期逐步增加且技术要求愈高，所需资金也因此增多。工程总承包项目投资巨大，项目业主出于缓解短期资金压力、解决资金来源问题、减少自身负债率并规避相应的融资风险考虑，通常需要工程总承包企业进行垫资，因此将融资能力作为对总承包企业考察的重点内容。我国企业资金普遍较少，相比于发达国家的融资体系，我国政策性支持体系在信贷、保险等方面并不完善，且国家相关资金主要集中在规模较大的国有企业，民营企业获得资金支持相对不充分。与此同时，国家控制外汇信贷规模，审批时间长且程序复杂，总承包企业常常需要自己进行部分资金的融资。这就要求工程总承包企业具有一定的融资经验、良好的融资渠道、融资结构设计优化能力以及融资谈判能力。融资问题作为总承包企业开展国际总承包业务的瓶颈问题，可从一定程度上对企业承揽较大合同额与国际项目的能力产生直接影响。

#### 2. 设计能力

EPC 工程总承包模式，即是以设计为龙头的价值链垂直整合总承包驱动模式，设计阶段对建设项目的总造价与施工难易程度具有决定性作用。我国现代化建设不断推进，装配式建筑、绿色建筑、区块链及数字建造理念大力推行，设计能力成为总承包企业顺利承揽并完成项目的重要保障。我国设计阶段主要包括初步设计和施工图设计，在项目招标阶段，业主一般要求总承包企业的投标文件达到初步设计的深度。在前期决策阶段，对项目全寿命周期内的设计管理与施工方案进行分析研究，设计方案的优化有助于提高项目承揽成功率，项目承揽是工程总承包企业价值链最基本的活动。向后延伸至物资采购、项目建设阶段，通过设计工作的合理性有助于物资采购的成本降低，同时通过技术设计方案的优化可以避免施工过程中的变更。因此，在设计阶段进行工程优化，是实现资源合理配置、成本降低、工期缩短的重要保障，达到项目增值的目标。由此可见，设计能力对于工程总承包企业顺利承揽并完成项目尤为关键。

#### 3. 绿色施工能力

施工作为工程总承包项目建设的基础活动，施工能力成为总承包企业能力的关键组成部分。当前，环境友好与可持续发展是各行业遵循的原则，基于国家与社会整体利益在施工能力的基础上提出绿色施工能力。绿色施工能力是承包商在项目建设过程中，尽可能采用绿色建材与设备，清洁施工过程，对涉及产品所确定的工程做法、设备和用材进行优化，从而实现节地、节材、节水、节时、节能和环境保护“五节一环保”目标，进而提升工程施工总体水平的能力。不难发现，良好的绿色施工能力不仅可以降低施工造成的资源浪费与环境负面影响，还可以更好地实现建筑产品的安全性、可靠性、适用性和经济性。当前，与生产建造相关的安全、环境及人员健康问题受到广泛关注，HSE（Health　Safety Environment）管理秉持以人为本的理念，注重保障现场施工人员生命财产安全，最大限度地保护施工现场周围环境。

### 4. 建材供应链能力

参照供应链管理概念，建材供应链能力指工程总承包企业控制供应商等多方建材资源采购和移动的能力，实现供应链整体效益与价值最大化是进行供应链管理的最终目标。一方面，建筑商面临的风险因素中，施工材料价格上涨作为一个外部因素得到确认，建材供应链管理能力对承包商面临的采购风险有重要影响。另一方面，工程总承包项目组织复杂，涉及多个实体的不同流程，增加了供应链的复杂性。因此，工程总承包企业的建材供应链能力高低直接影响了供应链所产生的费用。我国经济正在转型，供给侧结构性改革无疑是当今最热门的话题之一，它旨在改变供应过剩、资源浪费、结构不合理、产品质量不高、附加值低的现状。从微观角度看，这是中国企业生存和发展的良方，也是建筑业可持续发展的新方向。良好的建材供应链能力可以降低浪费、实现高效能，进而促进企业环保合规，帮助企业积极提高环境绩效，加速我国建筑企业在全球价值链中的转型升级。

### 5. 项目管理能力

项目管理能力是指企业稳定目标、协调任务和愿景、优化资源配置以保持持续竞争优势的能力。EPC总承包是一项技术复杂且知识密集型业务，对管理人员的素质要求较高，需要既懂工程技术，又懂项目管理的复合型人才。21世纪以来，随着具备适当项目管理技能的人力资源的稀缺，项目管理作为一种竞争优势的效用增加。我国大力推进装配式建筑，装配式建筑中预制构件的组装是一个精益生产的过程，需要构件库存的位置适当、安全吊装和精确组装，且面临质量问题与复杂管理等难题。因此，装配式建筑项目对项目管理有更高的要求，企业的项目管理能力对装配式建筑的顺利完成至关重要。风险是所有建设项目固有的，可能会在时间、成本和质量方面对项目交付产生负面影响。风险管理是项目管理的重要组成部分，也是项目交付的基础组成部分。我国工程总承包项目风险管控经验不足，并且建筑业处于转型阶段，更容易引发更大的风险。在国际工程总承包项目中，总承包企业通常需要解决估算、融资、设计、采购、施工及其接口过程中的巨大风险。通过有效的项目管理有助于总承包企业将风险费用转移到盈利空间，真正实现客户和工程总承包企业的双赢。

## 3.3　国外建筑企业的工程总承包业务发展模式

### 3.3.1　法国万喜公司——特许经营+承包业务

万喜（VINCI）公司是世界顶级建筑工程承包商之一，2019 年位居 ENR 榜单国际承包商第 4 位，全球承包商第 6 位。

万喜公司创办于 1899 年，是一家拥有百年历史的法国建筑服务企业，目前在全球 100 个国家拥有超过 3000 个分支机构，194428 位员工。万喜公司的主营业务包括特许经营、能源、路桥和建筑四大板块。

从 2005 年，万喜公司就提出要做“世界上最赚钱的建筑工程承包商”的战略目标。公司的发展策略开始将经营重点向高利润区域转移。在巩固施工业务以获取稳定收益的同时，以增强盈利能力为核心，扩大高附加值的服务范围、最大限度地获取高利润环节收益。维持长期高增长的动力来自于特许经营业务（包括项目设计、成套工程、项目融资、工程管理、BOT 项目运作等）的迅速成长。

万喜公司目前集中于特许和承包两大基本核心业务，特许业务是指在项目开发、融资、管理、运营等阶段提供非建筑服务，承包业务则指具体的设计、建造与运维的建筑服务。2017 年，万喜公司共计实施了 27 万多个项目，营业总额达 402 亿欧元，其中特许业务营业额 69.45 亿欧元，承包业务营业额 328.3 亿欧元。尽管承包业务贡献了 80% 以上的营业额，但是在利润方面，2017 年特许业务的税息折旧及摊销前利润为 32.51 亿欧元，而承包业务仅为 12.6 亿欧元，特许业务的盈利远高于承包业务。这种独特的商业模式是万喜公司从众多国际承包商中脱颖而出的关键所在。

通过特许业务和承包业务的良好配合来完善产业链布局是万喜公司一贯奉行的企业战略，采用以“承包为平台，特许为卖点”的商业模型来实施投建营一体化项目是万喜公司成功的关键所在。这两大业务的特点使它们在运作模式上相辅相成。尽管承包业务盈利空间有限，但是在世界各地大量开展承包业务可以提供结构良好的经营现金流，同时搭建商业网络，为特许业务提供经营平台与潜在的合作者，从而促进了特许业务的迅速增长。特许业务尽管前期占用资本较多，然而在项目后期运营中可产生稳定收益，同时又可以特许业务作为谈判突破点，带动承包业务量的增长，最终提升公司整体的盈利水平。特许业务与承包业务可分别实施在不同的项目中实现协同效应，更可以形成打包服务实施于投建营一体化项目中，早期介入、全程参与，围绕项目的整体价值链，以获取最大限度的利润。

在纵向发展战略方面，万喜公司几乎具有向业主提供从项目可行性咨询、工程设计、融资、项目施工管理、后期经营等一揽子服务能力（图 3–3）。以公路建设服务为例。万喜公司在公路项目的设计、原材料供应、建造和运营等环节都有超强的能力。由于公司在公路施工技术和材料生产方面的技术优势，万喜公司在后向一体化方面，成为欧洲最大的公路材料生产商。

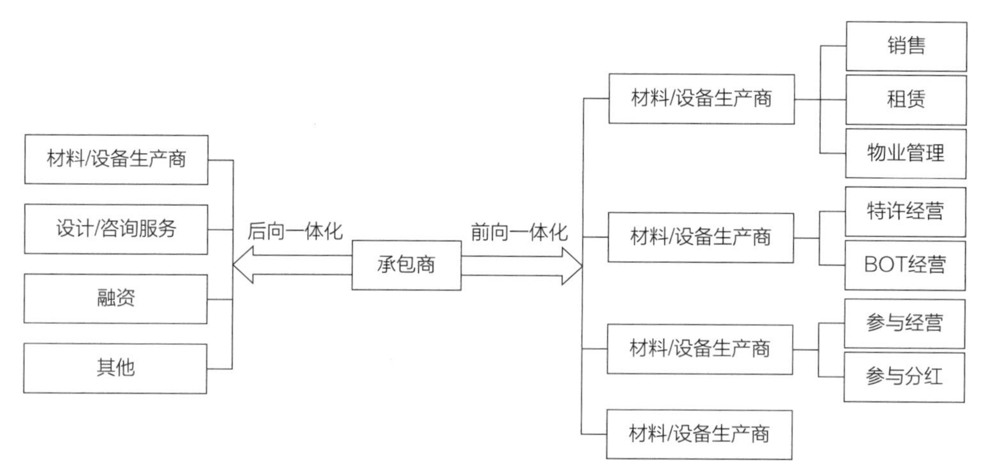


图 3-3 万喜公司纵向战略示意图

在横向发展战略方面，万喜公司在企业市场规模的扩展、企业规模的扩大、多元化经营和技术创新四个方面都有不俗的表现（图 3–4）。公司的资本优势——大量的自有资本积累，为企业进入良性投资回报率的特许经营业务、横向扩展奠定了基础。

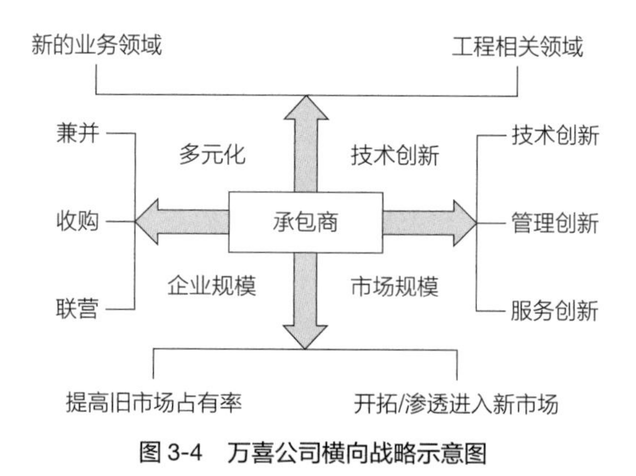


图 3-4 万喜公司横向战略示意图

### 3.3.2 美国柏克德公司——设计＋施工＋安全管理

柏克德（Bechtel）公司在 ENR 国际承包商排名中，一直名列前茅。2019 年位居国际承包商第 13 位，全球承包商第 17 位。

柏克德公司是美国建筑工程行业领袖，多年来立足美国，着眼全球，为各个行业领域的客户提供技术、管理以及设计、建造等服务。公司涉足的领域非常广泛，主要有各种土建基础设施、电信、火电和核电、采矿和冶金、石油和化工、管道、国防和航天、环境保护和有害废料处理，还包括电子商务设施在内的工业领域。

柏克德公司给自己的定位是“世界领先的工程、建筑和项目管理公司”，其经营工业项目的方式尤其为国际工程界称道，业界人称“柏克德模式”。公司注重多元化经营，善于抓住机遇；经营方向明确，高效率调配资源；同时以效益为核心，向高科技建筑领域转移。在传统的房屋建筑业中，由于市场进入门槛较低，因此市场竞争非常激烈。随着竞争的加剧，项目利润率不断降低。柏克德公司利用其雄厚的资金和技术优势，在进入企业较少、利润率相对较高的行业承接项目，例如危险废弃物处理（包括化学和核废料处理，石棉和石墨清除等）。

柏克德公司独特的战略发展模式及骄人业绩，源于其树立的符合建筑行业发展规律的经营理念。除了保证安全、注重技术、强化管理、全球统一运营这些管理理念外，坚持设计与施工共同发展也是柏克德公司重要的成功因素之一。

设计和施工是工程的两个重要方面，二者相互联系、相互制约。一些建筑承包商在没有参与项目设计时会发现一些建筑图纸难于实现或有需要改进的地方。而对建筑图纸再进行改变又会增加很多成本。这对于国际大型工程承包商而言不是一个小问题。柏克德公司在两者的结合方面做了很多工作。

柏克德公司力图让工程设计实现智能化，公司在澳大利亚、加拿大、印度和美国都设有设计中心，这里的工程师超过了 3500 人，能够提供全天候的服务，以确保设计工作能够与工程进度相匹配。

工业建筑一直是柏克德公司的长项。这家有 110 多年历史的公司把技术专长、创新和独一无二的经验结合在一起，能在确保安全的前提下按时在预算内完成工作。

### 3.3.3 西班牙 ACS 公司——战略规划＋执行力

ACS 公司是西班牙最大的建筑企业，也是世界上著名的建筑和服务产业相结合的企业，在 2019 年《财富》世界 500 强中名列 272 位，总营业收入高达 432.632 亿美元。在 2019 年 ENR 榜单中 ACS 公司名列国际承包商第 1 位，全球承包商第

7位。

从2001年到2006年，ACS公司总资产增长6.5倍，营运收入和营运利润增长超过3倍。ACS公司的主要业务涉及五大领域：建筑、特许经营、环保与物流、工业服务和能源，是一个多元化发展的公司。其中，建筑业务包括土木工程、住宅建筑、房屋建筑（非住宅）；环保和物流业务包括环保服务、港口和物流服务、设施管理等；工业服务包括电信网络、能源工程和控制系统等。目前，该公司拥有超过12万名员工，在全球75个国家开展各项业务。

ACS公司的发展史，就是一部企业并购史。ACS公司的历史可以分为三个时期。第一时期是20世纪80年代。ACS公司的经营活动最早开始于1983年。佩雷斯（ACS公司董事长兼CEO）象征性地购买下了即将破产的CP公司，成立了ACS公司。在公司初期，由于佩雷斯本人在西班牙工作过，积累了大量的人脉，所以对ACS公司的发展起到了关键作用。第二时期，20世纪90年代。在这期间，步入正轨的ACS公司开始大量收购企业，开启了多元化经营的道路。ACS最大的并购活动发生在1993年，CP公司和下属的OCIS公司合并，合并后的新公司被命名为OCP公司。OCP公司逐渐成为西班牙建筑行业中的领先企业集团之一。纵观OCP公司的发展可以看出，OCP公司并没有盲目进行多元化发展，而是围绕主营业务进行多元化扩张，将业务主要集中到建筑业和工业服务上，同时剥离自己的娱乐业和保安业务。ACS公司通过大量的商业并购扩展了公司自身的发展，壮大了公司规模，也大大提升了公司的市场地位和影响力。第三时期，21世纪初。ACS公司不仅继续开展和主营业务有关的并购活动，同时，也进行一些战略性投资活动，而这些投资活动主要是增加ACS公司的盈利能力。

ACS公司成功的核心因素有两个：正确的战略规划和超强的执行力。ACS公司发展战略简析。ACS公司的发展战略，可以总结以并购的方式推动企业多元化扩张。企业多元化发展是方向，并购则是达到目标的手段。ACS公司最初仅从事建筑业务，到现在已将业务延伸到工业服务、特许经营、能源、环保和物流等领域。但公司的多元化不是盲目的多元化，而是系统有计划地实施多元化战略。特别重要的是，ACS公司在多元化道路上始终坚持加强主营业务的发展。

ACS公司的执行力分析。在激烈的市场竞争中，良好的管控能力和对未来的预判能力对企业的发展极为重要。对于规模大、业务多、经营区域广的大型企业而言，其管理能力的高低主要取决于两个因素：是否建立了科学有效的公司治理结构；是否拥有一支强有力、高效的管理团队。没有一个组织严密的管理体系和高素质的管理团队，就难以处理好一个企业（尤其是快速发展中的大企业）的发展问题。很多公司在规模发展上去之后，因管理水平未能跟上而使企业陷入困境。ACS 公司在多年的发展历程中，经历数十次的并购使企业得到极大发展，与该公司完善的管理机制有很大的关系。

### 3.3.4　德国霍克蒂夫股份公司——把握时局＋一站式服务

霍克蒂夫股份公司（Hochtief，以下简称“霍克蒂夫”）在 2019 年 ENR 榜单中名列国际承包商第 2 位，全球承包商第 11 位。

霍克蒂夫有着 140 多年的历史，跨国发展 90 余年，从起初一个名不见经传的小建造商发展成为今天誉满全球的大型建筑企业。截至 2005 年 12 月 31 日，该公司员工数达 41469 人，销售额为 136.53195 亿欧元（人均产值为 329239 欧元），其中国际市场销售额所占比例为 84%。税前利润为 3.2905 亿欧元（税前利润率为 2.41%，人均税前利润为 7935 欧元），税后利润为 1.51336 亿欧元（税后利润率为 1.11%，人均税后利润为 3649 欧元），净资产收益率 13.0%（2003—2005 年平均为 13.6%）。

作为一个国际建筑服务提供商，霍克蒂夫提供设计、投资、建设和运作各种复杂的工程服务。霍克蒂夫的全球网络使其业务遍布于世界各主要市场，包括办公大楼、购物中心、机场、电站、医院、港口设施、体育场馆、高速公路和铁路等。

霍克蒂夫的服务横跨整个项目生命周期，主要分为以下四个单元开发，包括物业的规划、设计、投融资以及营销策划。建筑，包括传统的施工建筑、标准作业承包建筑、土木工程和基础设施项目等，这都属于霍克蒂夫的核心竞争力（服务：包括规划建设物流、设备管理、资产管理、保险、环境工程建筑管理等。特许经营：包括机场管理和特许经营的公共和私营部门的合作、承包开采部分等）。

总的来看，霍克蒂夫的发展历程，可以看到公司对于当下形势机会的把握非常精准。在这么长时间的发展过程中，公司也随着时代发展几经浮沉。20 世纪 60 年代开始，霍克蒂夫才开始了从“建造商”向“建筑企业”的转变。20 世纪 60 年代，霍克蒂夫的业务范围开始不断拓展，并且提出筑“精品项目”，成为能提供更广泛服务的工程承包企业，并且努力成为服务提供商。随着战后各国经济节奏高速发展之后的逐渐放慢，霍克蒂夫的增长势头受阻。1967 到 1975 年之间，霍克蒂夫的主营业务仍在德国国内，其业务收入占到总收入的 80% 以上，国内业务以电厂建设为主。1973年的石油危机给全球经济带来了巨大冲击，但霍克蒂夫却在这场危机中受益无穷，石油输出国组织对建筑业巨大的市场需求，使得霍克蒂夫彻底改变了其业务布局。当1980年霍克蒂夫营业收入第一次达到600万德国马克时，其海外收入已经占到了总额的一半以上。尽管在20世纪80年代世界建筑市场波动较大，霍克蒂夫仍成功调整其海外业务分布，获得了持续发展。随着德国的统一，霍克蒂夫及时把握商机，开拓了德国东部市场。建筑业受经济形势影响很大，而霍克蒂夫则努力稳定其业务，提出寻找并提供具有更高附加值的服务，例如为客户提供“一站式”服务，包括从设计、融资、建造到运营的一系列服务。为了实现这种理念，霍克蒂夫开始涉足机场管理、软件研发、人员管理和项目管理等领域。

霍克蒂夫的发展战略非常清晰，对员工的管理更是体现了以人为本、注重员工的发展升值，同时注重其社会形象和社会责任感。

霍克蒂夫立足于与客户一同开拓市场，并将人和组织联系起来，创造新的思考和行动方式，不断为客户创造价值，渴望成为客户可靠且值得信赖的业务伙伴，致力于提供高品质的产品和服务。霍克蒂夫不仅给客户提供令人满意的设计和贯穿于整个建筑价值链的广泛服务项目，还采取了终端到终端的方法，服务考虑到建筑物的全生命周期。霍克蒂夫坚持可持续性发展的原则，对自然环境和社会环境负责的态度让人钦佩。公平交易是霍克蒂夫一贯坚持的道德原则，同时该公司也支持机会平等，鼓励多样化发展。公司推动各项措施，确保员工的健康和安全，减少事故和风险。提高公司的价值是霍克蒂夫的经营目标。在战略和操作层面上，对股东利益负责，公司依靠创新获得盈利，并实现公司的可持续发展。

### 3.3.5 韩国现代工程建设公司——多元化＋新业务＋国际化

韩国现代工程建设公司在2019年ENR排名中名列国际承包商第15名，全球承包商第20名，是业绩最好的韩国承包商。

韩国现代工程建设公司起源于韩国著名的大型财团之一——韩国现代集团。2001年，创始人郑周永去世后，韩国现代集团一分为三，分别是汽车制造商现代汽车集团、以航运业务为核心的现代集团和以建筑为主业的现代建设集团。2011年4月，现代汽车集团出资竞购了现代建设集团，并改名为韩国现代工程建设公司（以下简称“现代工程建设”）。

现代工程建设的业务领域跨度非常大，几乎涵盖了工程建设的各个领域，主要划分为工业工程、电站和能源工程、基础设施和环境保护工程、建筑工程等 4 个业务板块。

尤其在工业工程板块，现代工程建设在工业工程业务板块能够提供咨询、设计、采购、建设、特许经营、运营维护等多种服务，所涉及的行业包括炼油、石油化工、液化天然气、钢铁冶炼。为了满足市场需求，同时应对激烈的市场竞争，现代工程建设计划加大市场开发和技术研发的力度。经过多年的发展，现代工程建设在工业工程领域具有骄人的业绩，技术实力较强，人才优势突出，与全球的客户和商业伙伴建立了合作共赢的紧密联系，是值得客户信赖的总承包商。现代工程建设致力于成为国际工程总承包市场的领先者。因此，在保持炼油、石油化工、气体加工、钢铁冶炼等行业竞争优势的同时，现代工程建设将要进入海洋离岸工程、气体液化等高附加值领域，加大在碳离子捕获技术、煤制油、合成天然气等环保技术方面的投资。

现代工程建设其公司的管理具有以下特点：首先就是市场布局多元化。通过市场布局多元化取得显著的业绩增长。现代工程建设的国际市场打进了世界主要经济体，市场分布较广，结构较为均衡。其次就是业务结构多元化。通过业务结构多元化取得可持续的稳定增长。尽管世界经济面临下行压力，但工业工程、电站和能源工程、基础设施和环境保护工程、建筑工程等 4 大业务板块支撑了现代工程建设近年来的业绩攀升。最后就是不断地改进管理和技术，提高利润率。在企业发展到较大规模之后，现代工程建设对新签合同设置了利润率的门槛，以提高自身的利润率。在内部管理方面，现代工程建设通过降低运营成本来增加利润率，主要措施就是优化采购和外包管理流程。同时，现代工程建设视技术研发为企业的根基，投入大量资源进行新技术、新工艺、新材料等研发工作。

这形成了现代工程建设的战略三角形：多元化的业务结构、新增长业务、国际化水准的基础管理，这三者互相支撑，互相协同，有力推动了现代工程建设的可持续发展（图 3–5）。

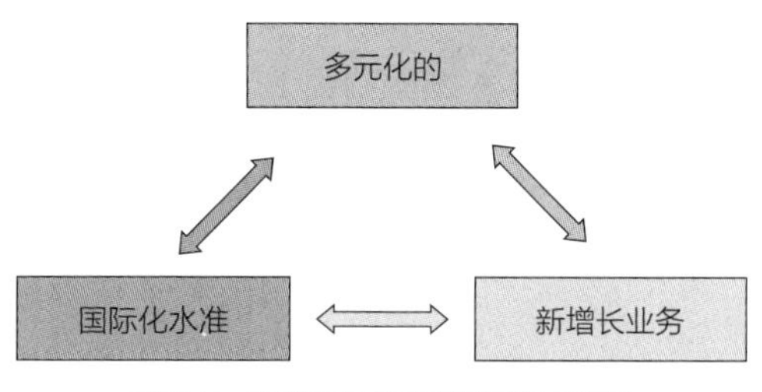


图 3-5　现代工程建设的战略三角形

### 3.3.6 小结

纵观众多国际知名工程企业巨头，之所以能够在竞争残酷激烈的市场里长久存续发展、经久不衰，是因为企业形成了自己的核心竞争力。而大多数成功的国际工程承包商的实践表明，其核心竞争力往往并非来自某个领域相对垄断的核心技术，而是源于多年的国际工程承包经验形成的在业务整合、兼并扩张和跨国经营方面的能力。

#### 1. 强大的业务整合能力

这是指通过对产业链中有前景的上游或下游产业，如项目投资、设备生产、材料供应或项目运营等，以核心业务为主进行有效整合，形成战略经营单位，以实现业务协同的综合能力。包括德国霍克蒂夫公司、瑞典斯堪斯卡公司等国际大型工程承包企业都是从一个专业性公司起步，通过不断对所在产业链的业务进行整合，形成企业战略经营单位，发展成为以国际工程承包为核心业务、具有多个产业链业务协同能力、综合实力强大、在多个领域拥有较强竞争力的跨国公司。

#### 2. 兼并扩张能力

通过收购和整合，可以迅速实现资本扩张，扩大企业规模，形成市场优势，实现多元化经营，提高企业的经营效益。比如从1989年开始，瑞典斯堪斯卡公司进行了频繁的收购活动，3年间进行了10多起收购，营业收入迅速扩大了3倍，利润扩大了5倍；而法国建筑企业巨头万喜公司的历史就是一部企业并购发展史，早在1888年，万喜公司就并购了当时历史悠久的建筑企业SGE，成为法国最大的建筑企业之一，1999年收购了美国的Filter公司，2000年与GTM公司强强合并，使其成为当时世界最大的建筑服务商。

#### 3. 跨国经营管理能力

大型复杂国际工程的跨国经营管理，要求承包商对项目实施的参与各方和利益相关各方，通过共同的价值目标，进行资源整合，形成一个利益共同体，积极发挥各方优势。大型国际工程承包企业巨头也都是从国内市场起步，然后以本国市场为基地，逐步走向国际市场，逐渐培养大型复杂性国际工程的跨国经营管理能力，通过跨国经营扩大了市场范围，实现了规模化经营，发展成为大型跨国公司。

# 3.4　国内建筑企业的工程总承包业务发展模式

## 3.4.1　中建三局

中国建筑第三工程局有限公司（以下简称“中建三局”）在转型升级方面起步比较早。从2012年开始，中建三局就提出向“投资+建造”转型，做投资、建造、运营“三商一体”工程总承包商的目标。通过5年的工程总承包实践，已经取得了一定的成绩，其2017年组织构图如图3-6所示。

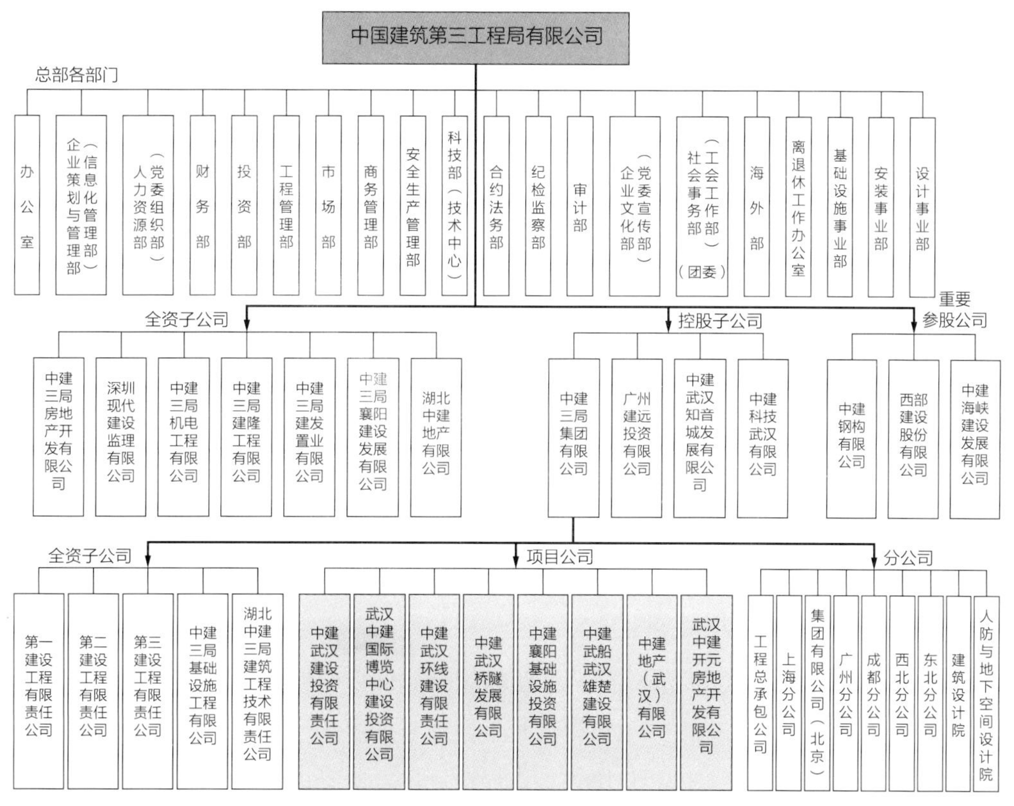


图3-6　中建三局组织架构图

局总部层面：成立设计事业部（中建三局工程设计有限公司），工程管理部下设EPC管理中心、采购管理中心。

设计事业部负责设计管理和设计生产。EPC管理中心牵头组织EPC，负责EPC引领、体系制度、EPC项目架构等建设。采购管理中心负责采购引领，监督和合规建设、制度建设、上承设计下启施工。

公司层面：一公司、三公司、总承包公司、南方公司、西北公司、成都公司、中建铁投等设立 EPC 事业部，负责 EPC 项目的承接、施工等职能，由设计事业部负责全过程工程咨询。

中建三局是具有多功能、集团化经营的大型建筑企业。公司具有工程设计市政行业甲级、建筑行业（建筑工程、人防工程）甲级资质，具有房屋建筑工程施工总承包特级资质，市政公用工程施工总承包特级资质，公路工程施工总承包特级资质，电力、冶炼、化工石油和机电安装工程施工总承包壹级资质，地基与基础、钢结构、高耸构筑物、公路路基和建筑装修装饰工程专业承包壹级资质。

近年来，中建三局围绕工程总承包运营管理能力提升，采取了一系列措施：

一是打造工程总承包管理平台。中建三局利用本身优势，将该平台打造成为合作共赢的集成管理平台，各方相关资源在平台上进行整合，形成了优势互补的局面。

二是推动管理和服务能力升级，在项目策划、设计、合约、采购、协调和风险管控等方面建立了配套体系。

三是加强人才库、资源库、知识库建设，积极应对 EPC 模式带来的新形势，抓住新机遇。

中建三局设计板块的雏形为 1984 年成立于湖北武汉的设计中心（即武汉中建建筑设计院有限公司），经过二十多年的发展，2011 年挂牌成立中建三局建筑设计院。为了申请新特级资质，中建三局还于 2011 年整体收购了湖北省人防建筑设计院。近几年根据公司的发展战略，中建三局对设计板块持续升级强化。

2014 年中建三局设计事业部（设计院）新址揭牌，将设计院的业务由原先单一的建筑设计调整为深化设计与建筑设计两大版块，增设建筑景观部、机电深化设计部、结构深化设计部、幕墙装饰部。设计院与局总部的设计事业部共同形成了两级管理体系。其定位和目标是在做强做精传统专业设计的同时，还要做好总承包管理的设计支撑，为全局高端总承包项目提供设计管理服务；统筹全局深化设计业务管理，完善深化设计业务体系；培养打造深化设计专业管理团队；做好重大项目的营销支撑。

#### 1. 深化设计管理能力

在提升深化设计管理能力方面，首先依托天津 117 大厦项目和武汉绿地中心项目，设计院通过参与深化设计管理工作，逐步熟悉、了解、掌握具体的深化设计业务，总结经验，形成可推广的项目深化设计管理模式。随后逐步将服务对象覆盖局所有建筑高度在 300m 以上的具有重要社会影响的项目。

### 2. 设计能力

在设计业务方面，设计院定位为“优而特”。“优”即定位优、结构优、专业优、人才优，有所为有所不为；“特”即彰显特色，紧跟中建三局发展战略，努力打造较强的深化设计与建筑设计复合型能力，未来更要符合国际总承包深化设计的要求。同时，还要正视挑战。设计市场本身竞争激烈，在起点存在差距的情况下，设计院将承担局总承包深化设计能力的打造与培育，以期形成中建三局的支柱品牌。

2014 年中建三局二公司吸收合并了杭州市地下工程设计研究院有限公司、湖北艺恒建筑设计有限公司。

2017 年 4 月，由中建三局设计事业部牵头，成都公司、安装事业部协作的重庆华南城奥特莱斯竣工。该项目为小镇式商业购物中心，建筑面积约 15 万 $m^2$，系中建三局首个自行设计、采购、施工的房建 EPC 项目。

2017 年 7 月，为了进一步做强做大设计业务，发挥设计引领作用，中建三局整合全局下属各机构设计资源，成立了中建三局工程设计有限公司（中建三局设计总院），注册资本金 5000 万元。公司拥有市政行业甲级、建筑行业（建筑工程、人防工程）甲级、风景园林工程设计专项乙级、城乡规划乙级等多项勘察设计资质，经营足迹遍布全国 30 多个省市。

中建三局设计总院总部设 3 部 1 室，下设 5 个设计院：建筑设计院、地下空间与人防设计院、浙江建筑设计院、市政（环保）设计院、工程咨询公司（深化院）；4 个设计中心：绿色产业设计中心、一公司设计中心、三公司设计中心、钢结构设计中心。总院对 5 个设计院实行紧密型管理，统一管理各设计院的市场拓展、生产经营、人力资源、财务资金等工作，对其下达年度经营业绩责任书，并进行考核。总院对 4 个设计中心实行松散型管理，待业务发展成熟后逐步进入紧密层；总院对各设计中心主要提供业务指导和服务支撑。

中建三局设计总院全力打造建筑设计、地下空间（人防）设计、市政（环保）工程设计、建筑工业化设计、工程咨询管理等五大业务板块，致力于发展成“最懂客户需求、最懂工程施工、最具专业特色的工程设计公司”，全方位支撑中建三局工程总承包及投资业务，服务中建三局转型升级。

## 3.4.2　中建海峡建设发展有限公司

中建海峡建设发展有限公司建立了公司、区域公司及项目三级总承包管理架构。

公司层面：设置EPC管理部、设计院和采购中心，EPC管理部负责EPC管理体制机制建设、能力建设、监督检查及成果总结（引进地产成熟人才）。EPC设计院负责设计生产和设计管理职能，下设EPC设计所，负责EPC项目的设计生产，承担部分科研工作，如概算指标库建设及设计标准化等（设计所所长原为某地产设计负责人）。采购中心负责物资劳务专业分包资源的引进、培育，合规建设，招标采购，专业采购人才打造等。

区域公司：设置EPC事业部。EPC事业部主要负责EPC项目的设计、商务等集中管理，通过考核机制让事业部和项目部成为利益共同体（EPC事业部引进多名具有地产和设计管理从业经历的人员，包括一名具有设计院总工经历和地产总工经历的退休专家）。

EPC项目部：按两阶段柔性设置。第一阶段：设计阶段是从招标投标开始到主要施工图完成，项目部人员配备由项目经理和技术、商务、采购等骨干成员与EPC事业部共同组建管理团队。第二阶段：施工阶段是施工至交付阶段，项目部人员按常规施工总承包项目配置，设计代表纳入项目部管理团队。

### 3.4.3 其他中央企业

在建设行业八大央企中，中国交建、中国中铁、中国铁建、中国电建等普遍具备行业领先的设计实力，并且多年的技术积累使其具备了明显的行业垄断地位。这也使得这些企业在工程总承包领域，尤其是在国际市场拓展中具备一定的先天优势。

#### 1. 中国交建

中国交通建设股份有限公司（以下简称“中国交建”）是中国最大的国际工程承包公司，2019年位居国际承包商第3位，全球承包商第4位。

中国交建的设计实力非常雄厚，是世界最大的港口设计建设公司、世界最大的公路与桥梁设计建设公司、世界最大的海上石油钻井平台设计公司，也是中国最大的设计公司，下设十余家设计企业：中国市政工程西南设计研究总院、中国市政工程东北设计研究总院、中交水运规划设计院有限公司、中交公路规划设计院有限公司、中交第一航务工程勘察设计院有限公司、中交第二航务工程勘察设计院有限公司、中交第三航务工程勘察设计院有限公司、中交第四航务工程勘察设计院有限公司、中交第一公路工程勘察设计院有限公司、中交第二公路工程勘察设计院有限公司、中国公路工程咨询集团有限公司、中交路桥技术有限公司、中交煤气热力研究设计院有限公司。

### 2. 中国中铁

中国中铁股份有限公司（以下简称“中国中铁”）2019年位居国际承包商第18位，全球承包商第2位，是集勘察设计、施工安装、工业制造、房地产开发、资源矿产、金融投资和其他业务于一体的特大型企业集团，总部设在北京。作为全球大建筑工程承包商，中国中铁连续14年进入世界企业500强，2019年在《财富》世界500强企业排名第55位，在中国企业500强排名第12位。2021年在《财富》世界500强企业排名第35位，在中国企业500强排名第5位。

中国中铁拥有一百多年的历史源流。1950年3月为中国铁道部工程总局和设计总局，后变更为铁道部基本建设总局。1989年7月，经国务院批准撤销基本建设总局，组建中国铁路工程总公司。2000年9月，与铁道部实行政企分开，整体移交中央大型企业工作委员会管理。2003年5月由国务院国资委履行出资人职能。2007年9月12日，中国铁路工程总公司独家发起设立中国中铁股份有限公司，并于2007年12月3日和12月7日，分别在上海证券交易所和香港联合交易所上市。2017年12月由全民所有制企业改制为国有独资公司，更名为中国铁路工程集团有限公司。

中国中铁体系具有住房和城乡建设部批准的铁路工程、公路工程、建筑工程、市政公用工程、港口与航道工程施工总承包特级资质、工程设计综合资质甲级、工程勘察综合资质甲级、工程监理综合资质等，拥有中华人民共和国对外经济合作经营资格证书和进出口企业资格证书。

中国中铁先后参与建设的铁路占中国铁路总里程的三分之二以上；建成电气化铁路占中国电气化铁路的90%；参与建设的高速公路约占中国高速公路总里程的八分之一；建设了中国五分之三的城市轨道工程。

中国中铁业务范围涵盖了几乎所有基础建设领域，包括铁路、公路、市政、房建、城市轨道交通、水利水电、机场、港口、码头，等等，能够提供建筑业“纵向一体化”的一揽子交钥匙服务。此外，公司实施有限相关多元化战略，在勘察设计与咨询、工业设备和零部件制造、房地产开发、矿产资源开发、高速公路运营、金融等业务方面也取得了较好的发展。

中国中铁在特大桥、深水桥、长大隧道、铁路电气化、桥梁钢结构、盾构及高速道岔的研发制造、试车场建设等方面，积累了丰富的经验，形成了独特的管理和技术优势。桥梁修建技术方面，有多项修建技术处于世界先进水平；隧道及城市地铁修建技术处于国内领先水平，部分技术达到世界先进水平；铁路电气化技术代表着当前中国最高水平。

中国中铁机械装备领先。拥有国内数量最多的隧道掘进机械（盾构、TBM）、亚洲起重能力最大的吊装船、整套深海水上作业施工装备、国内数量最多的用于铁路建设的架桥机及铺轨机，以及国内数量最多的用于电气化铁路建设的架空接触线路施工设备。公司能够自行开发及制造具有国际先进水平的专用重工机械，同时公司是世界上能够独立生产 TBM 并具有知识产权的三大企业之一。

中国中铁自 20 世纪 70 年代建设长达 1861km 的坦桑尼亚至赞比亚铁路项目开始至今，先后在亚洲、非洲、欧洲、南美洲、大洋洲等多个国家建设了一大批精品工程。目前在全球 90 多个国家和地区设有机构和实施项目。

### 3. 中国铁建

中国铁建股份有限公司（以下简称“中国铁建”），2021 年《财富》世界 500 强企业排名第 42 位、全球 250 家最大承包商排名第 3 位、中国企业 500 强排名第 12 位。

中国铁建由中国铁道建筑有限公司独家发起设立，于 2007 年 11 月 5 日在北京成立，为国务院国资委管理的特大型建筑企业。2008 年 3 月 10 日、13 日分别在上海和香港上市（A 股代码 601186，H 股代码 1186），公司注册资本 135.8 亿元。

公司业务涵盖工程承包、勘察设计咨询、房地产、投资服务、装备制造、物资物流、金融服务以及新兴产业。经营范围遍及全国 34 个省、自治区、直辖市、特别行政区以及全球 130 多个国家。已经从以施工承包为主发展成为具有科研、规划、勘察、设计、施工、监理、维护、运营和投融资完整的行业产业链，具备了为业主提供一站式综合服务的能力。在高原铁路、高速铁路、高速公路、桥梁、隧道和城市轨道交通工程设计及建设领域确立了行业领导地位。

### 4. 中国电建

中国电力建设集团有限公司（以下简称“中国电建”）是于 2011 年 9 月 29 日在中国水利水电建设集团公司、中国水电工程顾问集团公司和国家电网公司、中国南方电网有限责任公司所属的 14 个省（市、区）电力勘测设计、工程、装备制造企业基础上组建的国有独资公司。2019 年位居国际承包商第 7 位，全球承包商第 5 位。2021 年位居《财富》世界 500 强企业第 107 位、中国企业 500 强第 33 位。

中国电建是全球能源电力、水资源与环境、基础设施及房地产领域提供全产业链集成、整体解决方案服务的综合性特大型建筑集团，主营业务横向跨越能源电力及大土木、大建筑多行业，纵向覆盖投资开发、规划设计、工程承包、装备制造等工程建设全过程，具有懂水熟电的核心能力和产业链一体化的突出优势。

中国电建的电力建设（规划、设计、施工等）能力和业绩位居全球行业第一。设计能力突出是其核心竞争力之一。中国电建的水利水电规划设计、施工管理和技术水平达到世界一流，水利电力建设一体化（规划、设计、施工等）能力和业绩位居全球第一，是中国水电行业的领军企业和享誉国际的第一品牌。公司承担了国内大中型水电站 65% 以上的建设任务、80% 以上的规划设计任务和全球 50% 以上的大中型水利水电建设市场，设计建成了国内外大中型水电站二百余座、水电装机总容量超过 2 亿 kW，是中国水利水电和风电建设技术标准与规程规范的主要编制修订单位。

中国电建在总部分别设置了水电勘测设计管理部、电力勘测设计事业部，统筹管理全集团的设计业务和设计管理业务，如图 3–7 所示。

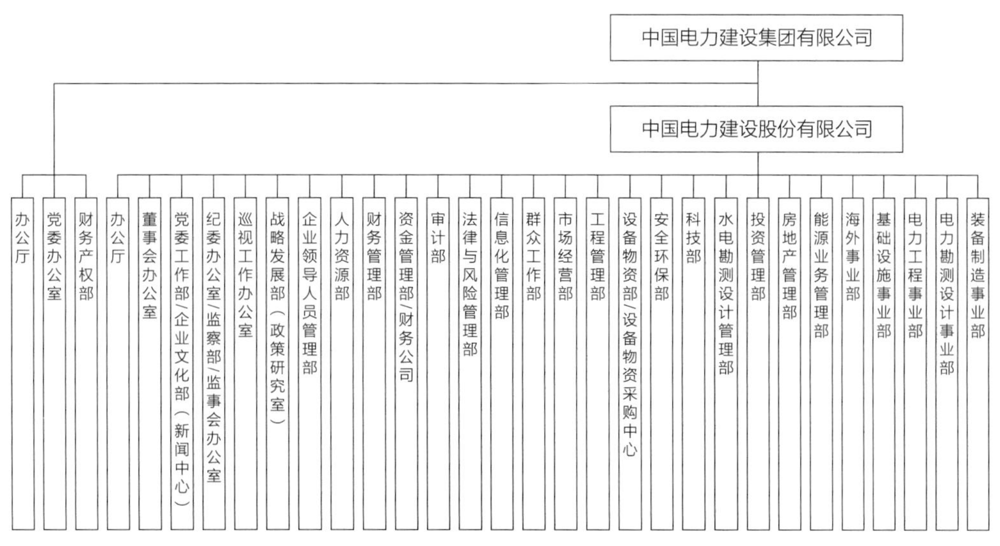


图 3-7　中国电力建设集团有限公司组织架构图

以旗下山东电力建设第三工程公司（以下简称“山东电建三公司”）为例。该公司 1985 年成立，是中国电力建设集团全资子公司。作为中国运作国际电站 EPC

最早的工程公司，目前在建机组容量在中东北非市场排名第二位，是阿曼市场最大的电站总承包商和印度市场最大的电站 EPC 国外总承包商，连续八年入选美国《工程新闻纪录》(ENR)“250 强工程总承包商”榜单，名次由第 161 名稳步不断上升至 58 名（2014 年）。其组织构图如图 3-8 所示。

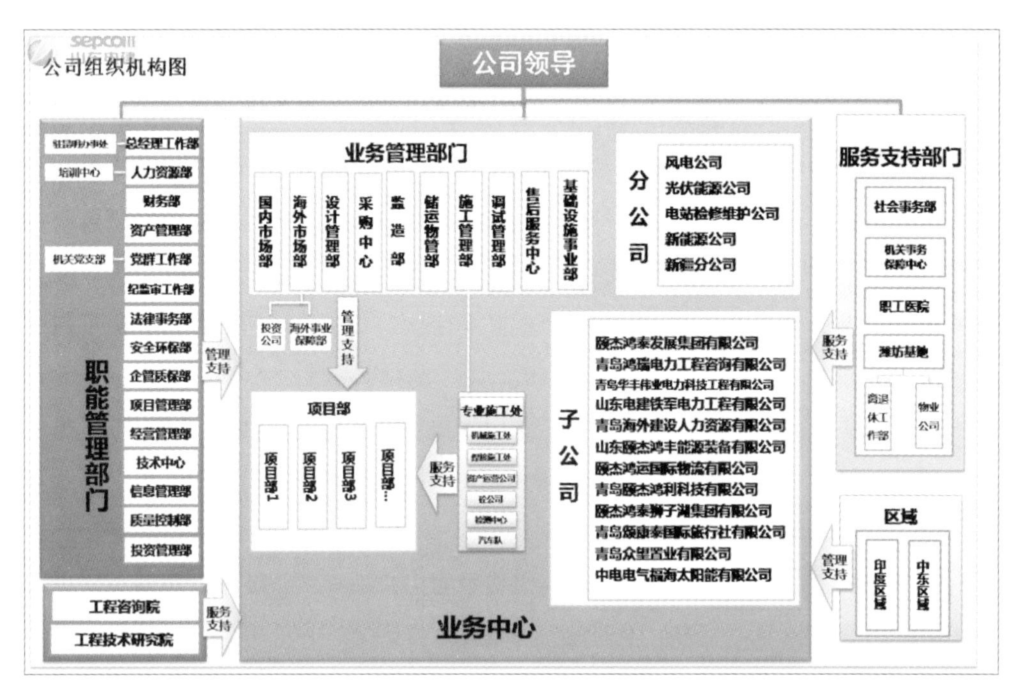


图 3-8 山东电建三公司组织架构图

山东电建三公司能成为国际电站 EPC 总承包商领跑者，有诸多成功因素。在紧跟国家“走出去”和“一带一路”倡议的前提下，通过提升内部管控能力、建立适应国际竞争标准的 EPC 项目管理体系，打造出一流的竞争力，同时以先发优势抢占市场先机、快速形成国际化发展的“朋友圈”。在项目执行过程中，做实做细安全管理，优质履约以现场赢得市场，以质量缔造精品工程。

其中，EPC 项目管理体系的构建是发展 EPC 业务的首要环节。山东电建三公司在与国际知名企业的合作和竞争中，通过持续立标对标和总结改进，不断融入先进管理理念，在项目设计、设备采购、监造、储运、现场施工、调试运行等 EPC 各环节逐步建立起了一套适应国际竞争标准的 EPC 项目管理体系，并逐步形成了公司独特的 EPC 项目管控模式——“集约化管控模式”。

针对设计管控这一薄弱环节，山东电建三公司专门组建了 80 多人的设计管理团队，能够为客户提供优质的燃机、燃煤和燃油等机组的设计、咨询、管理工作。

在项目设计中，招聘国际上具有丰富工程经验的外籍专家员工，与国际设计院开展合作；国际电力工程咨询设计、标准规范与国际接轨，并实现全员的3A设计，比如NOOR二期项目和Sener开展联合设计，设计人员在一个三维平台上进行设计，实现国际协同设计，各种成本都非常的完善，平面搜索、材料报表等操作比较方便。

山东电建三公司同时还建立了全球供应商资源库，建立了一套完整的分供方准入、跟踪评审和招标机制，保证了采购的质量和进度。与英国劳氏、美国B&V、法国BV等国际知名检验公司长期交流合作，建立完善了国际标准化的监造流程，积累了丰富的监造经验。还具备集航运、物流、包装、大件运输、工程现场仓储管理等整体整合能力的全链条式的工程项目物流管理能力。在电站建设所需的大件及超常规物资运输方面具有明显优势，能够提供设备从出厂到现场的储运物管一条龙服务。

通过对建筑企业实施工程总承包业务可以看出，在从传统施工总承包向工程总承包转型，企业必然存在以下几方面不足：

一是服务能力不足。企业缺少项目前期策划、后期运营维护方面的能力。

二是管理和组织架构存在疏漏。管理层和项目组织架构缺乏应对EPC项目管理的体系，这一点在设计和投资方面的表现尤其突出。中建三局近年来成立了投资部、基础设施部、设计总院和技术研究院等，从集团层面为EPC项目管控做好了组织保障。

三是人才储备不足，工程总承包各个环节都需要相应的专业人才。

需要指出的是，与石化、电力领域不同，房建领域的施工企业仅仅通过与设计单位联合或者收购一个设计单位就可以做EPC的想法实际实施起来仍然面临诸多的困难。石化行业的消防为自审，后期也直接移交石化单位。前期手续固定，后期业主需求明确且相对固定。房建领域的工程项目流程则存在明显的不同：项目前期与政府职能部门（规划、消防、人防等）进行对接报批；项目后期与小业主需求（销售、出租、自持经营）进行沟通博弈。目前国内民建行业的EPC也大多停留在业主负责报批报建＋项目营销策划的工作，留给总包方的仅有施工图绘制＋采购＋施工，或者项目为保障房、福利房等没有手续压力和销售压力的项目，所以国内大部分EPC项目仍然是不完整的。繁复的报批流程和多轮次的沟通博弈需求，对设计管理水平提出了更高的要求。

# 3.5 国内设计企业的工程总承包业务发展模式①

## 3.5.1 中石化工程

中国石化工程建设有限公司（以下简称“中石化工程”），在2019中国工程设计企业60强排名中位列第1位，设计营业收入120.34亿元；在《勘察设计企业工程项目管理和工程总承包营业额2019年排序名单》（以下简称“设计企业总承包60强排名”）位列第6位，工程总承包营业额为105.82亿元。

中石化工程成立于1953年，是我国首家石油炼制与石油化工工程设计单位，拥有工程设计综合甲级、工程咨询甲级、工程监理甲级等国家顶级资质证书，能够提供以能源化工工程设计为主体，从工程咨询、技术许可、工程设计、项目管理、工程监理到工程总承包的一站式服务，能够提供工厂设计及总流程优化、工厂节能优化、工厂诊断咨询服务及一体化解决方案。公司现有职工2100余人，其中中国工程院院士2名，全国工程勘察设计大师5名，行业设计大师10名，教授级职称100余人，高级职称1300余人。中石化工程组织架构如图3-9所示。

中石化工程先后完成了2200多套石油炼制与石油化工装置的设计建设，共荣获国家级优秀设计奖47项，优质工程奖10项，优秀工程总承包奖17项。

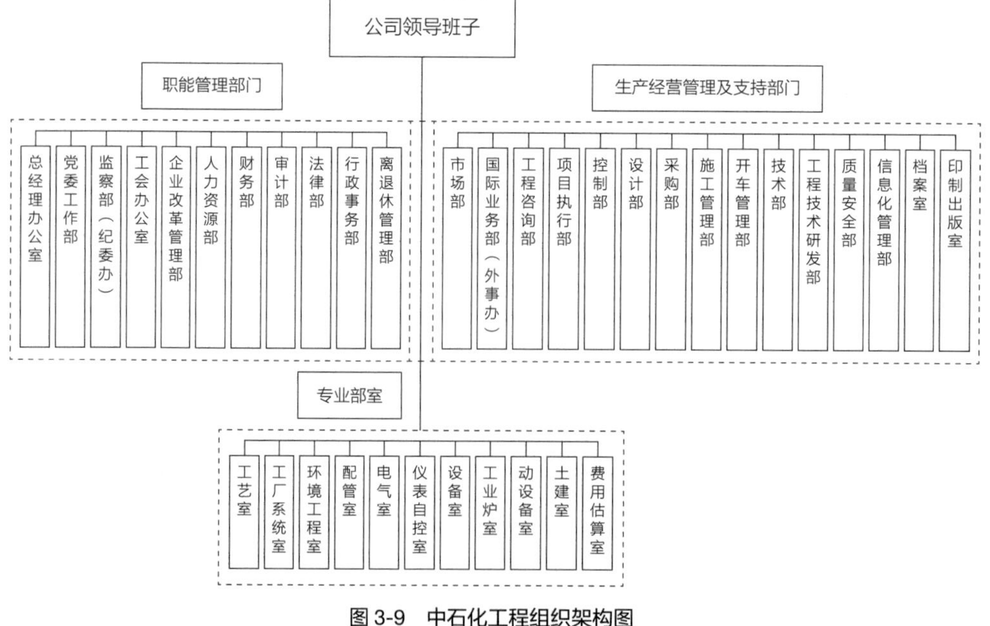


图3-9 中石化工程组织架构图

① 本节数据多以2019年年底来参考。

中石化工程始终致力于技术创新和先进炼化技术的工程转化，已经掌握了具有国际水平的大炼油、大乙烯、大芳烃以及天然气净化、液化与储运的工艺和工程技术，成功实现了煤直接液化、煤制烯烃、高含硫天然气净化、生物柴油、生物航煤等技术的工业应用，拥有了具有自主知识产权的石油化工主体技术。共荣获国家科技进步奖 76 项，其中特等奖 3 项；拥有有效专利近 600 项、专有技术 200 余项。

中石化工程由原中国石化工程建设有限公司（SEI）、中国石化北京设计院（BDI）、中国石化北京石化工程公司（BPEC）改革重组而成，隶属于中国石油化工集团公司。其发展壮大经历了四个阶段：

第一阶段，1953—1983 年，逐步实现工程设计现代化。

原 BDI 和 BPEC 分别是新中国成立的第一个炼油专业、化工专业设计院。在 20 世纪 50 年代至 80 年代间，BDI 通过一系列大型炼油厂的建设项目，逐步实现了突破国外技术封锁、研发现代化炼油装置的目标，使我国炼油工业赶上世界水平；BPEC 则专注于化工及石油化工领域，完成了一系列大型化工项目的工程设计。

第二阶段，1984—1998 年，向国际型工程公司目标迈进。

1983 年，原 BDI 和 BPEC 分别成为中国石化总公司的直属单位。80 年代，BDI 与兄弟单位合作，研发了一系列新技术、新成果，为总公司“三二九”目标的实现和我国炼油技术的第二次飞跃作出了重要贡献。进入 90 年代，BDI 在设计工作中继续加大技术含量，同时开始拓展工程总承包业务，1993 年起先后承担了广州芳烃抽提装置，天津 100 万 t/ 年延迟焦化、40 万 t/ 年汽柴油加氢装置和聚酯芳烃联合装置的工程总承包任务，实现进度、费用、质量三大控制。

1984 年，BPEC 成为国家批准的 12 个总承包试点单位之一，开始组建以设计为主体的、实行工程总承包的工程公司。从此，他们进一步加大内部管理和项目管理力度，大力推行工程建设总承包体制，承接了燕化公司“双苯工程”的总承包任务，取得了成功。又陆续承揽了金陵石化公司的苯酐、增塑剂、不饱和树脂等一批总承包任务。与此同时，BPEC 组建了中国石化第一家甲级监理公司，通过承担一系列大型化工项目的监理任务，不断探索和积累了工程施工管理经验。至此，BPEC 已成为初具规模的、与国际接轨的石化工程公司。

1985 年，中国石油化工总公司为加强对工程建设市场的协调管理，成立了原 SEI，归口组织国外工程承包和劳务合作业务。并承担完成了科威特炼厂的维修等工程，在国际石化工程建设市场上打开了局面，成为世界上最大的225家工程公司之一。

第三阶段，1999—2001年，实现强强联合。

为应对国际、国内的激烈竞争，适应我国加入WTO，根据中国石化集团公司党组的决定，1999年7月，重组新的中国石化工程建设有限公司。SEI的基本发展思路简要概括为一个发展目标：坚持“创新、优化，开拓，竞争、规范”的工作总方针，发挥整体优势，增强竞争实力，建设以设计为主体的全功能、实体性、国际型工程公司。

第四阶段，2002年至今，全面进入国际工程公司百强行列。

自2002年起，发展速度明显加快，以设计为主体的工程总承包和PMC项目管理方式已经成为公司经营的主要组成部分。总承包业务形式多样，既有EPC承包，也有EP承包；既有SEI独立承包，也有与国际工程公司的合作承包；既有石油化工项目的总承包，也有环保、煤液化项目的总承包。2006—2010年，累计实现营业收入520亿元，利润总额44.6亿元。公司实施了设计、采购和施工分包管理模式，与相关单位形成了战略合作伙伴关系。

### 3.5.2 电建华东院

中国电建集团华东勘测设计研究院有限公司（以下简称“电建华东院”）在2019中国工程设计企业60强排名中位列第10位，设计营业收入36.52亿元；在设计企业总承包60强排名中位列第5位，工程总承包营业额为118.43亿元。此外，还是中国承包商80强榜单中为数不多的由设计企业转型而来的承包商，2019年排名第48位，工程总承包营业额135.64亿元（注：此数据与设计企业总承包60强排名中的数据有所出入）。

电建华东院1954年建院，是中国电力建设集团的特级企业。总部设在杭州，在四川、重庆、云南、福建、安徽、江西、西藏、广东、山东等省及舟山市设立了分支机构，在亚太、欧亚、东南非、中西非、美洲、中东北非设有六大区域总部。

电建华东院是中国最早成立的勘测设计院之一，为国家大型综合性甲级勘测设计研究单位，业务范围包括水电与新能源、城乡建设、生态与环境等领域，努力打造具有工程全过程智慧化服务能力的一流国际工程公司。

电建华东院注重以信息化带动技术和管理创新，拥有国际一流的工程数字化业务能力，自 2004 年率先开展三维数字化设计研究应用以来，研制开发了目前国内第一个专业齐全、功能完备、应用成熟、覆盖基础设施建设全过程，并具有国际领先水平的《工程数字化解决方案》。涵盖工程三维数字化设计、工程设计施工一体化管理、工程全生命周期管理三大平台，实现了全专业、全过程的工程三维数字化设计与应用，是中国工程设计行业全面实现工程设计从二维 CAD 向三维数字化协同设计与应用整体跨越的典范。先后荣获住房和城乡建设部全过程工程咨询试点企业、浙江省首批总承包试点企业、浙江省国际工程示范企业等。

### 3. 5. 3　中国天辰

中国天辰工程有限公司（以下简称“中国天辰”），在 2019 中国工程设计企业 60 强排名中位列第 8 位，设计营业收入 40.03 亿元；在设计企业总承包 60 强排名中位列第 10 位，工程总承包营业额为 98.14 亿元。中国天辰组织架构如图 3–10 所示。

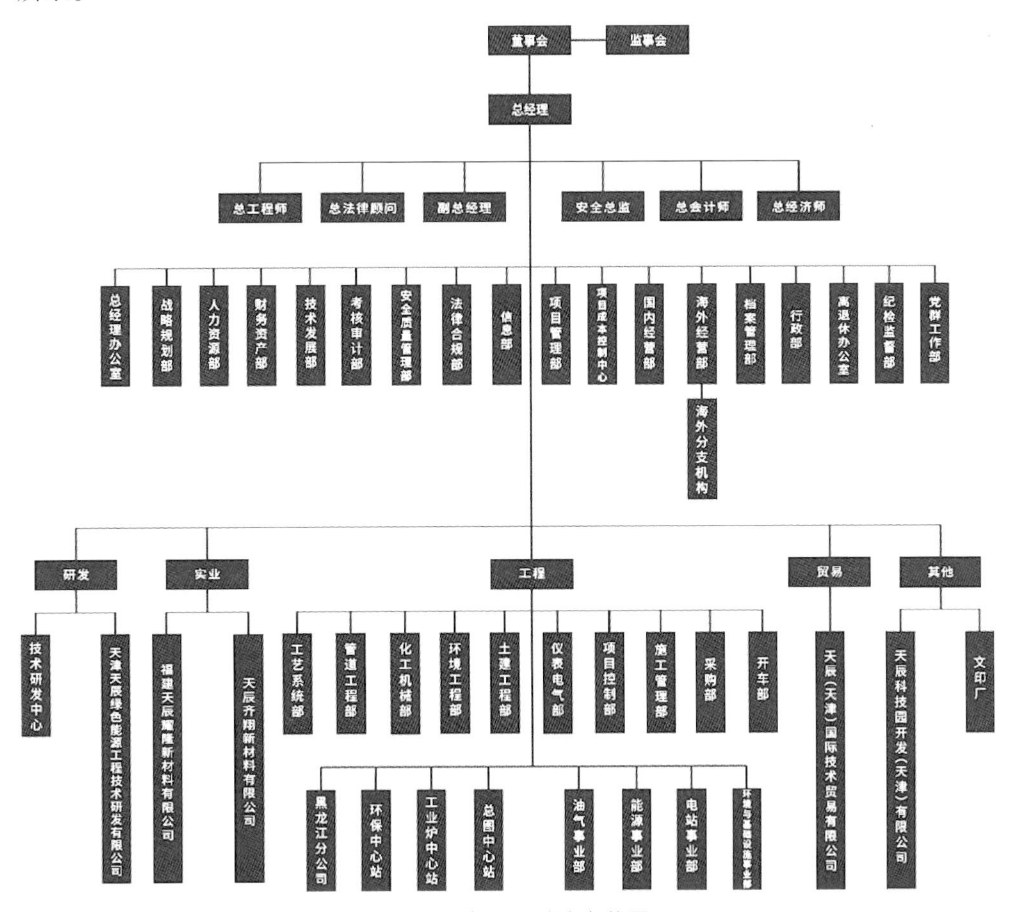


图 3-10　中国天辰组织架构图

中国天辰前身为原化学工业部第一设计院，成立于1953年，是新中国成立最早的国家级化工勘察设计单位，1973年迁入天津，现隶属于中国化学工程集团有限公司。经过60多年发展，现已成为集技术研发、工程总承包、实业运营、国际贸易和投融资五大能力于一体的国际工程公司。中国天辰先后完成了两千多项跨行业的国内外大中型项目的技术开发、咨询、设计、施工和总承包建设任务，业绩遍及全国各地以及东南亚、中亚、中东、非洲、美洲等30多个国家和地区，相继为50余家世界500强企业提供工程产品及解决方案，200余项工程和专业技术获国家及省部级奖励。近年顺利完成最新版ISO9001等管理体系转版工作，持续完善符合国际最先进标准的总承包项目管理体系和项目运作模式。

随着内外部市场环境变化，工程设计市场萎缩，传统业务已不能满足公司高质量稳定发展的迫切需要，天辰公司从自身特点和实际需要出发，结合行业发展趋势和经济形势预判，围绕工程主业上下游拓展，形成今天“技术研发、工程建设、实业运营、市场服务”全业务链发展模式。

中国天辰的业务覆盖工程项目全生命周期。

### 1. 前期项目咨询服务

规划咨询：总体、专项、区域及行业规划的编制。

项目咨询：项目投资机会研究、工厂选址及评估、项目申请报告、项目可行性研究报告、资金申请报告、项目融资方案等。

评估咨询：环境影响评价、后评价，有关部门委托的对规划、可研报告、初步设计的评估、项目概预决算审查等。

全过程工程咨询：采用多种服务方式组合，为项目决策、实施和运营提供局部或整体解决方案及管理服务。

### 2. 项目建设实施服务

工程技术研发、工艺包开发、工程总承包、工程设计、设备与材料采购、施工管理、试车／开车服务、工程招标代理等。

### 3. 项目增值服务

品牌代理、国际直采、备品备件服务、原辅材料采购、产品销售、催化剂销售、融资租赁、股权投资等。

中国天辰多次入选美国《工程新闻纪录》（ENR）杂志公布的国际设计承包商225强和全球设计承包商150强，连续入选中国承包商80强和中国设计企业60强，并获得中国最具国际拓展力工程设计企业称号。

### 3.5.4　中国海诚

中国海诚工程科技股份有限公司（以下简称“中国海诚”）在2019中国工程设计企业60强排名中位列第26位，设计营业收入15.70亿元；在设计企业总承包60强排名中位列第44位，工程总承包营业额为34.19亿元。

中国海诚是由成立于1953年的原轻工业部上海设计院联合轻工部另七家设计院，经整体改制于2002年12月成立。2007年2月公司在深交所上市，是我国第一家专业工程设计服务业上市公司，也是我国轻工行业提供工程设计咨询服务和工程总承包服务的大型综合性工程公司之一。公司总部设在上海，在北京、广州、武汉、长沙等地拥有12家全资子公司。公司控股股东为国务院国资委下属中国保利集团旗下的中国轻工集团有限公司。

中国海诚从2007年上市后，开始拓展工程总承包业务。借助多年来在轻工行业积累的技术优势，先后承接并实施了一批颇具规模和社会影响力的总承包项目，包括光明乳业改造项目、江苏王子制纸有限公司新建版纸项目、利拉伐天津空港畜牧设备生产项目、核电仪控系统生产集成基地项目、越南安化年产13万t制浆厂项目、农夫山泉（浙江建德、新疆玛纳斯、湖北丹江口、广东万绿湖、吉林长白山、四川峨眉山、贵州武陵山、陕西太白山）项目等。有多个总承包及管理项目荣获国家级、省部级和轻工行业表彰。

中国海诚为了推进工程总承包业务发展，先后采取了一系列举措。

#### 1. 管理体系建设

在原有组织架构的基础上，增设了工程造价咨询部、采购部和施工管理部三个部门，以配合工程总承包业务开展，如图3-11所示。这几个专业部门与既有的设计业务部门平行设置、相互独立，便于从业务层级上构建清晰的管理条线。同时，由单独成立的专业部门负责造价、采购和施工管理，减轻了设计人员的压力，有助于设计人员根据专业部门的要求细化设计工作，从而达到精耕细作、有的放矢的目的。

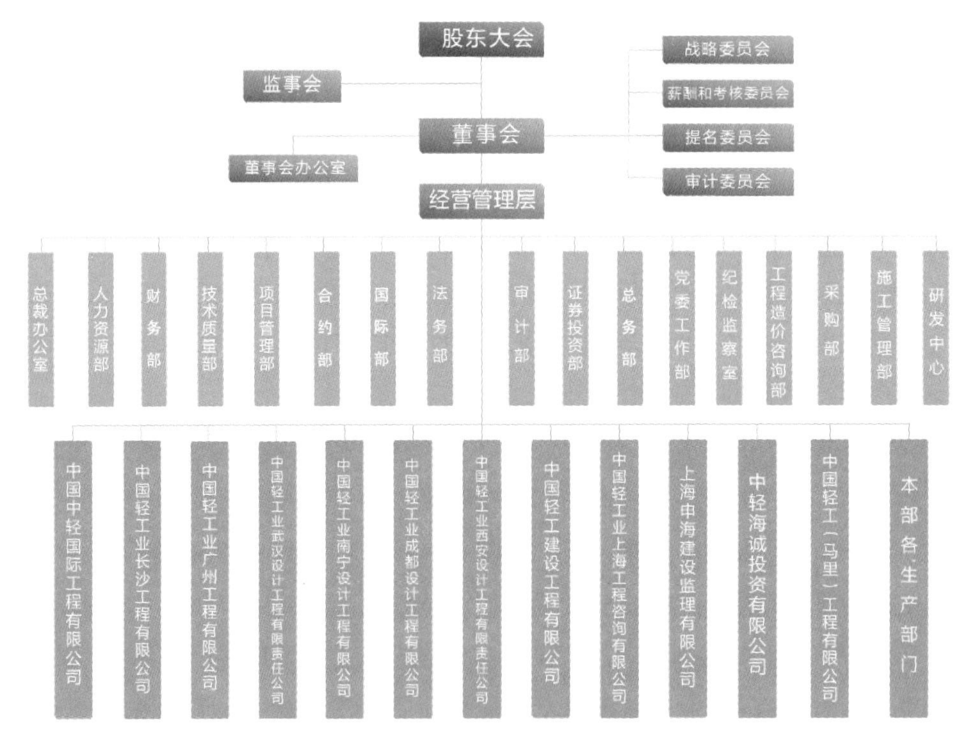


图 3-11　中国海诚组织架构图

## 2. 技术带动市场

作为国内第一家由设计院转型为工程公司的上市企业，面对产业结构调整、设计市场竞争日趋激烈的局面，中国海诚充分发挥专业技术优势，积极突破、开拓创新，深耕工程总承包领域 10 余年，在制浆造纸、绿色环保、食品饮料、日化用品、建材场馆等行业承接了一批颇具规模和社会影响力的 EPC 项目，并且有多个总承包及管理项目先后获得国家级、省部级和轻工行业表彰。

以烟草行业为例。中国海诚是最早从事烟草行业工程设计的公司之一，其技术水平和管理经验传承至今，业务范围已经涵盖卷烟厂、材料嘴棒厂、香精香料厂、复烤厂、薄片厂、物流配送、新型烟草等全产业链。2018 年底，中国海诚凭借长期在烟草领域的设计优势及总承包项目方面的管理经验，与湖北新业成功签订再造烟叶技改项目 EPC 合同。该项目是国内烟草行业的首个 EPC 项目，也是中国海诚 EPC 模式在烟草行业的首次实践。

## 3. 营销激励措施

如前所述，2019 年中国海诚的工程总承包营业额为 34.19 亿元，为当年设计业务营业额的2.17倍。支撑这一业绩的动力，来源于公司内部积极的营销激励措施。每年各生产所的营销指标分为设计业务指标和工程总承包指标两部分，两部分指标独立评价、共同作为对部门主要管理人员的绩效考核指标。如果当年度设计业务指标超额完成、工程总承包指标未达标，未达标部分会从设计业务考核指标中进行抵扣。反之，如果工程总承包营销业绩良好，也会给予大幅度激励。

此外，因为工程总承包项目往往涉及多轮次设计，精细化的设计工作也给设计人员带来很大的工作压力。因此，设计人员参与工程总承包项目的设计工作，可以获得的绩效奖励金额也要高于普通的设计项目。

### 4. 以设计为龙头

中国海诚积极践行“勘察、设计、采购、施工、安装、技术培训”一体化的EPC模式，始终坚持设计的龙头地位，充分发挥设计的主导作用，以产品需求确定工艺路线，以工艺方案主导设计方向，以设计优化助力项目实施，把设计“做深做细、做详做实”，尽可能减少建设过程中的各类变更，通过高标准设计、高质量实施，把再造烟叶技改项目打造成精品项目、标杆工程。

以上述的再造烟叶技改项目为例，中标后中国海诚与湖北新业连续召开六次技术联络会，从回标分析到分组讨论、从现状剖析到需求整合，设计院专业技术人员与企业生产管理人员面对面沟通，一个问题一个问题研究，多方案讨论比选。设计人员深入车间生产一线，以求“最真最全”地搜集、掌握项目的需求，为EPC实施明确设计目标。通过集全公司之力，充分发挥设计引领、统筹、整合作用，为EPC实施提供智力支持。项目组成员群策群力，克服就地改造用地面积紧张苛刻的困难，在用地仅1.2万$m^2$的范围内布置平面尺寸129.5m×62.5m的联合工房，对用地仅3600$m^2$的现有污水站升级提标、利旧改造，方案设计堪比螺蛳壳里做道场，最终实现了“腾笼换鸟、凤凰涅槃”。

### 5. 精细成本测算

通过独立的工程造价部门，建立一个精细化的项目全额成本测算系统。在设计全过程中，设计部门与造价部门实时沟通，通过分阶段供图、分阶段调整来保证设计方案的经济性。

对于总价包干的项目，项目初期的首要任务是保证图纸上的工程量不漏项，且尽可能接近项目总预算，中后期再通过合理的设计优化降低工程造价。如果业主对于该项目有据实结算的要求，需要进一步与业主进行商务谈判，通过利润分享等方式实现利润最大化。需要说明的是，对于外资企业和私营企业的业主，往往存在一定的谈判空间；对于政府类项目，一般为据实结算，没有很大的谈判余地。

对于单价包干的项目，项目初期的首要任务是分析工程量清单中的利润项与亏损项。在设计方案中，尽量提高利润项的工程量、降低亏损项的工程量。此过程需要与造价部门紧密配合，要结合既往工程经验和项目所在地的采购市场环境综合判定利润项与亏损项。

对于合同范围以外的合理变更，设计方案完成后应首先进行内部成本测算，尽可能考虑利润高的方案或材料。

此外，设计部门在进行工程总承包项目的设计时，内部的三级校审体系也将引入设计优化的要求，通过层层审核的体系，在保证安全性和功能性的前提下，实现最优化的设计方案。

### 6. 采购资源整合

一流的产品不仅依靠一流的技术路线、工艺设计，还依靠一流的生产装备、综合配置。为了进一步理顺工艺流线、做好方案设计，中国海诚组织制浆、造纸、控制、配电、空调、动力等十几类主要供货商进行技术交流，组织各类交流会达 40 多场次。通过技术交流，设计人员进一步掌握最新的工艺设备参数、最新的行业生产动态，采用“先进、成熟、可靠、适用”的新技术、新工艺、新设备，确保新建生产线实现“生产过程连续化、工艺流程精细化、产品品控智能化、清洁生产标准化、操作控制自动化、运行管理信息化”的发展目标。

### 7. 海外市场开拓

近年来，在国家“一带一路”倡议的引领下，作为轻工行业的排头兵，中国海诚积极开拓海外市场，在越南、阿联酋、新加坡、埃塞俄比亚、菲律宾、印度尼西亚、孟加拉等多个国家积极开展总承包业务，取得了优异的成绩。

中国海诚在国际化经营开始之初，主要采用借船出海、成套设备出口和服务的模式。第一个比较大的工程项目是越南安化纸浆厂项目，跟随日本丸红株式会社开展境外项目承包业务，该项目的成功实施为公司国际化经营奠定了良好的基础。之后，公司国际化经营业务逐步深入开展，主要业务为对外工程承包（包括工程咨询、工程设计和工程总承包等类型）。

近年来，中国海诚承接的境外项目屡获殊荣。其中，越南安化纸浆厂项目获得了“中国勘察设计协会总承包银钥匙奖”和“中国施工企业管理协会国家优质工程奖（境外项目）”；马来西亚 SFI 浆板车间项目获得了“中国轻工业勘察设计协会优秀工程总承包奖二等奖”；泰国 SKIC 16PM 项目获得了“中国轻工业勘察设计协会部优设计二等奖”；阿联酋 Ittihad 造纸厂项目获得了“中国勘察设计协会‘创新杯’建筑信息模型（BIM）应用设计大赛最佳工业工程类 BIM 应用奖三等奖”等。中国海城荣获“2019 年度全国勘察设计行业海外工程标杆企业”荣誉称号。

### 3.5.5　上海市政总院

上海市政工程设计研究总院（集团）有限公司（以下简称“上海市政总院”），在 2019 中国工程设计企业 60 强排名中位列第 12 位，设计营业收入 34.75 亿元；在设计企业总承包 60 强排名中位列第 31 位，工程总承包营业额为 46.566 亿元。

上海市政总院成立于 1954 年，从事规划、工程设计和咨询、工程总承包及项目管理全过程服务，设计业务覆盖基础设施建设行业各领域，综合实力位居国内同行前列。2008 年获得首批国家工程设计综合资质甲级证书（21 个领域），2010 年完成公司制和集团化改革，与上海建工（集团）总公司联合重组，2012 年上海市政总院资产注入上海建工（集团）总公司（以下简称“上海建工集团”）整体上市，目前是上海建工集团的二级法人单位，现有员工近万人。

上海市政总院下设 9 个管理部门，其中工程管理部，主要负责 EPC 项目建造管理。下属 19 个设计分院和 20 个子公司（图 3-12），施工人员 2000 人左右。所有项目均是 EPC 项目，或自设计、施工，或与上海一建等上海建工集团旗下施工单位组建联合体承建 EPC 项目。根据 EPC 项目规模，设定总承包部，具体负责 EPC 项目的设计、采购、施工等管理，如第二设计研究院总承包部共有 100 余名管理人员。

上海市政总院坚持“全国化、全过程”战略，聚焦重点，优化“1 + 4 + 10”市场布局，先后成立 26 家沪外分支机构，实现重点城市实体化分公司的全覆盖，沪外市场营业收入占比 70%以上。大力发展 EPC 总承包业务，把核心技术融入工程建设全过程，发挥懂设计会管理的 EPC 队伍优势，用更科学、更高效的管理手段，打造具有市政总院特色的 EPC 总承包品牌，EPC 营业收入占比 50%以上。

图 3-12　上海市政总院组织架构

总院 EPC 总承包累计获得国家优质工程奖 1 项、全国市政金杯示范工程 6 项、工程总承包“铜钥匙”奖 1 项、上海市“白玉兰”奖 5 项、上海市市政工程金奖 17 项、江苏省“扬子杯”优质工程奖 2 项、四川省“天府杯”金奖 1 项。此外，积极走出国门，在肯尼亚设立东非分公司，先后在印度尼西亚、尼日利亚、喀麦隆、安哥拉、坦桑尼亚、赞比亚等国承接项目。

上海市政总院与上海建工集团的联合重组，是建筑行业内强强联合的典型成功案例。上海市政总院显著提升了上海建工集团在基础设施领域里的竞争优势；上海建工集团也为上海市政总院在全国布局提供了广阔平台。双方合并时恰逢国家启动“四万亿投资计划”，在这一有利契机下，上海建工集团成功转型，业务模式从以建筑施工为主、基础设施投资为辅，快速转变到以建筑和土木工程业务为基础，房地产开发业务和基础设施投资经营业务为两翼，工程设计咨询业务和建筑材料业务为支撑的产业格局，总承包和总集成能力得到明显提升。

### 3.5.6 小结

从国内行业统计数据来看，勘察设计企业营业收入中总承包已经成为主要收入。2020 年 7 月 31 日，住房和城乡建设部发布《2019 年全国工程勘察设计统计公报》。根据公报，2019 年全国具有勘察设计资质的企业营业收入总计 64200.9 亿元。其中，工程总承包收入 33638.6 亿元，与上年相比增加了 29.2%。工程总承包新签合同额合计 46071.3 亿元，与上年相比增加 10.8%。

相对而言，化工、冶金、电力等工业设计院开展总承包业务规模大、历史早。根据相关统计，近几年各细分行业总承包百强企业中大约有一半是化工、冶金、电力行业的。近两年，一些市政、建筑设计院逐渐加入总承包百强排名的竞争。

相比于石化、电力行业，国内房建领域的工程总承包模式推广较为缓慢。房建行业的设计公司主要分为 3 类：

第一类是做高端策划的方案事务所；

第二类是全过程为业主提供服务和咨询的工程顾问公司；

第三类就是从施工图设计开始到施工管理服务的工程公司。

目前，国内已经完成工程总承包转型的设计院，主要以第二类作为发展方向，如本节提到的中石化工程、中国天辰、中国海诚等。在实际业务层面，这类设计院往往是从第三类起步，逐步向第二类过渡升级。经过近 40 年的发展，工业领域（化工、石油等）工程总承包模式日趋成熟，其核心业务——工程总承包营业额逐年攀升。其业务已经发展到“一体化服务、数字化移交”的新阶段。化工、石油等行业设计院的成功转型为国际工程公司和中国设计院的转型发展指明了方向。

交通、建筑、市政等行业设计院转型发展的方向和目标应该参照化工、石油等行业设计院，以国际工程公司为发展目标，即发展成为以提供设计、采购、施工、试运行一体化服务，以工程总承包业务为核心，统揽国内、国际两个市场的国际工程公司。具体转型发展的路径，可以参照图 3-13。

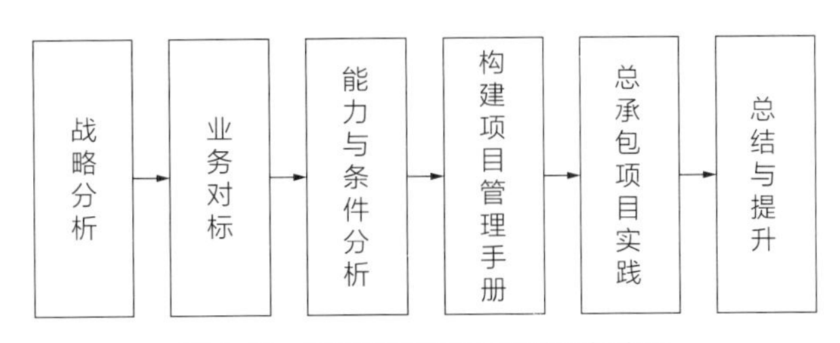


图 3-13 设计院转型发展的路径与步骤

设计企业一般通过重组、合并等方式，向业务链后方的采购、施工业务延伸，实现企业升级转型，如中石油寰球公司与中石油六建的重组，中石化三建与中石化兰州设计院合并成立中石化宁波工程有限公司，中石化二建与南京设计院组建中石化南京工程公司等。

从设计企业转型而来的工程公司，在实施“以设计为龙头的总承包模式”具有先天优势，尤其在控制投资费用和设计风险方面优势明显。

项目管理能力不足和组织结构不完善是设计企业转型时面临的首要问题。设计企业组织结构设置相对精简，在向工程公司转型的过程中，为适应市场变化，必须着手进行企业组织结构调整与重构，以满足战略管理、市场营销、项目控制、技术创新、人力资源管理等一体化提升的需要。

传统设计院的核心能力是设计人才与技术积累，而工程公司的核心能力是项目管理人才与工程经验积累。复合型人才相对缺乏，是导致设计院与工程公司存在较大差距的重要因素，设计院往往是培养了一大批技术专家，却忽略了项目管理人才队伍的建设。

国际先进的工程公司都拥有一大批具有技术背景且熟悉工程管理、掌握工程商务运作规则、熟悉法律法规和市场环境的人才队伍，而国内的转型企业往往缺乏上述人才。这也是国内设计企业、施工企业共同面临的问题。

随着工程总承包模式在国内的逐步应用，房建领域也慢慢开始认可工程总承包的方式。一些大型房地产商（如万达）的新建项目已经采用了工程总承包模式进行工程发包，这将为设计企业和施工企业带来新一轮的发展契机。

# 第4章 工程总承包管理的原则及要素

## 4.1 总承包项目管理基本原则和规定

### 4.1.1 工程总承包项目管理的原则

工程总承包项目管理贯穿整个建设项目始终。主要内容包括项目启动、组建项目部、编制项目计划、实施设计、采购、施工管理和试运行管理，进行项目范围管理、进度管理、费用管理、质量管理、职业健康安全和环境管理、风险管理、信息管理、合同管理、现场管理等各方面。其中有些属于控制管理，有些属于核心业务管理，有些则属于关键流程管理。

作为项目管理的承担者，总承包项目部组建之后即应根据合同规定和企业项目管理体系的要求，制定所承担项目的管理程序。进而严格执行项目管理程序，使每一管理过程都体现计划、实施、检查、处理的持续改进过程，也应体现项目生命周期发展的规律。

基本管理阶段如下：

（1）项目启动阶段：公司在工程总承包合同条件下任命项目经理，组建项目部。

（2）项目初始阶段：进行项目策划，编制项目计划，召开开工会议；发表项目协调程序，发表设计基础数据；编制设计计划、采购计划、施工计划、试运行计划、质量计划、财务计划，确定项目控制基准等。

（3）设计阶段：编制初步设计、方案设计文件，编制施工图设计文件。

（4）采购阶段：采买、催交、检验、运输并与施工交接。

（5）施工阶段：检查、督促施工开工前的准备工作，现场施工，竣工试验，移交工程资料，办理管理权移交，进行竣工结算。

（6）试运行阶段：对试运行进行指导与服务。

（7）项目管理收尾阶段：取得合同目标考核合格证书，办理决算手续，清理各种债权债务。缺陷通知期满后取得履约证书；办理项目资料归档，进行项目总结，对项目部人员进行考核评价，解散项目部。

设计、采购、施工、试运行的各阶段，应组织合理的交叉，以缩短建设周期，降低工程造价，获取最佳经济效益。

### 4.1.2 工程总承包项目管理的实施体系

在完成项目的组织工作后，即进入项目实施阶段。如前所述，按照工程总承包项目的控制环节及核心业务、管理流程，可以从不同维度对总承包项目管理的实施环节进行划分，大体上可以分为项目进度管理、项目质量管理、职业健康安全和环境管理、项目资源管理、项目风险管理、项目设计管理、项目施工管理、项目收尾管理以及采购管理、费用管理、沟通与信息管理、项目合同管理等各项内容。为了便于分析和阐述，笔者根据实际经验并结合北京城建集团的管理实践，对上述管理环节进行分析，具体提炼出费用管理、设计管理、技术质量管理、物资管理、进度管理、职业健康安全和环境管理、风险管理七项核心内容构建总承包项目管理的实施体系。下面对费用管理和设计管理进行分析。

#### 1. 费用管理

工程项目的费用管理主要体现在成本管理、合同管理和预结算管理等方面。项目部应建立项目费用管理系统以满足工程总承包管理的需要，设置费用估算和费用控制人员，负责编制工程总承包项目费用估算，制定费用计划和实施费用控制。项目经理应将费用控制、进度控制和质量控制相互协调，实现项目的总体目标。通常采用挣值法管理技术进行费用管理，并宜采用相应的项目管理软件。

项目部组织编制总承包项目控制估算和核定估算。估算依据是项目合同、设计文件、企业决策有关的估算基础资料和有关法律文件和规定。根据不同深度的设计文件和技术资料，采用相应的估算方法。

项目部编制项目费用计划，就是把经批准的项目估算分配到各个工作单元，即成为项目费用预算，作为费用控制的依据和执行的基准。编制依据为项目估算、工作分解结构和项目进度计划。费用计划编制应符合下列要求按单项工程、单位工程分解，按工作结构分解，按项目进度分解。项目部应采用目标管理方法对项目实施期间的费用发生过程进行控制。费用控制的主要依据为费用计划、进度报告及工程变更。费用控制应满足合同的技术、商务要求和费用计划，采用检查、比较、分析、纠正等手段，将费用控制在项目预算以内。项目部应根据项目进度计划和费用计划，优化配置各类资源，采用动态管理方式对实际费用进行控制。

具体控制应按如下步骤进行检查：对工程进展进行跟踪和检测，采集相关数据、比较，将费用计划值与实际值逐项进行比较，以发现费用偏差、分析对比较的结果进行分析，确定偏差幅度及偏差产生的原因、纠偏，根据工程的具体情况和偏差分析结果，采取适当的措施，使费用偏差控制在允许的范围内。费用控制宜采用挣值法管理技术测定工程总承包项目的进度偏差和费用偏差，进行费用进度综合控制，并根据项目实际情况对整个项目竣工时的费用进行预测。项目费用管理应建立并执行费用变更控制程序，包括变更申请、变更批准、变更实施和变更费用控制。只有经过规定的审批程序批准，变更才能在项目中实施。

### 2. 设计管理

对业主或总包商而言，工程设计阶段对工程总造价的影响是至关重要的。工程实施以施工图设计为依据，材料设备的供应也是以设计为前提，设计进度直接影响工程的实施。成本、进度、质量是建筑工程的三大目标，设计阶段的进度、质量直接影响到工程的顺利进行，因此设计管理是工程总承包项目成败的关键。

对于“项目设计”，FIDIC D-B/Turnkey 标准合同条件中是这样规定的：

（1）承包商完成的工程应完全符合合同并适合于合同中规定的工程的预期目的。工程应包括为满足雇主要求的、承包商的建议书及资料表所必需的，或合同隐含或由承包商的任何义务而产生的任何工作，以及合同中虽未提及但推论对工程的稳定、完整或安全、可靠及有效运行所必需的全部工作。

（2）“雇主要求”指合同中包括的对工作范围、标准、设计准则和进度计划的说明以及根据合同对其所作的任何变更和修正。

（3）开始设计之前，承包商应完全理解雇主的要求，应在竣工时间内设计、实施和完成工程，包括提供施工文件，并应在合同期内修补任何缺陷。不管雇主代表是否批准或同意，承包商应对全部现场作业、所有施工方法以及全部工程的完备性、稳定性和安全性承担全部责任。

（4）承包商负责工程的设计，应编制足够详细的施工文件以满足所有规章的要求，为供应商和施工人员提供足够的指导，并对已竣工的工程的运行进行描述。承包商应自费修正所有的错误、遗漏、模糊、矛盾及其他缺陷。

从上面对总承包模式中设计的定义可以知道，作为项目的总承包商，项目部需对设计负责，包括在投标时的初步设计阶段就确定合同总价、工期、功能目标。签订承包合同后，项目部在合同总价、总工期、业主要求的功能定义为最大限额、最大工程量和最长的工期，进行详细施工图设计。在这个合同条件下，除了不可抗力、法律变化和业主要求的改变，合同总价和工期都不可改变，也就是可索赔的设计变更必须要在以上三个条件发生时才能成立。

设计管理通常由项目部总工程师负责，并适时组织项目设计组。工程设计按初步设计、施工图设计两个阶段进行。各阶段的设计成果包括设计说明、技术文件（图纸）和经济文件（概预算），其目的是通过不同阶段设计深度的控制保证设计质量。总承包项目中，设计往往不是独立的，设计管理的重点内容在于深化和优化设计，前者是为了实现这个项目的功能性要求，后者是为了实现项目的经济性要求。但是这两方面都离不开设计的质量控制，设计质量的好坏直接影响两个目标的实现。

为了有效地控制设计质量，项目部应建立质量责任制，明确设计各部室、设计分包单位的质量职责，对设计进行质量跟踪，定期对设计文件进行审核。在设计过程中和阶段设计完成时，以设计招标文件、设计合同、政府有关批文、技术规范、气象自然条件等相关资料为依据，对设计文件进行审核。在审查过程中特别注意过分设计和不足设计两种极端情况。过分设计导致经济性差，不足设计则存在隐患或功能降低。管理的重点是把握设计的控制点，制定相应的措施实现项目管理目标。

## 4.2 总承包项目管理要素

工程总承包是指从事工程总承包的企业按照与建设单位签订的合同，对工程项目的设计、采购、施工等实行全过程的承包，并对工程的质量、安全、工期和造价等全面负责的承包方式。工程总承包一般采用设计—采购—施工总承包或者设计—施工总承包模式。工程总承包内容主要包括规划设计、采购工作、施工管理三大部分内容。在建筑工程总承包项目中，业主与工程总承包方签订工程总承包合同，总承包方分别与分包商、材料供应商、设备租赁商签订分包合同，总承包方对业主负总责。总承包方负责项目设计、采购、施工的统一策划、统一组织、统一指挥、统一协调和全过程的进度、成本、质量、材料控制。因此，总承包方在工程总承包项目中承担了工程建设的大部分风险，承担着更多、更复杂的管理职能，需要更明确的权责、更高效的协调、更高水平的合同管理能力，确保项目建设顺利推进，实现项目建设目标。

### 4.2.1　总承包项目合同管理

合同及相关合同文件作为工程建设中各种复杂关系的载体，建筑工程总承包项目合同体系主要由融资合同、总承包合同、设计合同、施工合同、分包合同、采购合同、租赁合同、劳务合同等构成。各类合同是各自独立的法律关系，但各合同之间是紧密衔接、相互贯通的，合同之间存在着一定的相互影响的关系。总承包项目合同具有以下特点。

#### 1. 建筑工程总承包项目合同体系及合同特点

（1）合同体系庞大复杂，合同涉及融资、设计、施工、分包、采购、租赁、劳务等不同领域，各类工程资料和合同相关文件数量庞大，各主体权利与义务多样且彼此之间相互影响，法律关系非常复杂。

（2）合同时间跨度大，建筑工程自身特性决定了总承包项目合同履约期少则 2 年，长的可达 5 年或更长时间。

（3）合同主体众多，庞大的合同体系必然涉及各类不同合同主体。首先，业主与总承包方签订总承包合同，总承包方对项目的整体建设向业主承担全面责任；其次，总承包方需要按照总承包合同主导项目建设，组织相应的设计、采购、施工等分包商实施项目建设。总承包方作为合同体系中的核心，处理项目不同阶段、不同合同关系中涉及的业主、融资方、分包方、材料供应商等各方主体的关系。

#### 2. 建筑工程总承包项目合同管理面临的主要问题

工程合同管理是对工程项目中相关合同的策划、签订、履行、变更、索赔和争议的管理，是工程项目管理的重要组成部分，是合同管理的主体对工程合同的管理。因此，合同管理贯穿于整个项目建设工程，面临的问题必然涉及项目建设的各方面，一般工程总承包方都是具备雄厚设计实力的施工企业，总承包方在合同管理中面临着以下几个方面的主要问题。

（1）总承包项目合同条款设置不合理、不健全。若业主在合同中对分包商的选择设定了严格的限定条件，符合条件的分包商非常少，实际上相当于指定分包，致使总承包商失去设计控制权，失去对总承包项目成本控制最核心的权利。工程总承包合同通常采用固定总价方式，工程风险与工程价款是对价关系，如果合同风险条款不能与工程价款达成平衡，甚至忽略风险条款，必然影响合同的顺利履行。

（2）总承包项目的分包合同管理相对薄弱。分包单位因自身能力有限，现场管理投入不足，无法做到良好履约，将会在工程进度、工程质量、安全生产等方面制约项目有序推进，影响总承包方履约水平甚至造成严重的隐患。

（3）项目管理人员证据意识淡薄。项目合同档案管理不健全，合同履约过程中的签证、索赔资料等不完善，履约资料制作、保管不到位，忽视各类材料、各种单据凭证的收集和保存，导致出现文件资料相互矛盾、资料缺失等，造成纠纷处理甚至诉讼维权而陷入被动局面。

### 3. 建筑工程总承包项目合同风险管理思路

面对工程总承包项目合同管理的主要问题，建立适应工程总承包模式的组织机构和管理制度，提升项目设计管理、采购管理、施工管理、试运行管理及质量、安全、工期、造价和环境保护等工程总承包综合管理能力，提高各方履约水平，方能实现业主、总承包方、分包商互利共赢。

（1）重视合同评审，着重提升合同文本质量。一是严格执行合同评审流程，保证合同评审过程的可追溯性；准确把握合同法律审核重要事项，从项目设计、项目施工、材料采购、分包合同签订、工程款支付、项目竣工及结算等重要条款着手，提高合同文本质量。二是做好项目合同的合法性合规性审查，设置奖惩条款和机制，严格执行合同履约审查，落实问责机制，规范各方主体的自律行为。三是加大项目合同档案资料管理，确保项目资料及签证、索赔等证据资料都能及时、完整地收集，规范合同印章管理制度，严格刻制和使用审批，通过绩效考核方式加强印章管理，减少印章使用风险。

（2）择优确定分包商，着重提升分包管理水平。一是建立分包单位诚信库，选择信誉好、资源优、能力强的分包单位列入总承包方的分包商名录，结合分包商履约能力和项目特点，从中择优确定项目分包商。二是全面、合理地制定分包合同条款，明确合同主要条款，明确双方权利与义务，明确分包工程详细、准确的质量标准和质量管理要求，明确进度要求，设置分包工程监管要求。三是加强分包合同履约监管，履约过程中严格执行分包工程监管要求，定期开展技术安全交底、检查抽查，以此规范分包单位行为。

（3）强化履约过程管控，着重提升创新管理能力。一是“情况通报＋抽查监管＋法律服务”促管控。在合同履约管理上，主抓在建工程合同履约评价、合同交底、过程检查。按季度对合同履约台账的内容进行整合，通过项目工期、债务、进度、签证、工程款支付等情况进行数据综合分析，全面通报。法律专业人员参与项目巡检，按照考核评分标准，重点检查是否按规定建立健全资料台账、证据盘点清单，是否能提供涉诉案件证据材料，是否及时办理工程进度报量、工期及费用索赔、工程变更、收发文登记等管理事务，是否有私自对外签订协议的情况，是否及时催收发函及结算发函等。二是借助信息化手段做好工期管理。工期履约是合同管理的关键，首先，从组织措施和技术措施方面保证工期。施工准备阶段，项目部各专业技术人员要熟悉和审查施工图纸及相关技术文件，编制实施性施工组织设计，分阶段编制阶段性计划，加强施工单位与设计单位、材料供应商、分包单位之间的沟通，解决施工现场因设计变更、材料不足、供应不足等严重拖延进度计划的问题，配备合理机械设备及专业技术人员，加强施工管理。其次，复杂的进度管理过程还可以借助信息化手段，以平台化的管理系统增强工期履约能力，实时监控工期，建立实际工期与合同工期预警机制，及时做好工期索赔。

### 4.2.2　总承包项目目标管理

工程总承包项目因其涉及内容繁杂、利益方众多、建设周期长、不确定因素多等原因，在建设执行过程中，项目目标会受到各方面影响。项目目标的正确设置与否，以及是否可控，一定意义上直接决定项目建设的成败。由此，项目的目标管理也往往被视为工程总承包项目管理中重要的工作内容。

目标管理简言之就是将工作任务和目标明确化，同时建立目标系统，以便统筹兼顾进行协调，然后在执行过程中，予以对照和控制，及时进行纠偏，努力实现既定目标。

#### 1. 工程总承包项目目标管理的意义

对项目决策层而言，目标管理能够让其期望值具体化，能够量化各方的利益关系，对出现的重大影响能及时权衡和协调，同时期望各方信守相关合同约定；对项目管理层而言，明确的目标可以让其有的放矢，合理的目标系统可以回答其工作中的“目标是什么”“什么程度”“怎么办”“怎么度量”“怎么处置”等问题；对项目团队成员而言，明确的职责和工作要求以及努力方向可以提高工作效率，同时也会因为期待完成任务后产生的相关绩效，有效地激发出其工作热情；此外，目标的层层分解，是项目在执行中最终可控的良好途径。

### 2. 工程总承包项目中目标系统的建立

（1）项目目标确定的依据

工程总承包项目决策之初，无论投资方、承建方、协作方或政府，均会有一定的目的或利益期望，这些目的与利益期望，只要可行，即经过项目的控制和协调后是可以实现的，也可以认为是项目目标的雏形。其中可能包含项目建设的费用投入与收益、资源投入、质量要求、进度要求、HSE、风险控制率、各利益方满意度以及其他特殊目标和要求。此外，目标的确定还应遵循在政策法规之下的原则。由于每个项目均有其唯一性，每个项目目标的侧重点不尽相同，但 HSE、质量、费用与进度在绝大多数工程项目中，都是相对重要的控制要求。

（2）有效目标的特征

有意义的目标应该具备以下特点：明确、具体、可行（可操作）、可度量和一定的挑战性，而且这些目标也需要得到上级或相关利益方的认可，亦即与其他方的目标一致。项目目标应该有属性（如成本）、计算单位或一个绝对或相对的值。对于成功完成项目来说，没有量化的目标通常隐含较高的风险。

（3）总目标与目标系统

工程总承包项目涉及面广，在很多方面均会有控制要求，因此需要设立多个总目标，而且在总目标之下，也需要设立多个子目标用以支撑或说明各类控制要求和建设期望。比如项目的投资、产能、质量、进度、环保等要求就属于总目标之列。在化工建设中就投资控制而言，这些投资可能由几个工段组成，而这几个工段中，包含设计费、采购费、建安费、管理费等，这些分项控制要求均属于项目投资总目标下的子目标；又如在设计变更控制目标下，可分解为不同专业的目标；再如拟定进度总目标后，则可能分解为项目策划决策期、项目准备期、项目实施期和项目试运行期等。项目总目标与多个子目标就构成了一个目标系统，成为项目建设研究和管理的对象。

（4）目标系统的建立方法

① 完整列出该项目的各类期望和要求

经济效益要求、进度要求、质量保证、产业与社会，其中可能包含的方面有：生产能力提高、创新要求、试验效果、人才培养与经验积累、社会影响、生态保护、环保效应、安全等其他功能要求。

② 详细研究工作范围，建立工作分解结构（WBS）

对项目范围进行准确研究和确定项目工作范围，按照工程固有的特点，沿可执行的方向、环节和内容，以此解层细分，建立工作分解结构（WBS），全面明确工作范围内包含哪些作为目标细分的依据。工作分解结构的末端应该是可执行单元，对应的目标即可执行目标。

③ 建立目标矩阵

以项目期望目标为列，以 WBS 结构为行，建立目标矩阵。识别目标矩阵中重要因素，作为重要控制目标；根据重要控制目标情况，设置相关专职或兼职职能岗位。项目目标矩阵及重要控制目标识别是项目职能岗位设置及团队组建的基础，亦即组织分解机构（OBS）组建的依据。

④ 项目系统目标建立实例

某新建项目（2×300MW 机组烟气氨法脱硫工程），项目采用 EPC 总承包方式建设。业主及投资方期望要求为：总投资在 1 亿元以内；建设规模为 2×300MW 级燃煤直接空冷供热机组，配置 2 台 1065t/h 煤粉锅炉；建设时间为 20 个月；装置总体要求是采用国内同类装置中最大规模，技术先进、合理、可靠，操作运行平稳。产品质量：装置脱硫效率≥ 95%；经脱硫系统后 $SO_2$ 排放浓度≤ 325mg/m$^3$；脱硫装置出口烟气残留水分≤ 100mg/m$^3$；项目必须满足国家消防、环保等系列标准规范要求。另外要求，整套 FGD 设备，在技术指标及性能上能满足工艺系统要求的优先选用国产（包括合资）设备，而对于目前国内尚不能生产或不能满足工艺系统要求的关键设备考虑国外进口。政府已批建该项目，同时明确了排放指标及消防环保等各类要求。

从基本信息可以分析业主对项目有以下几个方面的期望：投资费用控制期望，对生产工艺先进程度的预期，对工程质量有要求，对工期有要求，对建设过程及生产工艺安全和环保有要求。对总承包方而言，除了需要满足业主期望外，还有建设风险和对该项目的特殊期待，比如借此项目将总承包项目管理水平进一步提高等。这些期望和要求可以作为目标矩阵的列。从项目本身的特点而言，总承包项目由设计、采购、施工、试运行四个主要阶段组成。以设计阶段为例，设计工作范围又分别包含着烟气系统，湿式吸收塔系统，硫铵蒸发、离心、干燥及储存系统，事故浆液储存及回收系统，工艺水供应及冲洗系统，公用工程，辅助基础设施等几个主要部分。其中每个部分又可分为几个小部分，这些部分又可以进一步细化，一直分解到可以独立执行的目标单位。对设计工作而言，最终可执行目标标准是可独立核算装置的某个专业。比如烟气系统是一个可独立核算的装置，本装置协同设计所需的工艺、管道、自控、电气、建筑、结构、设备等专业，就是设计工作分解的一个最终单元。

以采购为例，对设计部提出的采购清单，采购工作需要进行询价、招标、采购、催交、运输、保管等，这些工作就构成了该工作 WBS 的基本单元。

以施工为例，施工组织、图纸解析、质量管理、安全监督、进度计算和协调均是其主要工作，这些要素就是其工作结构中的重要部分。分解完成的工作结构可以作为目标矩阵的行。之后，尽可能客观评价 WBS 可执行单元在项目总期望中的权重（可选择一定标准计算或组织评审）。如果将每项期望赋予一定的值（本节中略），则这些期望就成了对应的控制目标。以此建立目标矩阵。

### 3. 如何实施项目目标管理

（1）建立与项目目标系统对应的组织分解结构（OBS）

在项目矩阵基础之上，列出重要监控对象，设置对应的职能岗位，务必使每项重要监控对象都得以受控。与项目目标相对应的 OBS 结构是保证项目目标能够有效实现的前提。

（2）确定目标在各项目职能岗位中的权威地位

各职能岗位因管理目标而设置，其称职或开展有效工作的前提是首先了解项目总目标，了解所在部门团队的目标，以及了解个人目标，并围绕目标开展工作。根据分项目标，设置好职能岗位的职责。

（3）目标间的制约与平衡关系特性

无论项目总目标，还是子目标，或是可执行目标，管理目标间有着紧密的内在联系，在执行过程中往往还容易冲突和矛盾，亦即相互影响和制约。比如项目进度、费用、质量和安全就存在相互影响的关系，控制其一，可能牵引其他。由于项目运作的唯一性，从项目启动开始，项目目标的执行就会受到各方面因素的不断影响，执行侧重力度也必然会在多个目标间寻找平衡。所以，某种意义上，项目目标管理就是项目目标的动态控制过程。

（4）目标管理的基本原理

计划—执行—检查—处理—计划调整，即基于目标管理的过程控制。项目目标制定以后，首先得制定相应的基准计划，包括针对工程设计、采购、施工等各类目标的计划，以其控制和实现目标。然后按计划执行，执行过程中受到影响，包括其他目标对可用资源的占用影响，本目标自身实施问题产生的影响。对已发生的影响，项目需要组织进行监测、检查，测算其偏离值。紧接着进行分析、评价，然后进行相关处理和计划的调整，以求最大程序消除或减少对项目目标的影响，比如质量隐患、工期影响、费用超支以及安全保障等方面。处理或调整后的计划回归或接近基准计划，通过平衡资源，优化项目作业间的逻辑关系，确保项目完工里程碑不变，如此反复，直至总目标的实现，或项目执行的结束。

（5）目标管理的多样性

工程项目涉及内容繁多，实现各类目标，进度管理、质量管理与费用管理是其中最重要的三个方面。三大目标间对立统一的关系，需要管理者作为一个系统统筹考虑，建立协调平衡点，力求资源配置最优，综合效益最大化，确保项目质量、进度达到合同要求。

进度管理侧重项目作业间工序的合理安排及逻辑关系优化管理，需要对各工序耗时的测算及执行过程人力、物力、财力支撑条件的确认，当然也需要关注因为质量和安全要求而产生的制约；进度的目标管理，需要选择作业顺序及支撑条件、控制方法和关键路径为研究对象，以科学的方法统筹、不断更新优化项目计划。质量管理贯穿工程设计、采购与实施全过程，侧重于监督各类标准的贯彻；质量的目标管理，需要选择项目产品、作业团队和项目过程为监控对象，重点突出各个环节的评审，发现问题、解决问题和杜绝今后类似问题；质量目标管理，应该坚持质量优先，不能轻易受到进度和费用目标因素的影响。

费用管理侧重计划的精细，以及考虑的全面和充分。包括因为质量或进度的影响而产生的额外投入；费用的目标管理，管理对象可以重点为消耗计划、费用估算、用款计划、实际费用控制。尽可能在保障项目进度和质量及各方面功能的前提下，节省投资，效益最大化。

### 4. 工程总承包项目目标管理的考核与评价

考核与评价是保证目标管理能够有效执行和实施的重要措施。

（1）目标管理评价的阶段性

工程工期较长的项目宜进行阶段性评价，考核标准为该段时间内计划履行情况，以及分目标值的实现情况，亦即跟踪情况评价。工期较短或已完工的项目则进行项目的后评价，详细对照工程项目目标进行核对和评审。

（2）考核与评价的三个意义

一，项目执行一定时期后，无论项目决策者、投资方、执行者还是团队成员，都会对项目进行一次评判，因为考核与评价所提供的数据也会成为影响其后期作为的重要参数。项目投入情况、承包商的选择情况、各方的合作情况、执行情况、建设困难、各方面条件的支撑情况均会成为大家关注的内容。考核与评价就是将实际情况与目标值（预期值）进行对比，提供项目详细偏离及原因的过程。此评价主要表现为项目总目标与现实偏离的对比检查。适时的评价可以为项目获得更多的支持，比如项目重大里程碑实现之际。二，项目考核与评价是对项目执行过程的考核，是将各个分目标与实际执行进行对比的过程，目的是评价项目团队的执行力，同时进行相应绩效考核，以求不断刺激和激励团队进行高效率劳动。适时的评价，可以检查目标的控制程度，也可以及时调整纠偏；一些独特的评价可以激励大家的热情，比如某重要节点前“百日竞赛”之后带奖赏性质的考核与评价。三，对已完工项目进行的后评价，主要是总结经验教训，建立企业级项目数据库，以期在下一个项目或今后的作业中规避风险，或收获更多。

（3）考核与评价的建议

项目绩效宜具体、可量化，也宜合理，考虑客观因素，对团队成员以激励为主；项目的考核与评价报告宜形成文件，归档保存。总之，工程总承包项目管理在近十几年来发展迅速，项目目标管理的理念也逐渐为许多管理者所接受，但如何在具体行业中有效推行和实施，还需要针对不同行业和工程的特点进一步探索和细化。工程项目目标管理的理念在基本建设行业的影响和贡献日渐明显，目前对相关理念的探讨显得必要和有益。

### 4.2.3 总承包项目风险管理

#### 1. 建设单位的质量安全责任

工程总承包模式下建设单位的项目负责人质量安全责任与传统意义上的建设单位项目负责人的质量安全责任无异，但是在工程总承包的模式下，建设单位或者建设单位的项目负责人对总承包商的把控和对项目的把控程度出现了不同之处，主要表现如下。

（1）EPC 总承包模式下建设单位的关注点

① 工程质量是否达到预定目标；② 进度：是否按照承发包合同约定，实现预定的投产目标；③ 费用：控制在经过批复的限额以内；④ 安全：确保不发生重大安全事故和质量事故；⑤ EPC 总承包商的管理人员：承诺的管理人员是否到位，管理人员的素质是否满足项目实施的需要；⑥ 最终目标：合理的投资，满意的工程（优质、及时）。

（2）在 EPC 总承包项目中，建设单位的担心

① 以 EPC 总承包商为中心，建设单位缺少传统项目管理中的控制权；② 当 EPC 总承包商的能力差，或派出的管理人员执行力差、经验不足时，建设单位的可干预性差；③ 对进度、质量的控制，较传统项目管理模式弱，很多要到既成事实才会发现；④ 项目执行过程的信息不对称；EPC 总承包商掌握着设计、采购等具体的信息，建设单位由于介入少，得到的信息不完全；传统的项目管理（E ＋ P ＋ C）中，建设单位是项目的管理中心，掌握着设计、采购的信息，对整体的判断力强；⑤ 由于采用 EPC 总承包，建设单位的派出人员少，对 EPC 总承包商提出的具体问题反应能力减弱；⑥ 目前国内有经验的 EPC 总承包商不多，竞争力较少，价格较高；⑦ 虽然 EPC 总承包模式理论上会降低整个项目的造价，但由于信息的不对称，项目投资的节余大部分进入了 EPC 总承包商的“口袋”；⑧ 在合同谈判时，承包商的要价高；⑨ 在履行过程中，承包商的投入可能比承诺的少；⑩ 采购和施工管理的结果可能不令建设单位满意。采用了 EPC 承包模式后，建设单位可能显得很轻松，但对 EPC 总承包商的采购过程建设单位是无法清楚了解的，如果建设单位根据生产要求提出对设备的修改意见时，EPC 总承包商往往会提出费用的索赔和补偿要求。

### 2. 工程总承包单位的质量安全责任

工程总承包企业可以自行组织项目实施，也可以将设计或者施工中的一项分包给有资质的单位实施，但是不可以将设计和施工都进行分包，仅具有施工资质的企业承接工程总承包项目时，应当将工程总承包项目中的设计业务依法分包给具有相应设计资质的企业。工程总承包企业应当依照与建设单位签订的合同对工程的质量、安全、工期和造价等全面负责。工程总承包企业对建设单位负责，工程总承包的分包单位，按照合同约定，对工程总承包企业承担责任，但是工程发包，无法免除工程总承包企业对建设单位的合同义务，工程总承包单位和其分包单位针对分包的专业内容对建设单位承担连带责任。

### 3. 监理单位的质量安全责任

在施工总承包模式下，监理单位只对总承包中的施工部分进行监理和协调，而在工程总承包模式下，工程总承包商承担着除了施工以外的设计和采购的任务，在这种模式下，监理单位对设计和采购部分的责任如何界定，是由建设单位自行管理总承包商的设计和采购任务还是交由监理单位进行管理，这促使监理单位从传统意义上的施工监理向能够管理工程总承包商的大监理（能够管理设计、采购和施工）方向发展。

由于工程总承包商都是实力雄厚，管理先进的一流大型施工与设计企业，监理单位要想管理好项目工程，必须有着相配套的管理团队与工程总承包相协调。在这样的需求背景下，就要求监理企业派出高素质的人员对项目进行管理，促使监理企业提高自身的专业素质和素养。由于工程总承包管理模式从项目立项阶段就已经开始，牵涉面广，监理工作除了对传统意义上的施工进行管理，更要面向设计阶段进行延伸。做好监理工作，必须加大科技投入和技术创新，培养出一批能够适应新形势下的工程总承包管理模式下的新监理人才。在工程施工过程中，安全管理工作是最为重要的。但是，安全管理工作仍存在较多不足之处，缺乏完善的管理制度来确保施工人员的人身安全，无法更好地排除施工隐患。这些问题对施工安全造成不利影响，相关安全管理人员必须加以重视，采取有针对性的解决措施，提高施工安全管理工作水平。

## 4.2.4 总承包项目沟通管理

### 1. 项目沟通管理的定义

项目沟通管理包括：产生、收集、分发、存储和最终处理项目信息的所有过程。它提供了项目成功所必需的人、思想和信息之间的关键联系，参与项目的每一个人都必须做好传递和接受信息的准备，理解且做好沟通工作，沟通会影响到整个项目的实施成败。

### 2. 沟通管理的过程

（1）沟通计划编制

确定项目干系人的信息和沟通要求，何人、何时需要何种信息。

（2）信息发布

及时地向项目干系人提供所需的信息。

（3）绩效报告

收集并分发绩效报告，包括状态报告、进展测量和预测。

（4）管理收尾

产生、收集和分发表示阶段或项目正式完成的信息。沟通管理贯穿在项目实施的全过程，这些过程不但相互作用，而且与项目管理的其他知识领域的过程相互作用。项目部应针对不同阶段出现的矛盾和问题，调整沟通的计划和策略，减少干扰，消除障碍、解决冲突、保持沟通与协调途径畅通、信息真实。从上述知识点可以看出，在工程总承包项目的实施中，首先要了解业主、相关方包括分包方的需要，并及时向他们提供所需的信息，满足他们的要求。

从我们提供的绩效报告中，分析和预测项目实施的偏差，采取及时跟进的措施。绩效报告不但让业主掌握项目实施的进展情况，而且需要反映存在的问题和建议，许多问题的解决需要业主进行协调，尤其是国外项目，考虑风险转移和当地就业等的因素，土建及安装单位一般要求采用本地施工企业，但其实施的进度和绩效，并不能满足我方的需要；采购物资的清关，当地海关办事效率低，有些可能是我方在提供的资料上存在缺陷等其他意想不到的事情。在这种情况下，更需要与业主的充分沟通，求得他们的帮助，以保证项目实施中各项措施和条件的落实到位。

### 3. 沟通管理的几个关注点

在工程总承包项目管理实践中，沟通管理中的如下几个关注点需特别重视。

（1）正确了解业主的需求

正确了解业主的需求，在国内项目中，不存在问题；在国外项目实施中，问题不少。譬如：

① 周、月及其他沟通会议

国外项目，与业主一起进行的周、月及其他沟通会议，一般采用英语交流，我方参加的人员以懂英语的管理人员为主。在笔者经历的几个项目中，均有一个共同的特点，懂英语的管理人员年龄偏轻、实践经验不多，专业词汇量不足，外语词汇以偏重商务为主；而富有实践经验的老同志，又往往不懂外语，在项目部大多充当顾问角色，少有发言权。因此，每次的沟通会议，其交流的成效大打折扣，有时甚至引起业主的反感，适得其反。这是我们的队伍在大量走出国门时，遇到的人力资源问题。要解决此类问题，一是需要配备合适的管理人员；二是需要项目部在人力资源使用上，懂外语的与富有实践经验的老同志有机结合和相互弥补；三是项目部的高层需要具备一定的沟通管理技巧。

② 及时处理业主的疑惑

业主的疑惑必须及时解决和消除。我国的国情与国外不同，需要仔细研究项目所在国的国情并采取相应的对策，不能将我们在国内项目实施中，只要业主同意就可以拖延进度等行得通的做法搬到国外去。必须是信誉第一，提交的计划和口头承诺的事，只要是属于我方范围内的工作，就一定要做到。笔者在检查一个项目时，之前听到的是业主如何不配合，不积极按我方的计划去实施和配合。结果在与业主方沟通时，业主并不是我们想象的那样，业主认为：第一，他们提出的备品备件问题，我们一直没有按要求的时间提交，不知道我方是否能满足他们进度计划中的环节要求。第二，两台炉子，一台点火烘炉，另一台投运，他们认为设计的燃油量不足，不能二者同时实施。知道业主的要求后，我们立即将上述事情进行处理，第二天就将问题解决了。第一个问题，向业主提交了一份备品备件到货的日程表；第二个问题，经设计复核提交了一份图文并茂的两台炉子烘炉和点火启动的燃油量匹配资料，结论为两台炉子同时进行没有问题。业主看后第二天，就同意决定按我方提交的方案进行，解决了我方一直进度赶不上去、业主不积极配合的困惑，这就是沟通所起的作用，当然此事的成功协调涉及了项目部国内外两套班子人员的大力配合和支持。实际上这些事情的解决并不复杂，但正确判断和处理，是需要应用沟通的管理技巧。

（2）正确评估分包方的能力

① 通过实践调整分包方的实施能力

对国外当地分包方的管理，需要我们根据他们的实际实施能力做出不断的能力评估调整。国外项目，当地施工人员的工资采用按日或按周结算，但其创造的价值需要根据实际情况做出正确的评估，不然项目费用会增大，失去控制。譬如，有一个项目，工人的工资按天计算，该国规定为了解决就业，分包方大部分工人必须雇佣项目当地的人员。工人在规定时间上班不能拿到工钱，可以罢工。我方连续几个月产值统计数据显示，分包方实际完成的工程量远远少于计划工程量。经过分析得出，分包方的工人上班期间，工作效率极低。规定一天工作时间 8h，工人实际工作时间不足 5h，其余时间花在上班到岗的准备和下班提前的收工等待中，是一种典型的出工不出力现象。即使出工，这些工人大多数没有经过专业培训，岗位技能低下，工作效率低，拿不到 8h 的工资还常常闹罢工。

面对这种状况，我们还不能采取简单的、实事求是的费用结算办法，需要采取有效措施进行调整，对施工分包方的能力进行及时评估。一方面加大控制力度，另一方面要善于沟通，从沟通和谈判中寻找问题的解决，提高劳动生产率。

② 及时提供分包方在实施中所需的条件，分包方的能力通过沟通进行调整评估，我们发现除了其自身存在的原因之外，总承包方还要及时提供给分包方所需要的条件。譬如，总承包方采购的设备和主要材料，是否按时到货，到的货物是否满足工程的需要等，都需要大量的沟通协调工作。某大型电站项目，分包方已开始安装锅炉的钢架，第一个节点为汽包吊装就位。计划工期为 4 个月，工作到 1 个月时，发现钢架构件到货有问题，到货的用不上，需要的没有到货。从交货的源头查起，装箱清单不全，无法确认是否制造厂已全部提供；货物集港时没有将连接板装到箱内，而是用临时螺栓拴在一起发运，接货时，发现 30% 左右的连接板丢失，造成既延误工期又增加再次加工成本。原因很清楚，设备监造、装箱、吊装上船、运输、到货检验等环节出问题，最后实际工期用了 8 个月。从理论上讲，原因就是源头制造厂装箱清单不全，不能提供能说明理由的资料，制造厂应该及时补上；清单能说明的部分，总承包商负责运输的连接板丢失需要由总承包商负责补上。事实上，此事总承包方现场负责的管理人员与制造厂和项目部内部采购人员就立即进行了沟通，几个月过去，问题还是没有得到解决，在工期不能再耽误的情况下，最后总承包方不得不在国外当地寻找工厂制造。此事的解决，不仅总承包方多花了折合几百万元人民币的当地采购费，还耽误工期几个月，且多花的费用不明不白，没有找到责任方。我们可以看出，最大的问题还是出在沟通上。该项目其他发生的事件还有一些，例如，2 号炉钢架安装到第四层时，货物没有及时到现场，而此时第五层钢架且已到现场，过了 2 个月才到第四层钢架，耽误了工期，打乱了施工的次序；1 号炉空预器扇形仓，供货迟迟跟不上，造成以后的安装工作量增加了 10 倍的工时，这都是由于沟通不及时造成的后果。在分包方的技术力量已经薄弱的情况下，总承包方又不能及时提供相关的条件，不仅会造成以后分包方的索赔，还会使总承包方蒙受不应有的经济损失，要解决好这些问题，沟通成了主要的工作。

（3）解决项目实施中的瓶颈

工程总承包项目实施中的瓶颈能否及时解决，是施工工期能否保证的重要保障，沟通又成了非常重要的环节。某电站项目在施工深至 -7～-9m 的地下几个大的箱型基础时，发现地下水量比预见的多，地下水抽取工作量大，而当地施工人员晚上一般是不加班的，白天抽取的水，若晚上停止抽，第二天水深又回到抽水前的高度。一个基础一天抽水的直接费用在折合人民币 1 万元左右，这就需要很好的沟通和协调才能得以解决。前面讲到的设备和主要材料供货，虽有计划，但需要跟踪落实，包括货物到国外后的清关等，有时候清关需要 1 个多月，工期等不得，说到底还是需要强有力的沟通才能促进事情的办成。还有设计出图，许多图纸与设备供应商提供的设计资料有关，这里每个环节出现问题都会造成设计图纸不能及时提交，影响施工的进度。国外项目还涉及业主方的审图和所设计的图纸标准问题，往往需要许多意想不到的沟通才能得以顺利解决。

### 4.2.5 总承包项目组织策划

#### 1. 组织策划的定义

项目组织策划是指由某一特定的个人或群体按照一定的项目工作规则，组织项目各阶段的相关人员，为实现某一项目目标而进行的，并在策划结果中体现出一定的功利性、社会性、创造性、时效性的活动。

组织策划是项目成功的根本保障，EPC 项目组织策划的框架包括组织架构确定（图 4-1），项目管理目标制定等。

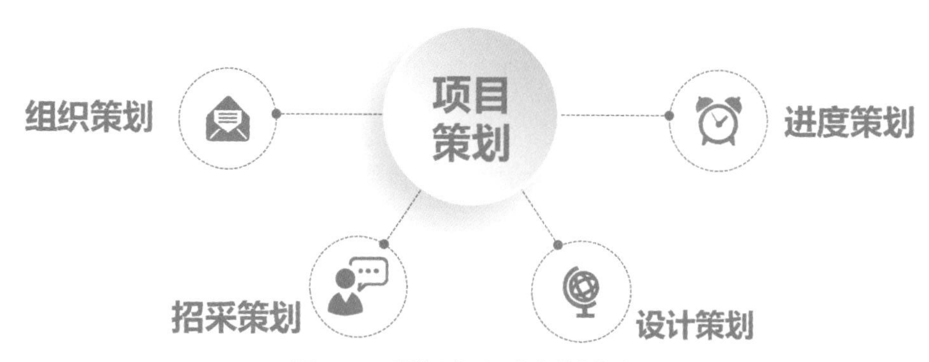


图 4-1 工程总承包项目组织策划框架

#### 2. 组织策划的内容

（1）组织结构策划

项目管理的组织结构可分为三种基本模式，即线型组织模式、职能型组织模式和矩阵型组织模式。项目管理组织结构策划就是以这三种基本模式为基础，根据项目实际环境情况分析，应用其中一种基本组织形式或多种基本组织形式组合设计而成。

对于一般项目，确定组织结构的方法为：首先确定项目总体目标，然后将目标分解成为实现该目标所需要完成的各项任务，再根据各项不同的任务，选定合适的组织结构形式。对于项目建设组织来说，应根据项目建设的规模和复杂程度等各种因素，在分析现有的组织结构形式的基础上，设置与具体项目相适应的组织层次。

如某工程总承包项目，成立了设计部、总承包管理部、合约商务部、账务资金部、招采部、计划部等六个部门，对组织结构进行策划（图 4–2）。

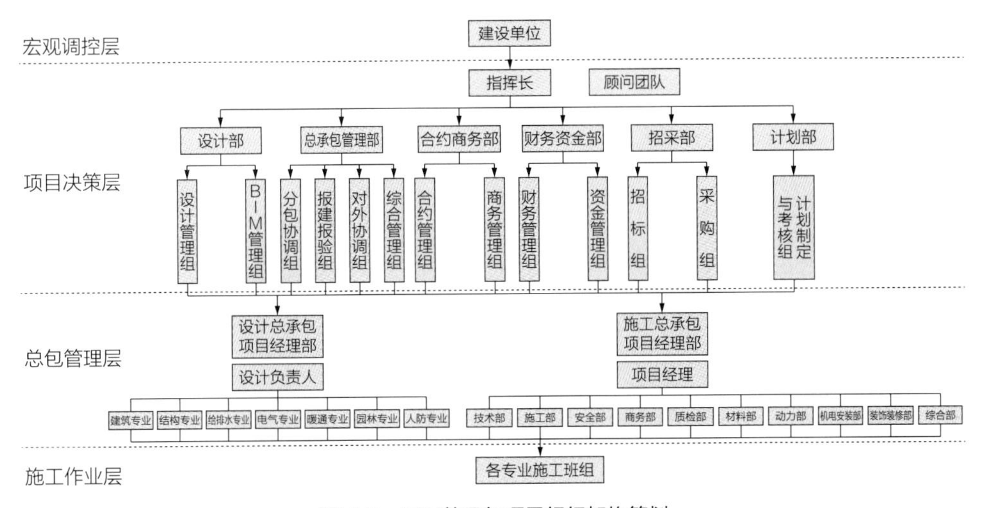


图 4-2　工程总承包项目组织架构策划

（2）任务分工策划

在组织结构策划完成后，应对各单位部门或个体的主要职责进行分工。项目管理任务分工是对项目组织结构的说明和补充，将组织结构中各单位部门或个体的职责进行细化扩展，它也是项目管理组织策划的重要内容。项目管理任务分工体现组织结构中各单位部门或个体的职责任务范围，从而为各单位部门或个体指出工作的方向，将多方向的参与力量整合到同一个有利于项目开展的合力方向。

（3）管理职能分工策划

管理职能分工与任务分工一样也是组织结构的补充和说明，体现在对于一项工作任务，组织中各任务承担者管理职能上的分工，与任务分工一起统称为组织分工，是组织结构策划的又一项重要内容。

对于一般的管理过程，其管理工作即管理职能都可分为策划（Planning）、决策（Decision）、执行（Implement）、检查（Check）这四种基本职能。管理职能分工表就是记录对于一项工作任务，组织中各任务承担者之间这四种职能分配的形象工具。它以工作任务为中心，规定任务相关部门对于此任务承担何种管理职能。

项目组织结构图、任务分工表、管理职能分工表是组织结构策划的三个形象工具。其中组织结构图从总体上规定了组织结构框架，体现了部门划分；任务分工表和管理职能分工表作为组织结构图的说明补充，详细描绘了各部门成员的组织分工。这三个基本工具从三个不同角度规定了组织结构的策划内容。

（4）工作流程策划

项目管理涉及众多工作，其中就必然产生数量庞大的工作流程，依据建设项目管理的任务，项目管理工作流程可分为投资控制、进度控制、质量控制、合同与招投标管理工作流程等，每一流程组又可随工程实际情况细化成众多子流程。

投资控制工作流程包括：投资控制整体流程，投资计划、分析、控制流程，工程合同进度款付款流程，变更投资控制流程，建筑安装工程结算流程等。

进度控制工作流程包括：里程碑节点、总进度规划编制与审批流程，项目实施计划编制与审批流程，月度计划编制与审批流程，周计划编制与审批流程，项目计划的实施、检查与分析控制流程，月度计划的实施、检查与分析控制流程，周计划的实施、检查与分析控制流程等。

质量控制工作流程包括：施工质量控制流程，变更处理流程，施工工艺流程，竣工验收流程等。

合同与招投标管理工作流程包括：标段划分和审定流程；招标公告的拟定、审批和发布流程，资格审查、考察及入围确定流程，招标书编制审定流程，招标答疑流程，评标流程，特殊条款谈判流程，合同签订流程等。

如图 4-3 为某工程总承包项目工程洽商变更处理流程。

### 3. 总承包工程项目组织策划的依据

（1）业主方面

业主方面的依据主要有：项目的资本结构，投资者（或上层组织）的总体战略、组织形式、思维方式、项目目标以及目标的确定性，业主的项目实施策略、具有的管理力量、管理水平、管理风格和管理习惯，业主对工程师和承包商的信任程度，期望对工程管理的介入深度，对工程项目的质量和工期要求等。

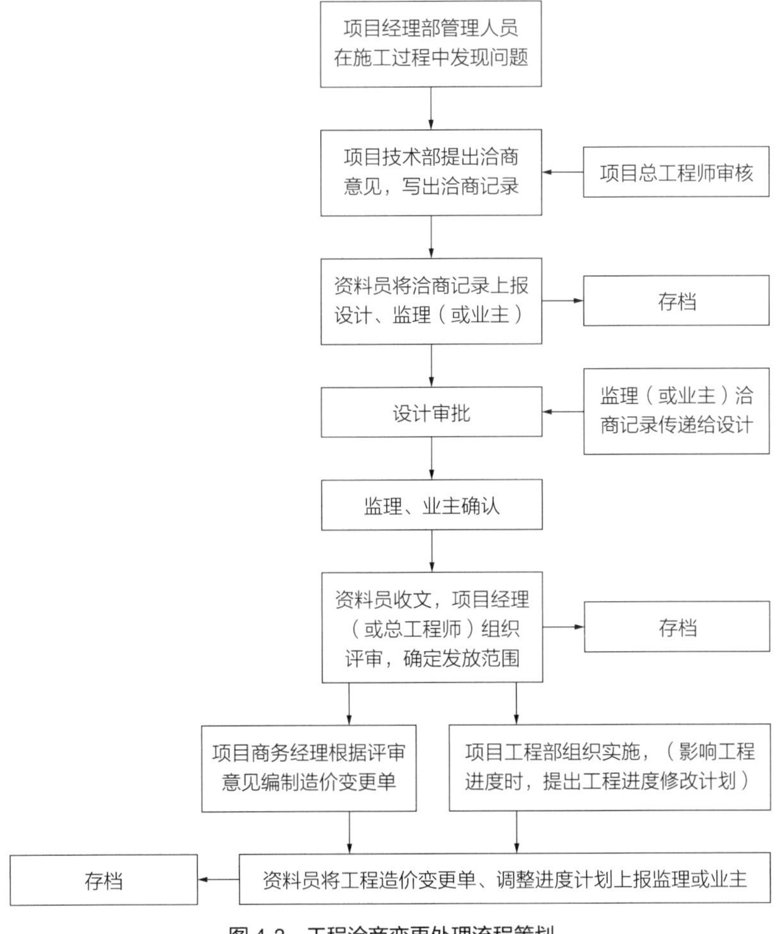


图 4-3　工程洽商变更处理流程策划

（2）承包商方面

承包商方面的依据主要有：拟选择的承包商的能力，如是否具备施工总承包、设计—施工（DB）总承包或设计—采购—施工（EPC）总承包的能力，承包商的资信、企业规模、管理风格和水平、抗御风险的能力、相关工程和相关承包方式的经验等。

（3）工程方面

工程方面的依据主要有：工程的类型、规模、基本结构、特点、技术复杂程度、质量要求、设计深度和工程范围的确定性，工期的限制，项目的盈利性，项目风险程度，项目资源（如资金、材料、设备等）供应及限制条件等。

（4）环境方面

环境方面的依据主要有：工程所处的法律环境、市场交易方式和市场行为，人们的诚实信用程度，人们常用的工程项目实施组织方式，建筑市场竞争激烈程度，资源供应的保障程度，获得额外资源的可能性等。

#### 4. 总承包项目组织策划的原则

（1）利益最大化原则

即无利不谋。利益是每一个人、每个社会集团，乃至阶级、阶层、国家追求的目标，行为活动的动力，利益大小是评价项目组织策划的优劣的主要依据。项目组织策划在项目前期具有重要地位的原因是其可以使项目通过组织策划以达到利益最大化。

（2）目标统一性原则

任何一个项目都有其特定的任务和目标，项目的各个参与方从属于不同组织，具有不同的利益和不同的目标；但要使一个组织高效运转，各个参与方必须有统一的目标。

（3）整体性原则

项目管理组织规划时需要以系统论的思想来指导。整体原则要求在策划过程中，要从全局着眼，局部要服从全局，以全局带动局部；要立足眼前，放眼未来，通盘考虑眼前与长远利益的关系。项目组织是一个由若干子系统组成的总系统，在组织规划时对于部门设置、层级关系管理跨度、授权范围等都应从全局性出发，使项目组织形成一个有机整体。

（4）客观性原则

就是指策划者的主观意志自觉能动地符合客观实际情况。从大的方面说，就是要顺应历史潮流，合乎民意，把握社会或行业的大趋势，不可逆道而策。具体而言，就是要以策划主体的现实状况为基础，做到据实策划。

（5）可行性原则

可行性原则是指策划方案可被实施并取得科学有效的效果。具体要求是：进行可行性分析，进行可行性实验，具有运行性和有效性。

（6）分工协作原则

分工有利于专业化水平提高，责任划分明确，是提高工作效率的有效手段。协作是总承包商组织内部门之间、个人之间的协调配合。组织中各部门不可能脱离其他部门单独运行，必须与其他部门之间相互协作、相互配合，才能实现项目目标。因此，总承包项目管理组织规划时要做到分工合理，协作明确。

（7）分工协作原则

要想保证项目的有效管理，必须把该集中的权力集中起来，该授予的权力就授予下级。这样不但能使高层领导把工作重心放在项目的战略性、方向性的大问题上，而且能够充分调动下属发挥他们的积极性和创造性，以保证管理效率的提高。

（8）管理弹性原则

总承包项目管理组织应该随着项目的进展、所涉及范围的大小、子项目的多少以及所需专业领域的不同，对项目组织机构进行动态的调整。其弹性还表现在部门的弹性、岗位的弹性以及职务的弹性等。

（9）创新性原则

策划贵在创新，创新是策划的本源。策划的最大价值，不是克隆已有的东西，而是采用超常规的战略思维，找到一条新的通向目标的最佳路径。即对于不同的总承包项目找到相对应的最佳策划方案，使得策划方案对症下药，组织出具有总承包项目特色的策划方案。

## 4.3　工程总承包管理价值实现

### 4.3.1　工程总承包管理价值实现的原则

开展工程项目管理的最终目的就是完成工程项目目标，而在这个过程中，需要经历组织、筹划、激励、沟通、检查、控制等工作。

由于工程总承包管理是工程项目管理方式的一种，在工程总承包管理活动中相应地也需要进行组织、筹划、检查、控制等一系列管理活动。同时，工程总承包管理是以具体的建设项目为对象，通过对项目的策划和控制，使质量目标、进度目标、费用目标和安全目标得以实现。另外，由于工程总承包管理的特殊性，即高标准组织协调性、依据阶段变化实施具体的项目管理、管理对象独特等特点，所以在工程总承包管理中应当遵循下述原则。

#### 1. 高效从简原则

在实际开展工作的过程中，分析工程总承包模式，必须要在掌握此种模式出现的市场背景及目的的基础上来开展。通过比照国内外工程总承包合同文本，工程总承包的主要价值在于可以减少发包人期望降低的建设程序管理负担，而且借助于缩减管理主体及环节、严格按照合同约定要求总承包商、增加收益回报、总体风险包干等措施，保证全面实现合同目的。工程总承包高效从简原则，从本质上是为了降低发包人的负担，缓解发包人的管理压力。而且可以借助于确定更具丰富工程经验和工程实力的总承包商，为实现发包人的预期目的增添筹码。

#### 2. 风险确定原则

即便在过去常用的施工总承包合同模式中，也不乏固定总价、单价等固定价格风险的形式，但是只要发生变更设计，就不可避免地要调整工程价款与工期，也就不能实现风险确定的目的。

而在工程总承包中，设计、采购、施工等工作均由总承包商负责，项目的运作与施工风险均转移给总承包商，只要总承包商从项目伊始就对项目作出明确的规划设计，就能很好地规避风险，达到风险确定。

#### 3. 高度协调原则

对于工程总承包模式而言，发包人要指出具体的要求，在完成合同签订后，工程总承包商再承担所有的工程具体内容，即勘察、设计、采购、施工等，缺一不可。在这个过程中，工程总承包商依据发包人的实际要求，全面协调各组织的工作进度以及流程，最大限度地提高工程的实施效率，减少工程成本，确保工期目标按时完成。

### 4.3.2 工程总承包管理价值实现的条件

从哲学的角度来说，价值概念的应有之义包含着价值的可能性与价值的现实性。价值的可能性是指价值主体和价值客体之间在相互作用所形成的一种客观上的应然或偶然的价值关系；价值的现实性是指价值的客体从价值可能性到这种可能性被实现的特质，即价值在客观上被实现的过程和对象化的结果。

从管理学的角度来说，管理价值的实现是指从内在到外在价值的转化，由潜在到现实价值的转化，这是一个矛盾转化的过程。换言之，管理价值也是一个管理者利用、挖掘自身以及被管理者的能力、才智从理念、方法到实践的转化过程。如前文所说，管理价值与工程总承包管理价值也是一般与特殊的关系。由于工程总承包管理价值指工程总承包管理活动本身及结果对管理活动相关利益者提供的有用性，而工程总承包能够最大限度地体现总承包商的主导优势，通过整体完善优化项目，来确保工程的设计、采购、施工的每个环节合理配置以及相互协调，尤其是借助于工程总承包企业在项目管理及技术创新方面都能发挥出巨大作用，尽可能地实现最少的投资、最短的工期、最高质量的建设施工。如何去实现这个目标，使工程总承包管理价值从可能性到现实性的转化，这个过程的实现需要一定条件，条件的不同，工程总承包管理价值实现的方式和程度就不同。

### 1. 工程总承包管理价值实现的主体条件

对于整个工程总承包管理而言，总承包商承担着不容忽视的主体地位，具体管理资质、管理能力、管理意识，对于管理价值的实现会有不同的影响。关于工程总承包管理资质的问题，我国已于 2002 年取消了相关资格核准政策审批，当前存在的法制体系相对于工程总承包业务的企业、公司没有强制性的资质要求，“具有工程勘察、设计或施工总承包资质的企业可以在其资质等级许可的工程项目范围内开展工程总承包业务”。即某企业仅仅掌握工程设计资质证书，也是可以从事工程总承包业务的，但只能在资质允许的范围内，进行相关的工程总承包业务。

当前存在的法律体制并没有十分明确地规定工程总承包的资质，但是由于工程总承包负责勘察、设计、采购、施工、试运行（竣工验收）等整个施工过程或者许多环节组合的承包工作，是对整个建设工程项目的综合管理，这就对工程总承包提出了新的要求。如在工程总承包模式下，项目投资额较大，业主会对总承包商资金垫付能力不断地提高要求，因此工程总承包商的财务资源实力相对于传统工程承包商的实力要求更高。原建设部曾发文鼓励拥有工程勘察、设计或施工总承包实施资格的企业，借助于有效的改造、重组，形成匹配工程总承包业务的单位、项目管理机构，来吸收更多的项目管理人才，进一步扩大融资能力，这侧面说明了与过去常用的承包模式相比，总承包模式进一步对承包企业的管理能力、管理水平及其人、财、物的配置都提出了较高的要求。

### 2. 工程总承包管理价值实现的客观条件

通常情况下，因为工程总承包项目管理模式具有一些比较稳定的特性，而要想最大限度地发挥其优势，在工程总承包管理模式实际开展过程中，要综合性地分析下述客观条件。

（1）在工程建设的过程中，因为总承包商承担大量风险，所以招标时，业主应该综合考虑，给予投标人足够的资料、时间，便于投标人充分地掌握业主需求，清楚地认识工程的目标、范围、规划标准及与之相关联的技术规范，并在这种情况下，开展初期规划设计、风险研究、评价及估价等内容，制定出一份真实有效、价格与工期合理的投标书，便于业主进行决策。

除此之外，立足于实际的工程开展，具体的地下隐蔽工程工作应该越少越好，在投标前，总承包商不能够开展勘查的范围也应该尽可能地小。不然，承包商就不能够准确地判定实际需要实施的工程量，也就相对地扩大了总承包商的风险。这样总承包商就必须通过在报价内进行估价来扩大风险费的额度，也就无法确保精准、合理报价，那么实际损失的是业主或者总承包商的利益。

（2）即便业主可以监督总承包商的相关行为，却不该严重干扰总承包商，更不该审批大量的施工图纸。签订的合同中，规定的是总承包商全权承担整体设计及所有责任，施工的设计、工程完成部分只要匹配合同预期目标，就应该承认总承包商的工作，即其履行了合同中规定的义务。

（3）因为采用总价合同，所以应该让业主依据合同要求的期限来直接预付工程款，这与其他管理模式不一样，即不是先让工程师计算审核完成的工作量以及承包商提供的结算报告，然后来签发支付证书进行支付。对于工程总承包而言，这种管理模式下的支付工程款时，按月、阶段支付均可。若在招标时，业主无法满足以上内容或不接受任何一个条件，那么对于这个建设工程，就无法应用工程总承包模式。

### 4.3.3 工程总承包管理价值实现的方式

在工程总承包项目管理过程中，总包商作为管理主体主导了管理活动，促进工程总承包管理价值的实现。但基于前述工程总承包项目管理模式的特性，业主安排承包方，要求其展开相应的勘察、设计、施工、采购、调试等时期或者相应时期的承包，同时针对工程项目的施工造价、工期和质量向业主担责。所以，总承包方需要负责该项目的绝大部分阶段的管理工作，并承担相应的管理风险，其项目的管理方法对能否实现工程项目的管理价值尤为重要。因此，在工程总承包管理价值的实现方面，立足工程总承包项目的各个阶段，分别从设计阶段、采购阶段、施工阶段以及调试阶段出发，阐述项目管理者特别是总包商如何实施工程总承包项目各阶段的管理，最终达到工程总承包项目管理价值实现的目的。

设计阶段的任务是在满足业主要求和合同约定质量要求的前提下，尽量减少建造费用。在工程总承包项目中，设计管理贯穿工程总承包项目的始终，是开展工程项目物资采购和施工的主导，亦是控制造价、工期和质量的重点，其属于工程总承包管理不可或缺的构成，对整个项目起着决定性作用。

### 1. 国际上工程总承包设计管理的方法

在国际上，根据工程总承包开展的次序，在设计阶段其能够概括成下述三大阶段，这三个阶段各自的工作重点不同，却相互联系相互制约，由工程项目设计者主导整个项目的进行，设计的管理工作贯穿于整个工程总承包项目的运作过程。

（1）投标议标阶段的设计管理工作，在投标议标阶段的准备时间，总承包商通常都会依照招标文件的要求来完成初步设计文件，并按照招标要求提交给业主，并根据工程所在地的具体情况，详细了解业主的需求，收集相关资料，综合采购工作和施工工作的因素，在保证项目经济性的条件下，拟定可靠高效的报价以及设计方案。

（2）详细实施阶段的设计管理工作：工程总承包在该阶段（涵盖了施工阶段以及采购阶段）的设计管理任务，即主动利用设计去控制整个项目的实施成本，科学地安排设计进度并确保设计施工图的质量。总承包商一定要处理好各个环节，负责地审核设计分包商提供的图样，同时积极协调、配合采购和施工工作，即时解决出现的问题。

（3）调试验收阶段的设计管理工作：在此阶段，总承包商需要对工程项目进行验收、试运行并交付。设计管理者要求审核好完工资料以及相应的文件，同时布置分包商辅助实现试运行工作，解决试运行中出现的问题。

### 2. 我国设计阶段工程总承包的管理方法

国内因为普及工程总承包管理模式的时间不长，现在采取的还是各个阶段的分离的管理模式，设计、采购、施工、试运行均脱节分离管理，是我国工程总承包管理区别于国际工程总承包管理的一个方面。现阶段，国内图纸的提供模式通常都是由业主安排符合资质要求的设计院依据施工图纸的深度要求给予工程样图。设计院所呈递的施工样图，一般都能达到我国政策的标准要求，可以满足施工需要。但是，大多数规模大的代表性工程的招标对象一般都是面向海外，由闻名国际的设计企业来负责设计，设计任务也都是面向国际级进行招标的。因为是闻名国际的企业来负责设计活动，且一般都是完成初步设计图纸，难以达到我国国内法规及规章要求的深度。所以，承包商需要对初步设计图纸展开深入的解读，在符合原设计图纸意图的前提下，再次设计出符合国内施工单位以及我国部门规定的标准的图纸。由于建设工程项目是极具综合与复杂性的工程，各个阶段都有着息息相关的联系以及配合的要求，理应科学地处理好不同阶段的关系。施工阶段以及设计阶段独立的机制，大大约束了工程一体化的实现进程。因此，应当改革我国设计管理的相关规定，使设计与施工阶段能更有效衔接，工程总承包成为克服这一缺点的有效方法。

## 4.3.4 总承包项目管理各阶段价值实现的方法

### 1. 工程总承包项目设计工作管理价值的实现方法

工程总承包商通常都把一些设计任务安排给相应的分包商，这就需要总承包商严格地管理分包商，进而杜绝图纸上的错误，导致工程质量的下降及进度的缓慢。总承包商应依靠计划、组织、协调、控制、监督等管理措施，对各类设计的质量、进度及成本进行监控，确保最终可以用于现场施工的图纸。

① 发挥设计工作的主导作用。工程总承包项目需要承包商立足于设计基准点，把握项目开展的整个环节，以及实施的细节来妥善解决工程的不足，需要设计负责人考虑施工、采购及调试验收的要求，完善设计方案，让设计方案能够指导施工及材料采购，充分地发挥设计工作的主导作用。

② 使设计、采购、施工、调试验收深度交叉，科学地设计各个阶段环节，进而减少工程周期。科学地交叉属于十分可靠的工程进度管理措施，其已被西方经济一线国家广泛采用，在美国被称作快速跟进法。设计、施工、采购以及调试验收等各项工作相互融合，能够带来盈利，但是还可能提升总承包的不合格率，要注重交叉点设计以及交叉深度的科学性。

③ 实施相应的设计管理，减少工程成本。在工程总承包管理的过程当中，在保证产品功能和质量的前提下，通过实施对设计的科学管理，如限额设计、优化设计、合理化建议等，对整个工程造价进行有效控制，大幅降低工程造价。

④ 提高设计质量。设计阶段的管理直接影响到工程质量，为保证工程质量，要在工程总承包商的整体管理下，将采购纳入设计环节，同时考虑施工、调试验收的要求，避免返工和浪费。

⑤ 培养高素质的设计人才。优良的设计管理必须有高素质的设计人才，因此，总承包商必须培养了解设计、采购、施工、调试运行的复合型设计人才，不断

提高总承包商的设计管理水平。

### 2. 采购阶段工程总承包管理价值的实现

物资采购是创造利润的最理想途径，依靠采购可大大减少项目的执行经费。同时采购并不仅仅只是费用问题，还是企业增强项目管理水平，提高其竞争能力的一项重要环节。所以，采购管理亦属于工程总承包管理全过程中另一个重要的组成部分。

（1）国际上工程总承包采购的管理方法主要为：

① 设计与采购的深入融合，最普遍的措施在于在工程的整个环节中布置采购和设计任务，在设计环节融入采购，一边进行设计，一边进行采购，监督与跟进材料和各项设备，从而控制工程成本和工期。

② 采购与施工的有效结合。一方面，由总承包商的采购管理者和施工管理者依据工程总承包项目的总体计划，编排出拟采购货物抵达目的地的期限，并编制完成进度计划。另一方面，若在工程实施的环节中，设计以及进度需要改变时，施工管理者需要同采购管理者展开协调，进而作出充分有效的沟通，减少对工程进度和质量的影响。由于国内工程总承包各个阶段管理的脱节，国内外工程总承包在采购上的差别主要还是在于前文所述的由设计主导工程总承包的过程，把采购纳入设计管理之中，尽量减少成本、减少不必要的返工。

（2）工程项目物资采购工作管理价值的实现方法

对于工程总承包项目而言，物资的采购工作牵扯的范畴十分多，工作十分烦琐，技术性十分突出，难度非常大。并且，各个工程总承包项目所需要的设备与材料标准也并不一样，其关键的工作环节在于遴选材料与设备供应商，工程总承包商所从事的采购任务不仅仅要求相当强的独特性与实践性，同时还需要具备相应的经验。从采购活动的一般规律来说，一般要符合以下几项原则。

① 竞争性采购原则。一切设备理应最大可能地依靠竞争性采购来完成，使得成本最小化，质量最优化，即使因为能够遴选的范围不大，材料以及设备的硬性要求而导致供应商选择范围有限，亦要依靠供应商间的协调，企业间的竞争以及各方面的因素，构成有效的竞争态势，以利于采购活动。

② 本地化采购原则。地方上的设备供货主要在当地政府部门以及相关业主的大力扶助下，运输成本大大减少，供货保持着时效性，及时服务等便利，进而使成本大大减少。

③ 专业化采购原则。所谓专业化采购，也就是把行业与产品进行综合性评价，要求供应商应具备相应的经验水平。

### 3. 施工阶段工程总承包管理价值的实现

施工阶段的管理在工程总承包管理中有着非常重要的地位，它的主要职责是对总承包实行全过程管理，是“进度、成本、质量、安全”四大控制目标实施过程中的检验标准，是实现项目管理目标的重要保证。

（1）工程总承包施工管理的特点

工程项目施工管理指的是施工一方依照合约的规定完成既定的目标任务，在进行施工的时候，对和工程建设相关的行为实行规划、组织、协调与控制的总过程。工程总承包施工管理能与设计、采购密切配合，确保工程项目的整体利益最大化，使项目得以顺利进行，其具有以下特点。

① 一次性管理。工程总承包的主要特点为单件性，这决定了项目管理只有一次。如果在对项目施工进行管理的时候出现失误，很难对其进行改正，就会导致非常严重的损失。工程总承包具有永久性的特点，项目施工管理具有一次性的特点，因此项目管理的重点是一次性成功。

② 综合性管理。工程总承包施工管理涉及贯彻于施工管理的所有方面，不管是施工技术、施工质量、施工安全、计划控制，还是财务管理、材料发放、仪器要求、组织要求，上面这所有的流程又同时包括项目质量、监督、安全与成本等方面的管理。所以，项目施工管理属于全程综合管理。

③ 控制性管理。工程总承包施工管理往往要求在一定的时间内，消耗一定资源的情况下，达到既定工程进度、成本与质量目标，所以工程总承包的施工管理的约束性十分强。管理人员怎样在特定的时间内，特定的背景下，有效地利用上述条件达成规定的目标，实现预期目标尤为重要。因此，工程总承包模式下的总承包人都非常重视计划管理，往往会制定具体的 1 到 4 级施工计划，主要对施工情况进行指导和监控，及时地找到施工偏差，及时地进行补救，对计划进行修正，进而确保整体计划目标的达成。

（2）工程项目施工工作管理价值的实现方法

① 进行进度管理。对于所有的工程项目，进度管理都是管理中的重点。然而在工程总承包模式下，由于总承包项目具有规模大、专业内容多、总工期长的特点，且业主仅提出建设总工期的目标要求，工期是固定的，总承包人必须在工程管

理活动中设计快速路径，对重点单位项目的作业计划进行合理的安排，设计、采购与施工需要同时进行，保证图纸设计、设备采购进度与工程进度相适应，缩短工期。工程施工部门需要依据项目的整体进度计划对施工进度计划进行编制，经过控制部门审核通过后实行。施工部门需要对施工进度完善跟踪、监督、检查与报告等科学的流程；如果实行施工分包，施工分包商需要实行分包合约约定的施工进度计划，施工部门需要对进度计划进行监督，避免工期的延误。依据现场施工的情况与最新资料，专门负责施工进度计划的人员需要一个月修改一次施工计划图，而且会依据此制定三月滚动计划，下发给项目分包商，分包商依据三月滚动计划制定三周滚动计划，提交给工程施工部门，给施工组下达执行命令。

总承包管理者需要将对施工进度进行检查的结果与原因分析作为依据，依据现场的实际施工情况对计划偏差进行调整，而且保存好有关的记录，方便将来工期索赔。

② 进行成本管理。总承包项目的成本控制具有双重意义。站在承包商的立场上，对工程的总造价进行控制，提升企业的经营收益；站在业主的立场上，尽量降低项目造价的总投入，包含最大限度地降低运行维修成本，进而让项目收益实现最大化的目标。总承包人是工程总承包项目的主要管理者，应当依据成本计划、项目变更与进度报告，在充分满足合约技术、成本费用计划、商务要求的基础上，对项目实施期间的成本进行控制，通过使用检查、对比、分析等方式，对各种资源进行优化配置，成本不能超出预算，也就是通过在工程项目的建设过程中对生产的经营和管理所消耗的人力资源、物质资源和费用开支进行控制和限制，为项目实现增值进行项目全生命周期费用的优化。具体而言，总承包人应采取如下方法控制成本：第一，跟踪与检查工程进展，搜集有关的数据；第二，逐项对比成本计划值和实际成本，找出费用偏差，而且分析对比结果，明确偏差的多少与偏差形成的原因；第三，依据项目的实际情况与偏差分析结果，使用适合的方法，将费用偏差严格地控制在合理范围内。

③ 进行质量管理。EPC 管理是交钥匙施工方式，要求总承包的企业必须具有良好的实力，保证设计、采购、施工一次性符合相关的要求，不能返工。所以站在施工者的角度，需要将工程质量放在首位。与传统的施工质量控制相比，总承包项目的质量控制注重工程的整体质量，竣工之后产品的功能与保修服务的质量相统一。对总承包项目的整体质量控制进行评价，从本质上来说就是对项目的建造性、运行的稳定性、安全性、便于维修性的评价。具体而言，总承包人需要站在以下几

个角度对工程质量进行管理：第一，总承包者需要对原料质量控制进行监督，包含选择供货商、验收方法、验收规范、复试检测、搬运保存等，对仪器设备、施工器材以及计量工具的配备检验与使用过程进行监督，保证其使用情况与性能达到施工质量标准，建立、健全施工质量的检验制度，依照项目设计要求、技术要求与合约规定，检验建筑原料、相关配件、仪器等，检验必须有书面记录与负责人签字，没有经过检验或者检验不达标的，不能使用；第二，总承包人应当对特殊过程与重要工序进行控制，依照有关的规定对特殊工序进行确认，而且监督其连续监控状况，做好隐蔽工程的质量检查和记录，对施工中出现质量问题的项目及时进行补救；第三，总承包人需要充分发挥工程总承包模式“设计为主导”“设计—施工集成化管理”的优势，加强设计、施工、供应三方的有效沟通，经常性地分析与评价工程质量管理情况，找到持续改善质量的机会，明确改进目标，强化对衔接环节的质量控制。

④ 进行安全管理。有效控制工程的质量、进度、成本与安全，是项目总承包人目标。安全管理如果失衡，进度、质量与费用等也会失去控制。安全管理需要存在于总承包项目的设计、采购、实施、运营等所有阶段。总承包人应当建立安全管理组织机构、落实责任制，对分包商的施工安全情况进行检查，及时了解安全施工信息，及时消除隐患，定时进行人员安全教育、培训，增强施工人员安全生产意识等。

### 4. 调试验收阶段工程总承包管理价值的实现

建设工程项目的调试验收，主要目标为让项目达到竣工验收标准，充分实现工程的实体与功能价值。调试验收对在工程总承包中的价值如下：

① 调试验收过程指的是验证项目产品，对产品的功能、特性与质量有没有达到业主的要求进行验证。

② 调试验收过程进行整体调试，利用调试让总承包工程的设计能力得到实现。

③ 利用调试验收让产品质量符合设计或者总承包合约的主要要求。

④ 业主将考核结果当成验收依据。

（1）我国调试验收阶段工程总承包管理的缺陷

在我国，一般的工程交接调试验收是由建设单位和施工承包单位，根据项目批准的设计任务书和文件，以及根据国家颁发的施工验收规范和质量检验标准，按照特定的程序，在项目建设完成进入生产验收阶段所进行的活动。我国在管建分开体制下，存在许多不足：第一，主体缺失，无法及时找到或者处理问题，由于存在多个主体，容易发生责任的推诿，无法落实各方的权利、义务和责任；第二，没有有效地发挥各方的优势，现在施行的模式为承包方主要负责编制工程的调试验收计划，组织投产并指挥工作，下达验收命令，其他单位配合参加。然而，承包方在施工方面有绝对的经验与优势，但是对于管理生产运行，并不在行，可能会产生盲目指挥、出现问题不能及时纠正的情况。

（2）调试验收阶段工程总承包管理价值的实现方法

由于进行调试验收的主要目的为利用此项工作，全方位地检查项目的立项、设计、采购、施工等所有流程，查漏补缺，以保证最终能够交给业主一个合格、让业主满意的项目。同时，因调试验收是一项系统工程，需要各个专业，所有主体之间的互相配合，在管建分离的背景下，很容易导致多头治理的情况。所以，必须利用工程总承包的管理优势，协调各方主体，制定整体计划。工程总承包管理的模式下，调试验收均在总承包商的管理和控制之下，总承包商具备在建设工程各个阶段、领域的管理经验，并具有协调各方主体，有效克服管建体制分开所产生的问题。具体的管理方法如下：

① 创建专门的协调内外关系的部门，主要负责协调各方的工作，全程管理调试验收阶段。主要负责：代表总包商与各个项目部进行信息沟通，及时了解工程建设的进展及实时动态；协调各主体之间的活动，结合建设工程的实际需要，提出实施建议，并负责协调制定新的管理制度和调试、验收、投产方案的编制与组织工作，负责交接组织工作。

② 建立一套调试验收的质量管理体系：建立完善的工作标准，指导建设工程各个阶段的工作；在前期就加强设备采购和施工阶段监督工作，及早发现问题，在第一时间改正错误，这样能有效规避在此阶段存在过多的问题，达到调试验收的结果。

③ 明确调试验收的相关内容：准备好调试验收应具备的条件；确定各方权力与责任；明确调试验收完成的时间节点。

# 第 5 章

# EPC 总承包管理的内容

总承包项目的一个重要特点是，在一个管理主体的管理下实现了设计、采购、施工各个阶段之间有序的深度交叉，为总承包商进行统筹管理、缩短工期、降低成本，从整体上提高项目的质量创造了有利条件。因此，总承包项目的统筹管理具有重要意义。

## 5.1 EPC 管理组织

工程总承包的管理组织，从狭义而言是指工程总承包企业为履行工程项目总承包合同而组建的项目管理机构；从广义说，还包括由总承包方合法发包的设计分包和施工分包企业的相应项目管理组织机构。

### 5.1.1 EPC 总包模式管理组织的特点

（1）组织的一次性。即总承包项目管理组织是为实施工程项目管理而建立的专门组织机构，由于工程项目的实施是一次性的，因此，当工程项目完成，其项目管理组织机构也随之而解体。

（2）管理的自主性。即总承包项目的管理组织是根据全面履行工程总承包合同的需要和实现总承包企业工程经营方针和目标的需要，由总承包企业组建并得到总承包企业法人授权的工程项目管理班子。其管理的最终目标是，在合同规定的建设周期内，全面完成工程勘察、设计、采购及施工任务，交付符合质量标准的工程产品，实现企业预期的经济效益。所谓自主性，是指在总承包合同和相关法规的约束下，自主确定资源的配置方式和内部管理模式，充分发挥总承包的技术和管理的综合优势。

（3）职能的多样性。即总承包项目管理的职能是由它的任务所确定的，包括勘察设计管理、工程采购管理和工程施工管理的全过程项目管理；从目标控制方面来说，包括质量、成本、工期、职业健康安全和环境保护等方面的目标控制与风险管理。因此，其管理组织的人员结构和知识结构要求高。

（4）人员的动态性。总承包项目管理组织，不但需要按照精干、高效、因事设岗的原则进行设计，而且需要根据项目实施任务展开的不同阶段，动态地配置技术和管理人员，以降低管理成本。通常情况下，总承包项目管理组织采用矩阵制的组织结构，即总承包项目管理组织所需要的人员，包括技术、经济、法律和管理人员，从企业相关职能业务部门选派，可以根据项目实施各阶段动态地确定项目管理人员的组成结构和数量。

（5）体系的独立性。总承包项目管理组织在实施项目管理期间，须保持体系的相对独立性，主要表现在它必须建立和健全一整套适用于本项目需要的管理制度和机制，例如，项目内部的领导制度、人事制度、用工制度、考核制度、薪酬制度以及其他各项工作制度等。尤其是当项目远离企业本部时，或且企业把该项目作为新事业发展时，这种独立性就更大。

（6）结构的系统性。总承包项目管理组织的结构，通常按主要专业业务划分不同的管理部门，形成业务管理子系统，如勘察设计部、材料物资部、计划财务部、机电动力设备部等，并设立部门经理。这些子系统的功能覆盖着项目全过程和全面管理的各项职能。

### 5.1.2 EPC 总包模式管理组织的基本结构

总承包项目管理组织结构是项目管理的基础，必须从三个方面来研究，即项目管理组织与总包企业组织的关系，项目管理组织机构自身内部的组织机构，项目管理组织与其各分包单位的管理关系。

#### 1. 项目管理组织与其企业内部的组织结构——矩阵结构

当企业在一个时期内承建多个项目时，项目与企业之间的组织管理宜采用矩阵结构。企业对每个工程项目都需要建立一个项目管理机构，其管理人员配置应根据项目的规模、特点和管理的需要，从企业各职能部门选派。如图 5-1 所示。

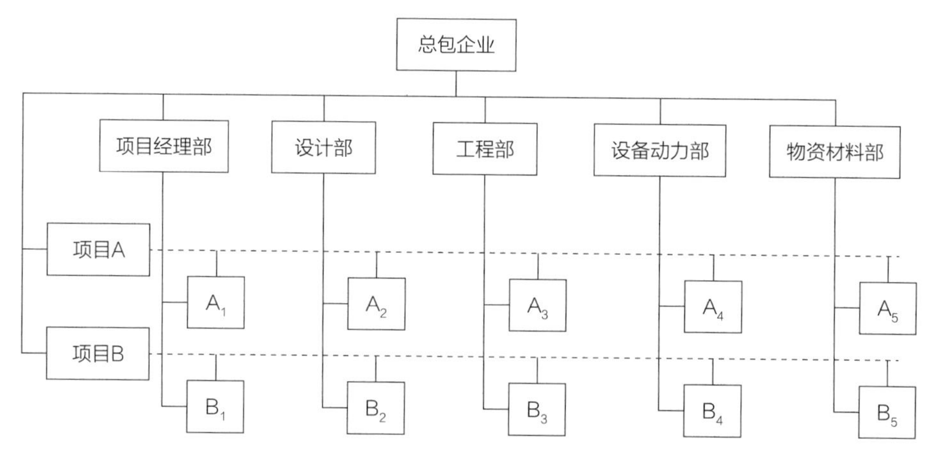


图 5-1　矩阵型项目管理组织结构

项目管理组织内部的组织结构——职能结构，如图 5-2 所示。

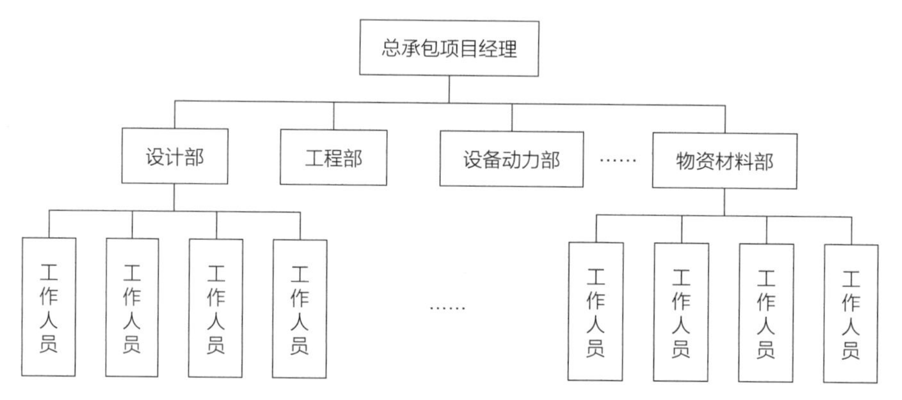


图 5-2　职能型组织结构

## 2. 项目管理组织与各分包单位的组织机构——直线职能结构

根据分包合同形成的总承包商与勘察设计、施工、供应商等分包单位之间的管理与被管理关系。如图 5-3 所示。

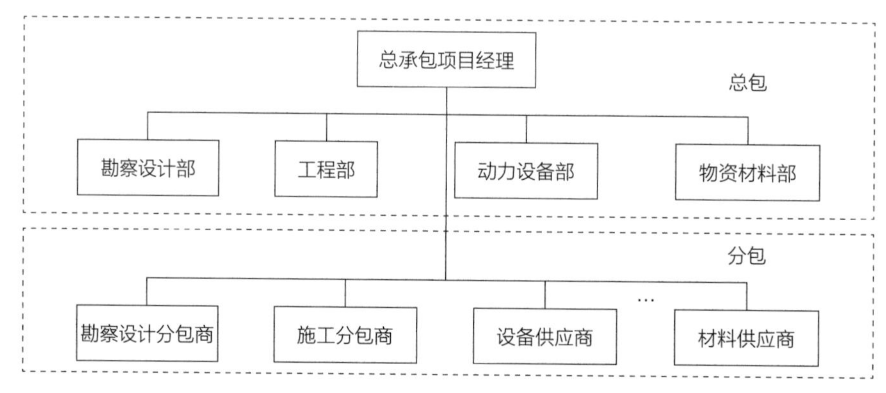


图 5-3　直线职能结构图

## 5.2 EPC 项目策划

### 5.2.1 项目策划的概念与特征

项目策划，是指以具体的项目活动为对象，体现一定的功利性、社会性、创造性、超前性的大型策划活动，它的特征主要表现在以下几个方面。

#### 1. 功利性

项目策划的功利性是指策划能给策划方带来经济上的满足或愉悦。功利性也是项目策划要实现的目标，是策划的基本功能之一。项目策划的一个重要的作用，就是使策划主体更好地得到实际利益。项目策划的主体有别，策划主题不一，策划的目标也随之有差异，在项目策划的实践中，应力求获得更多的功利。

#### 2. 社会性

项目策划要依据国家、地区的具体实情来进行，它不仅注重本身的经济效益，更应关注它的社会效益，经济效益与社会效益两者的有机结合才是项目策划的功利性的真正意义所在，因此说，项目策划要体现一定的社会性，只有这样，才能为更多的受众所接受。

#### 3. 创造性

策划要想达到策划客体的发展，必须要有创造性的新思路、新创意、新策划。真正的策划应具有创造性，应随具体情况而发生改变，需要创造性的思维，不能抱残守缺，因循守旧。即使成功的模式，也不要生搬硬套，要善于依据客观变化了的条件来努力创新，只有这样，策划才能别具一格、与众不同，吸引人、打动人，才更能取得成效。

### 5.2.2 总承包企业项目策划组织及方法

#### 1. 项目策划的原则

（1）项目策划是一项前瞻性项目管理工作，应遵循事前控制、主动控制的原则。
（2）一般总承包企业总部的职能是宏观控制和服务，因此，在进行策划时应按照“谁主管、谁负责”的原则。

（3）在策划过程中应加强策划的组织程序化、科学化，追求项目管理水平和利润效益的平衡。

#### 2. 策划组织

根据上述原则，总承包企业应该成立策划小组，策划小组成员应由有多年工程总承包经验的技术人员、安全人员、质量人员、经济人员，包括公司相关部门的负责人及项目经理部、分承包方的相关人员组成。人员可以不固定，应根据项目的实际情况随时组织有相关经验的人员加入。

#### 3. 项目策划的程序

（1）策划小组成员进行分工，分别认真审阅施工图纸及相关策划依据，吃透各种资料文件所包含的内容和各种要求，对自己所负责的部分提出初步策划意见。

（2）召开策划小组会议，由策划小组成员分别提出自己的初步策划意见，全体成员集思广益，互相探讨，有无更先进的方法和工艺，相互之间有无相互矛盾的地方，最后形成策划文件。

（3）对于大型、复杂的工程项目，可以根据工程的实际需要，分阶段进行多次策划。

由公司主管领导（生产副总和总工程师）审批，形成最终策划文件，作为编制施工组织设计和施工方案的依据之一。

### 5.2.3 项目经理部机构的策划

项目管理机构与企业管理组织机构是局部与整体的关系。设置组织机构的目的是进一步充分发挥项目管理功能，提高项目整体管理效率，以达到项目管理的最终目标。

### 5.2.4 合同管理策划

合同管理策划就是确定合同管理重点以及如何进行合同管理的过程。由于总承包企业所涉及的合同非常多，包括总承包合同管理和分包合同管理，分包合同又包括专业分包合同，劳务分包合同、材料采购合同、设备采购合同、工具租赁合同等，所以必须精密策划，才能在进行合同管理过程中做到有条不紊，降低合同风险，减少合同争议。

合同管理策划的内容：

### 1. 建立以合同管理为核心的组织机构

企业内部应建立合同管理组织，使合同管理专业化。如在组织机构中设立合同管理工程师、合同管理员，并具体定义合同管理人员的地位、职能，合同管理的工作流程、规章制度，确立合同与成本、工期、质量等管理子系统的界面，将合同管理融入施工项目管理全过程中。

### 2. 明确合同管理的工作流程

对建立的组织机构，必须明确与之相应的工作流程。对于一些经常性工作，如图纸批准程序、工程变更程序、分包商的索赔程序、分包商的账单审查程序，材料、设备、隐蔽工程、已完工程的检查验收程序、工程进度付款账单的审查批准程序、工程问题的请示报告程序等，应规范工作程序，使大家有章可循，合同管理人员也不必进行经常性的解释和指导。

### 3. 制定必要的合同管理工作制度

为保障管理流程的顺利实施，制定必要的工作制度是十分必要的。

（1）交底制度。合同签订以后，合同管理人员必须对各级项目管理人员和各工作小组负责人进行合同交底，组织大家学习合同，对合同的主要内容做出解释和说明，使大家熟悉合同中的主要内容、各种规定、管理程序，了解承包人的合同责任和工程范围。

（2）责任分解制度。合同管理人员应负责将各种合同事件的责任分解落实到各工作小组或分包商，使他们对各自的工作范围、责任等有详细的了解。通过层层合同责任分解，层层合同责任落实到人，使各工程小组都能尽心尽职，完美地实施合同。

（3）每日工作报送制度。信息是合同工程师的眼睛。建立每日工作报送制度，要求各职能部门必须将本部门的工作情况及未来一周的工作计划报送到合同管理工程师处，使其及时掌握工程信息，从而能够及时对已经发生或将要发生的种种问题做出决定。

（4）进度款申报的审查批准制度。目前工程进度款的申报通常都是由成本核算部门提出的，成本核算人员往往对现场及合同情况不很熟悉，不能将费用索赔的全部项目及时纳入当月付款要求中。而及时要求索赔，是索赔成功的关键要素之一。

因此建议建立工程进度款的审查批准制度，由合同管理工程师从合同的角度对进度款申请报告进行审查。

4. 重视合同变更管理

合同变更在工程实践中是非常频繁的，变更意味着索赔的机会，在工程实施中必须加强管理。合同管理应该注意记录、收集、整理所涉及的种种文件，如图纸、各种计划、技术说明、规范和业主的变更指令，并对变更部分的内容进行审查和分析。在实际工作中，变更必须与提出索赔同步进行，待双方达成一致以后，再进行合同变更。很多承包人往往不重视变更管理，对业主要求的变更无条件服从，导致工作做了却无法获得赔偿。

5. 加强分包合同管理

要求合同管理人员在订立分包合同时要充分考虑工程的实际情况，划清合同界限，明确双方各自的权利和义务。同时合同管理人员还需要建立分包合同档案，对分包范围和部位进行动态跟踪管理。

### 5.2.5 项目质量策划

质量策划是质量管理中重要的一部分。项目质量策划就是根据有关要求确定某一项目所达到的具体的质量目标以及如何达到该目标的过程。

项目质量策划的程序如图 5–4 所示。

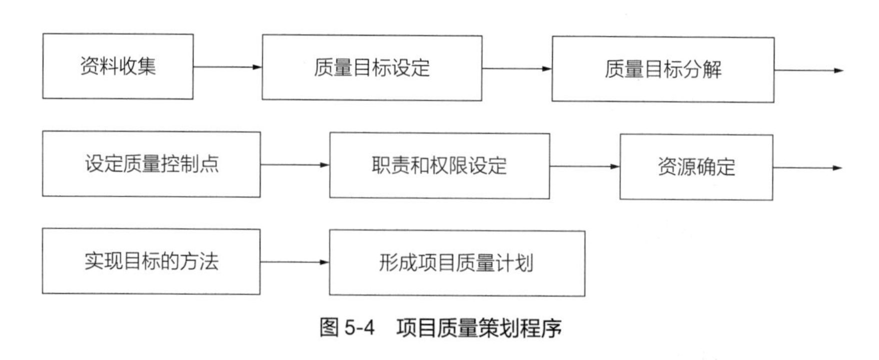


图 5-4 项目质量策划程序

1. 质量策划的内容

（1）收集资料

项目质量策划是针对具体某一特定项目的质量管理活动进行的。因此，在进行质量策划时，应将涉及该项质量管理活动的信息全部搜集起来，虽然不同的项目质量策划可能有不同内容，但大致有以下几个方面：

企业质量方针、质量总目标或上级质量目标的要求；

发包人和其他相关方的需求和期望；

与策划内容有关的业绩或成功经历；

存在的问题点或难点；

过去的经验教训。

（2）设定质量目标

企业按照 ISO 9000 标准进行质量管理的过程中，首先应确定质量方针，来指导企业的质量活动方向，然后再确定企业总体质量目标。项目质量策划就是要根据质量方针的原则和企业总体质量目标的规定，并结合项目具体情况确定质量目标。质量策划的首要任务就是设定质量目标，项目的质量目标，既是企业总质量目标的分解，又是对某一特定项目质量的具体要求。

（3）质量目标分解

将确定的质量目标分解到各分部、分项过程中，以便于在实际质量管理过程中进行控制。

（4）设定质量控制点

为了达到既定的质量目标，针对某一具体项目，需要将某些过程作为质量控制关键分项工程或关键工作。

（5）确定相关的职责和权限

质量策划是对相关的质量活动进行的一种事先的安排和部署，而任何质量活动必须由人员来完成。因此，质量策划要建立质量保证体系，并落实质量职责和权限。

（6）资源确定

项目质量计划策划除了设定质量目标，还要规定作业过程和相关资源，包括人、机、料、法、环，才能使被策划的质量控制、质量保证和质量改进得到实施。一般情况下，并不是所有的质量策划都需要确定这些资源，只有那些新增的、特殊的、必不可少的资源，才需要纳入到质量策划中来。

（7）实现目标的方法确定

这也不是所有的质量策划都需要的。一般情况下，具体的方法和工具可以由承担该项质量职能的部门或人员去选择。但如果某项质量职能或某个过程是一种新的工作，或者是一种需要改进的工作，那就需要确定其使用的方法和工具了。例如在策划某一新工艺项目时，就可以对其所使用的新的设计方法、验证的试验方法、设计和开发评审方法等予以确定。

（8）策划的结果应形成质量计划

通过质量策划，将质量策划确定的质量目标及其规定的作业过程和相关资源用书面形式表示出来，就是质量计划。因此，编制项目质量计划的过程，实际上也是项目质量策划过程的一部分。一般来说，质量策划可以单独成册，也可以作为施工组织设计的一部分。

（9）确定所需的其他资源

包括质量目标和具体措施（也就是已确定的过程）完成的时间，检查或考核的方法，评价其业绩成果的指标，完成后的奖励方法，所需的文件和记录等。一般来说，完成时间是必不可少的，应当确定下来。而其他策划要求则可以根据具体情况来确定。

#### 2. 质量策划的基本要求

质量策划一般应有以下基本要求：

（1）质量策划的资料实际上包括两个方面：一是各方要求，来自质量方针、上一级质量目标、发包人和其他相关方的需求和期望；二是能力条件，也就是企业或部门、班组、个人的实际情况。质量策划必须实事求是，一方面要结合自己的能力条件；另一方面又要尽力满足各方的要求，把质量目标定在经过努力能够完成的标准上，不能好高骛远，设定一个很高的质量目标而不能实现。

（2）要充分征求意见，集思广益：涉及内容广、过程较复杂的质量策划，更应当充分征求意见，集思广益；必要时，质量策划会议可以邀请有关专家或负责具体工作的人员（包括操作者）参加；质量策划形成的质量计划草案，也可以下发到相关层次的部门或人员进行讨论，广泛征求意见。

### 5.2.6 项目进度计划的策划

#### 1. 项目进度计划策划的定义

项目进度计划的策划首先要进行项目竣工日期或各阶段里程碑目标的策划，并将目标计划分解，编制合理可行的进度计划。通俗地讲，项目进度计划策划一般应包括两个阶段，一是在合同评审阶段，要力争通过与业主的谈判，将合同工期约定在合理的范围之内；二是在编制进度计划阶段，通过工序安排、资源的合理配置、施工方案的选择、工期的优化等工作满足合同工期的要求。

### 2. 项目进度计划策划的程序

项目进度计划策划的程序同质量策划基本一样，如图 5–5 所示。

图 5-5　项目进度计划策划程序

（1）收集资料

① 业主或上级部门对进度的要求；

② 发包人或其他相关方的要求；

③ 工程现场的实际情况；

④ 企业类似工程的实际进度情况。

（2）确定竣工目标和阶段性目标

现实情况下，合同工期就比较短，所以企业一般把合同要求的竣工目标作为工程的竣工总目标，在此基础上制定比如基础工程、地下工程、主体工程、装饰装修工程等的阶段目标。阶段目标的制定，也可以说是进度总目标的分解。

（3）确定实现目标的资源和方法

根据确定的总竣工目标和阶段性目标，合理配置实现目标所需要的各种资源和施工方法（这一步一般在施工方案策划中进行）。

（4）编制施工进度计划图和资源图。

## 5. 2. 7　项目环境、职业健康安全的策划

### 1. 施工企业进行环境和职业健康安全策划的目的和任务

施工企业项目职业健康安全策划的目的是保护产品生产者和使用者的健康和安全。要控制影响工作场内所有员工、临时工作人员、合同方人员、访问者和其他有关部门人员健康和安全的条件和因素。考虑和避免因使用不当对使用者造成健康和安全的危害的发生。

施工企业环境策划的目的是保护生态环境，使社会的经济发展与人类的生存环境相互协调。控制作业现场的各种粉尘、废水、废气、固体废弃物以及噪声、振动对环境的污染和危害，考虑能源的节约和避免资源的浪费。

### 2. 施工企业职业健康安全策划的程序和基本要求

（1）安全生产的概念

安全生产是指生产过程处于避免人身伤害、设备损坏及其他不可接受的损害风险（危险）状态。

不可接受的损害风险通常是指：超出了法律、法规和规章的要求；超出了方针、目标和企业规定的其他要求；超出了人们普遍接受（通常是隐含的）的要求。

（2）安全策划的方针与目标

安全策划的目的是安全生产，因此，企业安全控制的方针也应符合安全生产的方针，即："安全第一，预防为主"。"安全第一"是把人身安全放在首位，安全为了生产，生产必须安全，充分体现了"以人为本"的理念。"预防为主"是实现"安全第一"的重要手段，采取正确的措施和方法进行安全控制，从而减少甚至消除事故隐患，尽量把事故消灭在萌芽状态，这是安全策划的重要思想。企业必须设置安全控制目标，保证人员的健康安全和财产免受损失，目标必须包括以下内容：

① 减少或消除人的不安全行为的目标；

② 减少或消除设备、材料不安全状态的目标；

③ 安全管理的目标。

（3）企业职业健康安全策划的程序和方法

企业职业健康安全的策划一般遵循下列程序进行，如图 5–6 所示。

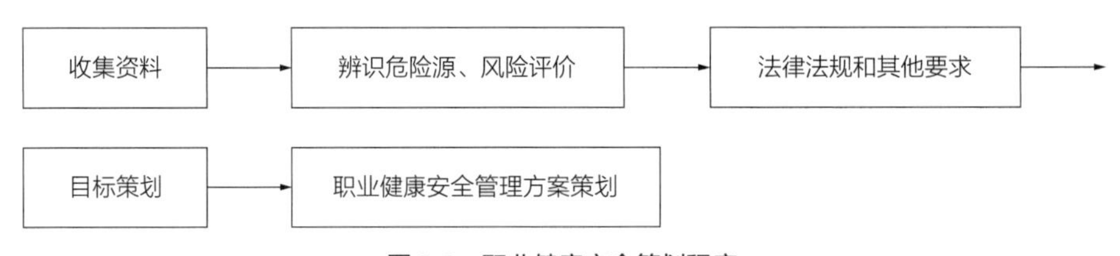


图 5-6　职业健康安全策划程序

综合来讲，职业健康安全的策划就是一个危害因素辨识和制定预防措施的过程，其中最关键的是危险源的辨识、风险评价。

### 3. 文明施工和环境保护的策划

（1）文明施工和环境保护的概念

文明施工是保持施工现场良好的作业环境、卫生条件和工作秩序，文明施工主要包括以下几个方面内容的工作：

规范现场的场容，保持作业环境的整洁卫生；

科学地组织施工，使生产有序进行；

减少施工对周围居民和环境的影响；

保证职工安全和身体健康。

环境保护是按照法律法规、各级主管部门和企业的要求，保护和改善作业现场的环境，控制现场各种粉尘、废水、废气、固体废弃物、噪声、振动等对环境的污染和危害，环境保护也是文明施工的重要内容之一。

（2）环境管理策划的程序如图 5–7 所示。

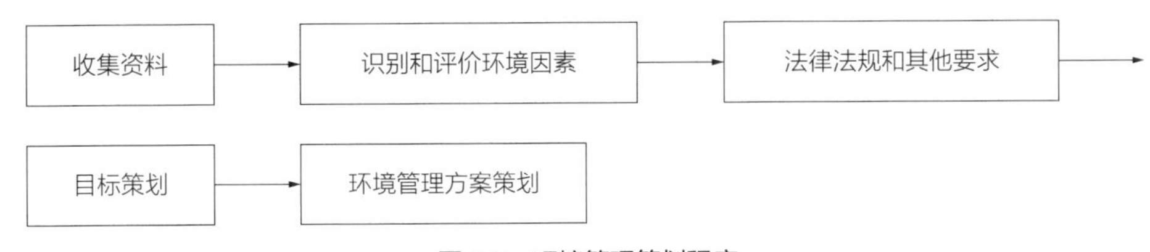


图 5-7 环境管理策划程序

## 5.2.8 项目施工方案的策划

施工方案是具体指导施工作业的技术性文件，一个建筑工程成功与否，与施工方案的好坏有直接的关系，因此，在施工方案编制前进行详细的施工方案策划是非常重要和必不可少的。

项目施工方案的策划，就是在满足其他策划成果（质量、安全、进度、成本、环境、文明施工）的前提下，一个施工项目所采取的具体的施工方法、施工工艺、施工组织及各种资源的配置等的策划。

策划的主要内容：

### 1. 确定施工程序

施工程序是指单位工程中各分部工程或施工阶段的先后施工顺序及其制约关系。工程施工受到自然条件和物质条件的制约，它在不同施工阶段的不同工作内容按照其固有、不可违背的先后次序展开，他们之间有着不可分割的联系，既不能互相代替，又不允许颠倒或跨越。

### 2. 确定施工流程

施工流程是指单位工程在平面或空间上施工的开始部位及其展开方向，它着重强调单位工程粗线条的施工流程，但这粗线条却决定了整个单位工程的施工方法和步骤。

3. 确定施工顺序

施工顺序是指分项工程和工序之间施工的先后次序。它的确定是为了按照客观的施工规律组织施工，也是为了解决工种之间在时间上的搭接和在空间上的利用问题。在保证工程质量和施工安全的前提下，充分利用空间，争取时间，实现缩短工期的目的。

4. 选择施工方法

选择施工方法和施工机械是施工方案中的关键问题，它直接影响施工质量、进度、安全及工程成本等目标。因此，在进行施工方案策划时，必须根据建筑物的结构特点、工程量大小、工期长短、资源供应情况、施工现场和周围环境等因素，选择可行的方案，并进行技术经济分析，确定最优方案。

5. 机械设备的选择

机械设备的选择是一项比较复杂的工作，要从机械多用性、耐久性、经济性及生产率等多方面考虑。在满足工程项目使用要求的前提下，可以租赁，也可以购买。

### 5.2.9 项目制造成本的策划

1. 企业是利润中心，项目是成本中心

建筑企业进行制造成本策划，从本质上来看，就是要体现“企业是利润中心，项目是成本中心”的基本观点。工程项目制造成本目标实现好坏，反映了项目管理水平的高低。

2. 不同的项目必须不同对待

企业进行施工生产，和其他企业一样，其最终目的也是追求利润最大化。但和其他产品不同的是，对于不同的项目进行成本策划，必须考虑项目的具体特点，不能千篇一律。

对于建筑工程来说，不同的结构类型，不同的分包方式，不同的地理环境，不同的中标价格，不同的合同条件（质量、进度），不同的企业期望（追求利润型、开拓市场型等）都会对项目的成本产生决定性的影响。

（1）工、料、费用预测

① 首先分析工程项目采用的人工费单价，再分析工人的工资水平及社会劳务的市场行情，根据工期及准备投入的人员数量分析该项工程合同价中人工费是否合理。

② 材料费占建安费的比重极大，应作为重点予以准确把握，分别对主材、地材、辅材、其他材料费进行逐项分析，重新核定材料的供应地点、购买价、运输方式及装卸费，分析定额中规定的材料规格与实际采用的材料规格的不同，对比实际采用配合比的水泥用量与定额用量的差异，汇总分析预算中的其他材料费，在混凝土实际操作中要掺一定量的外加剂等。

③ 机械使用费：投标施工组织中的机械设备的型号，数量一般是采用定额中的施工方法套算出来的，与工地实际施工有一定差异，工作效率也有不同，因此要测算实际将要发生的机械使用费。同时，还得计算可能发生的机械租赁费及需新购置的机械设备费的摊销费，对主要机械重新核定台班产量定额。

（2）施工方案引起费用变化的预测

工程项目中标后，必须结合施工现场的实际情况制定技术上先进可行和经济上合理的实施性施工组织设计，结合项目所在地的经济、自然地理条件、施工工艺、设备选择、工期安排的实际情况，比较实施性施工组织设计所采用的施工方法与标书编制时的不同，或与定额中施工方法的不同，以据实做出正确的预测。

（3）辅助工程费的预测

辅助工程量是指工程量清单或设计图纸中没有给定，而又是施工中不可缺少的，例如混凝土搅拌站，隧道施工中的三管两线、高压进洞等，也需根据实施性施工组织设计做好具体实际的预测。

（4）大型临时设施费的预测

大型临时设施费的预测应详细地调查，充分地比选、论证，从而确定合理的目标值。

（5）小型临时设施费、工地转移费的预测

小型临时设施费内容包括：临时设施的搭设，需根据工期的长短和拟投入的人员、设备的多少来确定临时设施的规模和标准，按实际发生并参考以往工程施工中包干控制的历史数据确定目标值。工地转移费应根据转移距离的远近和拟转移人员、设备的多少核定预测目标值。

（6）成本失控的风险预测

项目成本目标的风险分析，就是对在本项目中实施可能影响目标实现的因素进行事前分析。

## 5.3 EPC项目设计管理

工程总承包项目的设计管理是总承包项目管理任务的重要组成部分，无论总承包项目是大型工业交通建设中的一个子系统的单项工程，还是本身就是一个独立的工业或民用工程建设项目，总承包企业的项目设计管理，不但对业主整个建设项目的投资、质量、进度目标以及职业健康安全和环境保护都会产生重要影响，而且与总承包企业的项目生产经营预期目标的实现有极大的关系。

### 5.3.1 投标阶段的设计优化管理

#### 1. 成立设计小组

由于不能确定是否中标，因此投标阶段的初步设计一般由投标人自行完成。投标人在开始设计工作之前，应先设立项目设计组以完成特定项目的设计任务，项目设计组应由项目设计经理和专业设计人员组成。这些专业设计人员应覆盖工程设计所需的土建、设备、水暖、通风、概算、环保等领域，并具有良好的团队合作意识，服从项目设计经理的管理。

#### 2. 工作内容

2017版FIDIC《设计采购施工（EPC）/交钥匙工程合同条件》第5.1款规定，业主不应对包括在原合同内的雇主要求中的任何错误、不准确或遗漏负责；无论承包商从雇主或其他方面收到任何数据或资料，都不应解除承包商对设计和工程施工承担的职责。因此，投标人进行工程设计之前，应先仔细审查招标文件中的“雇主要求”，校核设计标准和有关计算，并对“雇主要求”的正确性负责。

第4.10款又规定，承包商应负责核实和解释所有的现场数据，而雇主对这些资料的准确性、充分性和完整性不承担责任。尽管雇主常常声称他已经具有“由雇主或雇主委托他人根据该项工程勘察”得到的可用资料，但大部分有经验的投标人还是会参考其他资料，包括那些公开的可利用的资料。对于一个成功的合同来说，尽可能多地收集有关现场和工程的可利用资料对双方都有利。因此，在审查完雇主要求后，投标人应在雇主的安排下进行现场勘察，获取工程现场有关地质、水文和环境等方面的信息，并与雇主提供的现场数据进行核对，若有问题及时要求雇主澄清。

在确认现场数据后，项目设计组便可以开始工程的初步设计，其主要内容有：

（1）设计综合说明。建设规模、建设地点、占地面积、总平面布置和内部交通、外部协作条件等。

（2）设计内容及图纸。主要建筑物、构筑物的设计，辅助公用设施和生活区的设计等。

（3）建设工期。

（4）主要的施工技术要求和施工组织方案。主要设计方案和工艺流程、各种资源用量等。

（5）投资估算和经济分析。总概算、投资收益、经济评价等。

## 5.3.2 承包阶段的设计优化管理

项目管理的目标实质就是对项目的投资、质量和进度三大目标的管理。设计阶段对工程项目的投资、质量和进度都有决定性的影响。下面从三个方面分析如何在 EPC 总承包项目中发挥设计的主导作用。

### 1. 设计阶段的投资控制

虽然设计费所占 EPC 项目总成本比重不是很大，但是设计阶段是对工程技术水平和工程造价影响最大的环节。根据有关统计资料，一个项目实际投资的 75% 左右是在设计阶段确定的，施工阶段影响投资的可能性仅占 5%～10%。

（1）做好项目的设计基准定位。

所谓设计基准定位，就是对设计工作应遵循的基础标准的审查确定。作为工程项目建设的基础，设计基准定位是今后所有设计、采购和施工的操作实施准绳，也是对项目成本进行预测和控制的基础，是 EPC 项目中标后的首要工作。具体说来就是在设计阶段应该依据招标投标书、EPC 合同要求和相关标准规范，确立设备、场所、材料、规模等项目内容，在满足业主要求的基础上把成本控制到最低。

编制设备技术及性能指标要求并审核供货商的技术方案是一项重要工作。“技术方案决定产品价格”，因此设计人员要在审核供货商的技术方案时具备经济头脑，坚持“符合合同最低要求”的原则，为设备和材料采购的成本控制提供良好的基础。据统计，在满足相同功能的条件下，经济合理的技术定位与设计，可降低工程造价 5%～10%，甚至可达 10%～20%。

（2）应运用限额设计。

在工程设计中，往往会出现设计的投资概算超过可行性研究阶段批准的投资估算，或是施工图设计的预算超过初设概算。如果在设计过程中采用限额设计就会避免这一问题。所谓的限额设计就是按照设计任务书批准的投资估算额进行初步设计，按照初步设计概算造价限额进行施工图设计，按施工图预算造价对施工图设计的各个专业设计文件做出决策。限额设计是建设项目投资控制系统中的一个重要环节。

（3）被动控制变为主动控制。

EPC 项目中的设计、采购与施工是总承包商的内部关系。承包商应从设计阶段采取预防措施，尽可能结合采购与施工管理制定目标计划，开展设计，避免目标与实际发生偏离。通过主动控制设计阶段来协调好设计与采购、施工的关系，从而主动控制工程造价。

（4）做好变更控制。

由于 EPC 项目招标时只提出项目目标，对工作范围的划分很粗略，这就必然要造成项目施工过程中的变更，尤其是设计范围变更。设计范围变更不仅要影响到设计工作自身的成本，同时也会影响到项目采购和施工的成本计划。设计范围变更一般包含设计内容增加和设计技术标准提高两个方面。设计变更的控制中，首先应依据合同确定的工程范围进行设计，正确理解业主要求，避免承包商自身原因导致的设计变更。

其次，制定出设计变更控制程序文件作为应对变更的重要手段。变更控制是设计阶段成本控制的重点之一。

### 2. 设计阶段的质量控制

设计是整个工程的灵魂，设计质量的优劣将直接影响工程项目能否顺利施工，并且对工程项目投入使用后的经济效益和社会效益也将产生深远的影响。因此，工程设计的质量管理是整个项目管理的基础和保障，是设计管理的重点和核心。

（1）研究、熟悉合同文件。

合同是双方当事人享有权利和承担义务的最高法则，是设计条件、设计范围、标准规范和基础数据等约束条件的载体，因此项目设计组在设计的准备阶段应认真研究和熟悉合同文件，充分认识其应承担的设计责任和工作目标，确定完成这些工作和目标的方法和措施。

（2）建立项目设计协调程序。

设计经理应建立项目设计协调程序，设置负责设计沟通的专门人员，明确承包商与雇主之间以及承包商内部部门之间在设计方面的关系、联络方式和报告制度。项目设计协调文件以 EPC 合同为基础，是设计接口的桥梁，是变更和索赔的依据，同时也是整个工程项目协调程序的一部分。它构建了设计人员与雇主之间、承包商内部部门之间的联系纽带，并使得这种沟通规范化、模式化和程序化，提高了设计管理的质量和效率，保证了项目设计能够满足雇主的要求和得到雇主的反馈意见，并在出现偏差时可及时修订和纠正设计文件。

（3）编制工程设计统一规定。

FIDIC《设计采购施工（EPC）/ 交钥匙工程合同条件》第 4.9 款规定，承包商应按照合同的详细规定建立质量保证体系，在每一个设计阶段开始前，向雇主提交有关工作的所有程序以及贯彻质量要求的文件，以供其参考。再有，设计文件规范化是进入国际市场的前提，工程设计必须对设计文件的内容、格式、技术标准等做统一规定。因此，在设计工作开始前，项目设计经理应先组织各专业设计负责人编制工程设计统一规定，经雇主确认后予以公布，以此作为各专业工作组开展工程设计的依据之一。这实质上就是总承包商的设计质量保证文件，是其设计质量保证体系的具体体现。

（4）设计输入。

设计输入包括工程现场的地质水文资料、工程测量数据、雇主的要求、技术规范标准、工程设计统一规定等，这些都是设计工作的依据和基础。为保证良好的设计质量，设计管理者首先应把好设计输入这第一关，在设计工作开始前要仔细检查设计输入的准确性、可行性。

（5）设计评审。

在严格按照工程设计统一规定和项目设计协调程序的有关要求完成设计任务后，项目设计经理应该组织有关专家和技术人员进行设计评审，以确保设计成果满足各项要求。评审的内容主要针对：设计是否满足雇主的要求、深度是否符合规定、采用的规范标准是否正确、设计文件是否完整等。

（6）专利权。

FIDIC《设计采购施工（EPC）/交钥匙工程合同条件》第1.10款规定，设计文件的版权和知识产权归承包商所有。同时，FIDIC《设计采购施工（EPC）/交钥匙工程合同条件》第17.5款又规定，承包商应保障并保持雇主免受因承包商的工程设计侵犯（或被指称侵犯）与工程有关的任何专利权、已登记的设计、版权、商标、商号、商品名称、商业机密或其他知识产权或工业产权所产生的索赔引起的损害。

### 3. 设计阶段的进度控制

EPC模式与过去那种设计完成后再进行招标的传统建设模式不同，在主体设计方案确定以后，承包商就可以根据设计工作的进展程度，开始对已完成设计的部分工程进行施工，并开始相应的设备采购工作。为了达到按质、按量、按时提供施工图设计文件，保证施工过程顺利开展，要对设计工作进行进度控制。

（1）编制项目设计计划。

设计工作开始前，项目设计组需要先编制项目设计计划，将设计工作分成若干部分并确定其相应的时间。设计计划主要包括文件清单和进度计划。文件清单是承包商提交给雇主审批的设计文件和设计图纸的详细列表，包括文件编号、名称、数量、种类、专业等。这份文件应是提交给监理工程师的第一批文件，是确认设计进度及工作量的依据。

（2）编制项目设计进度报告。

FIDIC《设计采购施工（EPC）/交钥匙工程合同条件》第4.21款规定，承包商应编制月进度报告，一式六份，提交给雇主。因此，承包商在进行项目设计过程中，通常要按月向雇主提交进度报告，使雇主及其工程师获悉设计工作的进展状况，此进度报告也是雇主控制承包商设计进度的主要工具。

（3）提交项目设计文件。

设计成果经过评审后，应按照合同、项目设计协调程序和工程设计统一规定的要求，及时向雇主/工程师提交，征得其批准或意见。设计文件的内容主要包括：工程安装、施工所需全部图纸，重要部位和生产环节的施工操作说明书，计算书和说明，相应的计算机软件，设备、材料明细表，工程操作和维修手册等。

### 5.3.3　设计分包管理

EPC 项目是一种工程总承包的模式，涉及项目的设计—采购—施工的各个环节，而有时一个 EPC 总承包商并不具备独立设计的能力，因此它会将工程设计作为一个子项分包出去。

首先，总承包商应选择专业强、综合素质好、信誉好的设计院作为设计分包商。设计分包合同应该详尽、准确地阐述设计分包商的“工作范围、工作程度和目标”，并且尽可能在投标或合同谈判时对某些表述模糊的内容给予澄清。

其次，EPC 总承包商对设计仍负有管理责任，同样，他也必须将注意力投放到分包商的设计投资、质量和进度管理上。设计要符合技术标准，按照设计文件实施的工程能达到雇主的使用要求，执行设计所花费的投资不超过合同总价。同时，分包商需要按设计计划完成每一阶段的设计任务并按时向承包商和雇主 / 工程师提交进度报告。

## 5.4　EPC 项目采购管理

物资采购是指购货方为获得货物（通常指设备和材料）通过招标形式选择合格的供货商，它包含了货物的获得及其整个获取方式和过程。在一个完整的 EPC 项目管理中，采购金额将占工程总造价的 70% 左右。因此，物资采购在项目实施中具有举足轻重的位置，是项目成功的关键因素之一。图 5-8 为 EPC 项目采购管理的主要工作程序。

#### 1. 编制采购计划和采购进度计划

在项目的初始阶段，编制项目采购计划。项目采购计划是项目采购工作的大纲，是一文本计划。在项目总体计划完成后，编制项目采购进度计划，目的是确定计划订单的数量和进度。采购工作是一项很复杂的工作，一般来讲，应做好以下工作：

（1）采购部门应清楚了解所需采购货物的种类、性能、规格、质量、数量等要求。

（2）要对工程所在地的市场以及国际市场进行广泛的调查和分析，掌握拟采购货物的最新国内外行情，了解货物的来源、价格、性能参数及可靠性等。

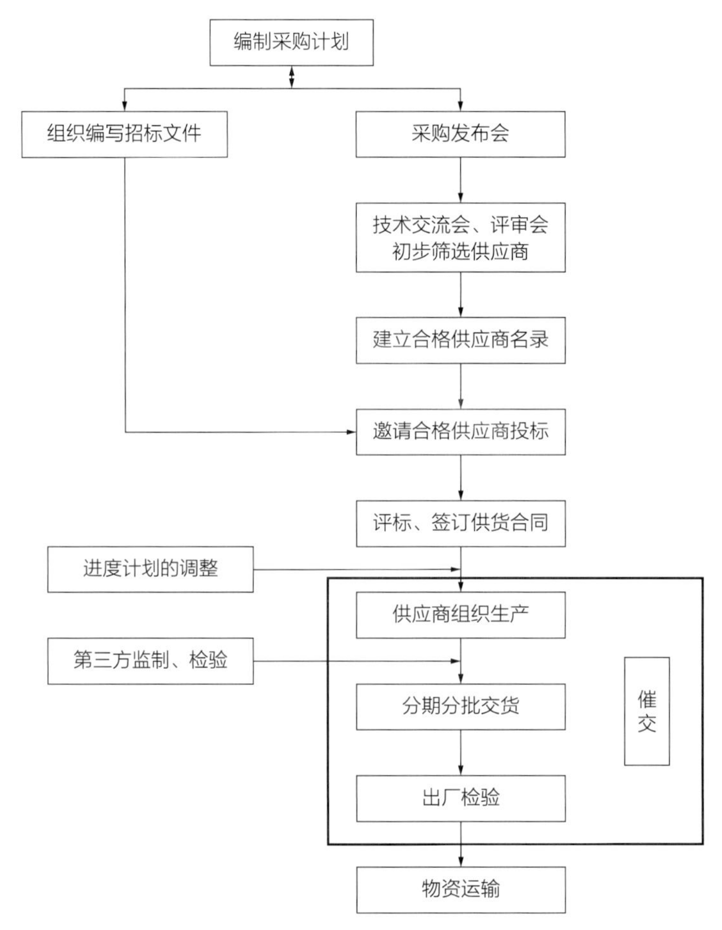


图 5-8 EPC 项目采购管理的主要工作程序

（3）在预测所采购货物的投入使用时间时，要考虑贷款成本、集中采购与分批采购的利弊等因素。

（4）在编制采购进度计划时，由于诸因素影响而不能满足施工进度计划的要求时，应及时逐项提出，交项目控制经理和相关部门进行协调。进度计划执行过程中如果出现较大偏差时，项目经理与业主协商，将原计划作新的调整。

### 2. 选择供货商

供货商的选择就是承包商通过招标投标或其他采购方式签订供货合同、选定合格供货商的过程。主要包括公布采购信息、初步筛选供货商、建立合格供货商名录、编制招标文件、邀请投标、供货商评审、签订供货合同这几个步骤。

（1）公布采购信息。承包商应根据工程所在地的特点，选择合适的渠道以及媒体发布采购信息。写明承包商姓名，采购物资的名称、数量，何时召开技术交流会进行供货商的初步筛选等。

（2）初步筛选供货商。筛选出的供货商应该满足以下几个基本条件：① 达到采购要求的质量；② 有足够保证质量的生产能力，以满足交货周期要求；③ 具有与所供物资相应的质量管理体系，具有保持质量稳定性的能力；④ 符合国家有关法规要求，如实行生产许可证或强制标准、强制安全认证的物资，必须通过相应的认证。

（3）建立合格供货商名录。将筛选出的供货商的有关资料存档，供以后承包工程时选用。并且对他们进行定期测评，删除测评不合格的供货商。

（4）编制招标文件、邀请投标、供货商评审及签订供货合同。需要注意的是，除供货方具有较高的质量信誉外，每种物资应选定两个以上的供货方，从质量、价格、交货周期对比中货比三家，择优录取。供货商的评审主要根据上述内容进行横向比较。

### 3. 催交

催交工作主要是督促供货厂商按照合同规定的期限提供技术文件和材料，以满足工程设计和现场施工安装的要求。催交工作的要点是要及时地发现问题，采取有效的控制和保证措施，以防进度拖后。

催交工作的主要控制点是：① 供货厂商是否接到采购合同；② 催促供货厂商提交图纸和技术文件，并做好设计中出现问题的联络工作；③ 检查供货商的主材、辅助机和外协件的库存及采购状况，能否满足加工制造要求。监察设备的制造、组装、试验、检验和装运的准备情况，是否按照计划进行。④ 评估供货商的进度状态，确保全部关键控制点的实施与合同上规定的日期相一致。

催交方式主要三种有：① 办公室催交，通过电话、传真、信件等通信手段来实现的一种催交方式；② 工厂催交，指催交人员直接进驻分承包方的制造厂进行敦促和督办；③ 会议催交，指催交人员和分承包方以会议方式讨论和解决制造、交货进度方面的问题。

### 4. 检验

为确保设备、散装材料的质量符合订货合同的要求，应做好设备、散装材料制造过程中的检验和中间监制工作。对于有特殊要求的设备和散装材料应委托有资格能力的单位进行第三方检验。进出口设备、散装材料，必须经过国家或地方的商检机构进行商品检验。这里需要注意的是，若与供货商签订的工程合同有规定时，承包商或其代表有权在供货方加工处对供货方提供的物资是否符合要求进行检验或验证，但这种检验或验证不能减轻供货方提供合格物资的责任，也不能排除其后拒收，更不能做供货方对质量进行有效控制的证据。

#### 5. 运输

运输是指设备、材料制造完毕，经检验合格后，从制造厂到施工现场这一过程中的包装、运输、保险等业务。运输工作主要包括编制运输计划、落实运输单位、检查供货厂商运输计划和货运文件的准备情况、委托办理海关保险业务等。运输工作的主要控制管理点如下：

（1）根据项目合同和采购进度计划的要求，由项目采购经理组织编制设备、材料的运输计划。重点做好大型和海关进口设备的运输安排。

（2）运输人员根据包装标准和合同规定的特殊运输包装条款，判断材料包装是否符合包装标准和合同规定。

（3）在装卸、运输、储存过程中要根据包装标志的示意及存放要求处理，以便于开箱检验和移交，也便于库房管理。

（4）关键线路上的材料，在运输过程中应加强控制，派专人负责，以保证总进度。属于非关键线路上的材料，也要按照运输计划的要求，认真实施。

## 5.5 EPC总承包项目施工管理

工程施工是项目的实施阶段，工程施工进度、质量和安全也是项目实施成功与否的一个重要标志。EPC组织施工的关键就是合理安排各分包商施工的时间和进度，确保交叉施工中工程的质量和安全。

在工程开工前设计单位会同施工单位对设计施工图纸进行认真审查，把设计失误的“错、漏、碰、缺”消灭在工程开工前，不仅能够减少施工过程中的返工次数，缩短施工工期，而且减少材料浪费，节省工程费用；同时在施工期间，设计单位要协助施工单位做好现场设计解释和配合工作，确保工程顺利实施。

（1）编制进度。计划工程开工前，总承包商会同施工单位根据现场条件、合同工期和各单位自身的机械、劳动力等综合实力编制详细的施工进度计划。其内容包括确定开工前的各项准备工作、选择施工方法和组织流水作业、协调各个工种在施工中的搭接与配合、安排劳动力和各种施工物资的供应、确定各分部分项工程的目标工期和全部工程的完工时间等。

（2）进度计划实施的跟踪检查。单位工程的进度计划完成后，施工单位据此分解，制定季、月、周进度计划。每周的工程例会，首先讨论各施工单位的上周进度完成情况和下周计划安排，如出现进度滞后的情况由施工单位提出滞后原因、可采取的补救措施，经总承包方和监理单位批准后执行。

（3）严格质量管理，确保工程项目质量。施工是形成工程项目实体的过程，也是决定最终产品质量的关键阶段，要提高工程项目的质量，就必须狠抓施工阶段质量控制。

（4）提高管理人员质量意识。现场质量目标管理系统主要由总承包方的专职质量工程师、施工单位的技术、专职质量工程师管理人员等组成。控制施工质量，就要提高管理人员的质量意识，按照全面质量管理的要求，使所有人员树立质量第一的观念、预控为主的观念、为业主服务的观念。

（5）建立质量信息反馈系统。根据对影响工程质量的关键节点、关键部位及重要影响因素设质量管理点的原则，建立高效灵敏的质量信息反馈系统。专职质检员、技术人员作为信息中心，负责搜集、整理和传递质量动态信息给决策机构（项目经理部）。

（6）加强质量检查，做好过程控制。坚持施工过程中的自检、互检、交接检制度，现场各级质量检查员都要充分行使自己的职权，对施工中每道工序，每个部位进行全面检查、把关。班组自检是质量管理的基础，自检记录按分部分项汇总装订，每个分项及检验批完成后，必须进行交接检查验收，验收时交接双方对工序质量，对照图纸逐一检查，符合设计标准要求后办理交接验收记录，三方签证，方可进行下道工序的施工。

（7）做好安全控制，确保施工安全文明。由总承包商组织，监理单位和施工单位专职安全员参加，组成现场安全文明管理体系。推行安全目标责任制，制定安全生产文明施工保证措施，杜绝安全事故的发生。

（8）建立完善的安全事故应急预案。是指公司为减少事故后果而预先制定的抢险救灾方案，主要针对可能造成人员伤亡、财产损失和环境受到严重破坏而又具有突发性的事故、灾害，如触电、机械伤害、坍塌、火灾及自然灾害等，以努力保护人身安全为第一目的，同时兼顾财产安全和环境防护，尽量减少事故、灾害造成的损失。

（9）成立专门机构进行安全教育。在现场成立安全文明领导小组，主持现场的安全生产和文明施工的管理工作，其主要职责是领导施工单位开展安全教育，贯彻宣传各类法规、通知和上级部门的文件精神，处理有关安全问题。将检查出的问题在例会上共同讨论处理办法，限期整改，坚决把安全隐患消灭在萌芽状态。EPC工程项目管理模式是20世纪80年代产生的一种新型的工程项目管理模式，由于其具有层次分明、责任明晰、灵活多变、管理规范等先进性，在我国建筑、电力、石油和化工等行业得到了发展。尽管目前我国的EPC还不是很规范，存在着许多问题，但是通过我们不断地努力和总结经验，相信EPC管理模式在大型项目中还是具有很大的发展前景。

## 5.6 EPC项目风险管理

### 5.6.1 总承包风险管理的定义

对风险管理的认识尚没有得到完全的统一。保险学者C.A.WilliamJr.andR.M.Heirs在文献中指出："风险管理是通过对风险的识别、计量和控制，而以最少的成本使风险损失达到最低程度的管理方法。"J.S.Rosenbloom在文献中指出："风险管理是处理纯粹风险和决定最佳管理技术的一种方法。"卢有杰等在文献中，对项目风险管理的描述为："项目管理班子通过风险识别、风险估计和风险评价，并以此为基础合理地使用多种管理方法、技术和手段对项目活动涉及的风险实行有效的控制，采取主动行动，创造条件，尽量扩大风险事件的有利结果，妥善地处理风险事件造成的不利后果，以最少的成本保证安全、可靠地实现项目的总目标。"美国项目管理学会（PMI）1992年颁布《项目风险管理分册》（PRAM）中将项目风险管理定义为："贯穿项目整个生命期，从项目目标的最大利益出发，对项目风险进行识别、评价以及响应（采取对策）的艺术和科学。"中国的项目管理知识体系文件《中国项目管理知识体系》（C-PMBOK）将项目风险管理规范为："项目风险管理是指识别、分析并对项目风险做出积极反应的系统过程。通过主动、系统地对项目风险进行全过程识别、评估及监控，达到降低项目风险、减少风险损失，甚至化险为夷，变不利为有利的目的。"

建设工程项目总承包风险管理就是总承包商确定和度量项目风险，以及制定、选择和管理风险处理方案的过程。它包含 3 个要点：

（1）建设工程项目管理的主体是总承包商；

（2）风险管理的核心是对风险识别、评估、分析应对和监控；

（3）风险管理的目标是用最小的代价实现工程目标。

建设工程项目总承包风险管理是建设工程项目管理的重要组成部分，但其不同于其他管理功能，其目的是保证建设工程项目总目标的实现。

（1）从项目的时间、质量和成本目标来看，风险管理和项目管理的目标是一致的，即通过风险管理来降低项目进度、质量和成本方面的风险，实现项目管理目标。

（2）从项目范围管理来看，项目范围管理的主要内容包括界定项目范围和对项目范围变动的控制。通过界定项目范围，可以明确项目的范围，将项目的任务细分为更具体、更便于管理的部分，避免遗漏而产生风险。在项目进行过程中，各种变更是不可避免的，变更会带来某些新的不确定性，风险管理可以通过对风险的识别、分析来评价这些不确定性，从而向项目范围管理提出任务。

（3）从项目计划的职能来看，风险管理为项目计划的制定提供了依据。项目计划考虑的是未来，而未来必然存在着不确定因素。风险管理的职能之一是减少项目整个过程中的不确定性因素，这有利于计划的准确执行。

（4）从项目沟通控制的职能来看，项目沟通控制主要对沟通体系进行监控，特别要注意经常出现误解和矛盾的职能和组织间的接口，这些可以为风险管理提供信息。反过来，风险管理中的信息又可以通过沟通体系传输给相应的部门和人员。

（5）从项目实施过程来看，不少风险都是在项目实施过程中由潜在变为现实的。风险管理就是在风险分析的基础上，拟定出具体应对措施，以消除、缓和、转移风险，利用有利机会避免产生新的风险。

建设工程项目总承包风险的来源、风险的形成过程、风险潜在的破坏机制、风险的影响范围以及风险的破坏力错综复杂，单一的管理技术或单一的工程、技术、财务、组织和程序措施都有局限性，必须综合运用多种方法、手段和措施，才能以最少的成本将各种不利后果减少到最低程度。因此，总承包风险管理是一种综合性的管理活动，其理论和实践涉及自然科学、社会科学、工程技术、系统科学、管理科学等多种学科。

## 5.6.2 建设工程项目总承包风险管理的内容与过程

### 1. 管理过程

结合美国项目管理学会（PMI）的项目管理知识体系规定，建设工程项目总承包风险管理的过程如图 5–9 所示。

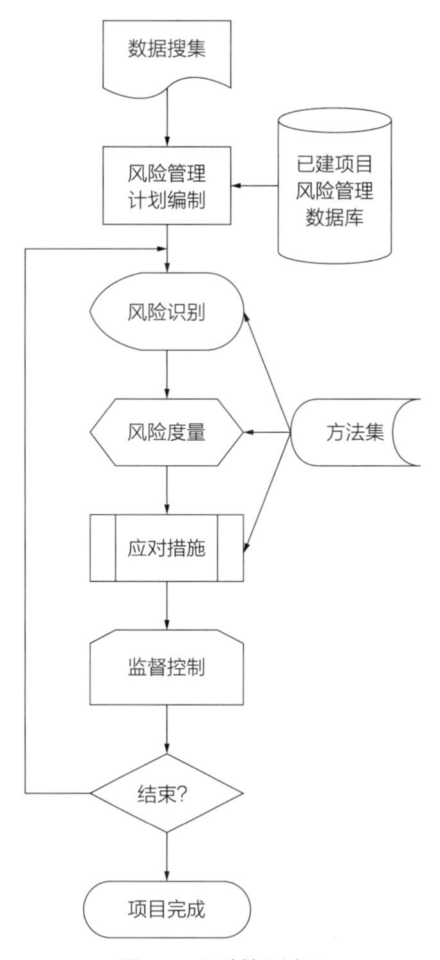


图 5-9 风险管理过程

从图 5–9 可以看出，总承包风险管理的基础是调查研究，收集资料。只有认真地研究项目本身和环境以及两者的关系，才能识别项目面临的风险。风险分析作为实现管理的手段和方法集合，对风险管理起着辅助决策作用，将围绕风险管理程序和目标开展工作。同样，风险管理离开了风险分析技术和手段，也将失去其基础。

风险识别、风险度量是风险管理的重要内容。但是，仅仅完成这部分工作还不能做到以最少的成本保证安全、可靠地实现项目的总目标。还必须在此基础上对风险实行有效的控制，妥善地处理风险事件造成的不利后果。所谓控制，就是随时监视项目的进展，注视风险的动态，一旦有新情况，马上对新出现的风险进行识别、度量，并采取必要的措施。

在工程实践中，人们逐步认识到对建设工程项目应进行动态风险管理。1992 年 A.Del.Can 提出了连续风险评审模式，A.B.Huseby 和 S.Skogen 提出了动态风险分析模式，1994 年 H.Ren 提出了风险生命期概念，2001 年 AliJaafari 提出了生命周期风险管理 LCPM。在这些动态模型中，风险识别、风险度量、风险的监督和控制是一个连续不断的过程，贯穿于项目的生命周期。但是，这些动态模型并没有给出具体的、可供实际应用的技术手段和方法，因此，有必要进行深入的研究和探讨。

工程建设的各方参与者，由于他们所站的角度不同，因而他们所承担的风险也不一样。对于建设工程项目，总承包商如何获得建设工程项目，获得建设工程项目后如何管理是项目生命周期中至关重要的。因此，总承包商应在建设工程项目生命周期全过程内进行动态的风险分析和管理，才能获得较好的效果。该过程可分为下述两个阶段：

（1）招标投标阶段。承包商可以通过风险分析明确承包中的所有风险，有助于核查自己受到风险威胁的程度，或者确定风险的补偿费，以补偿风险可能带来的损失。

（2）项目实施阶段。项目在缔约和履约过程中，承包商定期做风险分析，即进行风险的监督与控制，切实地进行风险管理，增加项目按照预算和进度计划完成的可能性。

## 2. 管理内容

建设工程项目总承包风险全过程各个步骤的风险管理内容涉及许多的风险管理工作，建设工程项目总承包风险管理过程各个步骤中的主要内容如下：

（1）风险管理规划的编制

任何一个建设工程项目风险的管理都必须有章可循，因此需要编制项目风险管理规划。风险管理规划一般通过规划会议的形式制定，会议参加人员应包括项目经理、团队领导者及任何与风险管理规划和实施相关者，规划会议将具体地把风险管理标准模板应用于当前的项目。风险管理规划将针对整个项目生命周期制定如何组织和进行风险识别、风险评估、风险量化、风险应对计划及风险监控的规划。

（2）风险识别

风险因素的识别标志着风险管理过程的开始，同时也是风险分析技术的基础。风险因素识别的方法恰当与否，识别的结果准确与否将影响到后续的分析和管理过程。因此，识别风险要根据工程项目的特征，采用具有针对性的识别方法和手段。

风险识别就是要确定在建设工程项目实施中存在哪些风险，这些风险可能会对建设工程项目产生什么影响，并将这些风险及其特性归档。对风险的识别可以通过感性认识和经验进行判断，但更重要的是依据各种客观的统计、以前类似项目的资料和风险记录，通过分析、归纳和整理，从而发现各种风险的损害情况及其规律性。同时，还应尽可能鉴定出有关风险的性质，是可管理风险还是不可管理风险等，以便采取有效的管理措施。

对风险进行识别一般包括如下几个方面：

① 收集资料

一般认为风险是信息不完备而引起的。因此，收集和风险事件相关的信息是风险识别的第一步。建设工程项目总承包风险识别应注重下列几方面信息的收集。

a. 已建类似工程的有关数据资料

承包商以前承建的工程项目的数据资料，以及类似工程项目的数据资料均是风险识别时必须收集的。对于亲身经历过的工程项目，承包商一定有许多经验教训，这些经验和体会对识别本项目的风险因素是非常有用的。对于类似的工程项目，可以是类似的建设环境，也可以是类似的工程结构，别人的建设经验对本项目的风险分析也是有帮助的。因此要注重这两方面的资料收集，对总承包商识别风险极有价值。

b. 拟建工程项目环境的数据资料和工程设计、施工文件

建设工程项目的实施和建成后的运行离不开与其相关的自然和社会环境。自然环境方面的水文、地质、气象等以及社会环境方面的政治、经济、文化等对建设工程的实施和运行都有重要的影响。例如，工程地质条件的变化经常会引起工程量和工程造价的上升，从而会威胁到施工的安全和工程的进度；经常下雨会影响到工程的进度，还可能影响工程的成本和质量；物价的上涨会引起建筑材料和施工机械租赁费用的上升。诸如此类的问题都会给工程项目目标的实现构成威胁。因此要注重收集工程建设环境方面的数据资料。

工程设计文件规定了工程的结构布置、形式、尺寸等，承包商可以根据结构的

复杂程度判别风险的大小。工程施工文件明确了施工与验收规范，质量控制要求等，承包商在选择施工方案时，应对工程的进度、成本、质量和安全目标的实现进行风险分析，选择合理的方案。

② 确定项目有哪些潜在的风险

风险具有不确定性。首先，要识别所发现和推测的因素是否存在不确定性。如果不存在不确定性，即该因素是确定无疑的，则无所谓风险。比如：沿海某城市的地质条件属于软土地基而仍然决定设计超高层建筑，则软土地质条件便不会构成风险。其次，就是确认这种不确定性是客观存在，而不是凭空臆断的。所以，在项目风险识别工作中要全面分析项目发展与变化的各种可能性和风险，通过分解建立初始风险因素的清单，清单中应明确列出客观存在的和潜在的各种风险因素，应包括各种影响建设工程项目顺利完成和经济效益合理的因素。

③ 确立风险事件，并推测其结果，制定风险预测图

根据初步风险清单中开列的各种主要的风险来源，推测与其相关联的各种合理的可能性，包括盈利和损失、人身伤害、自然灾害、时间和成本、节约和超支等方面，重点应是资金的财务结果。然后对每一类风险发生的概率与潜在的危害绘制二维结果图，称为风险预测图，如图 5-10 所示。通过图形可以直观地看出某一潜在风险的相对重要性，以及曲线组中各条曲线所表示的风险程度的不同。曲线距离坐标原点越远，表明风险越大。

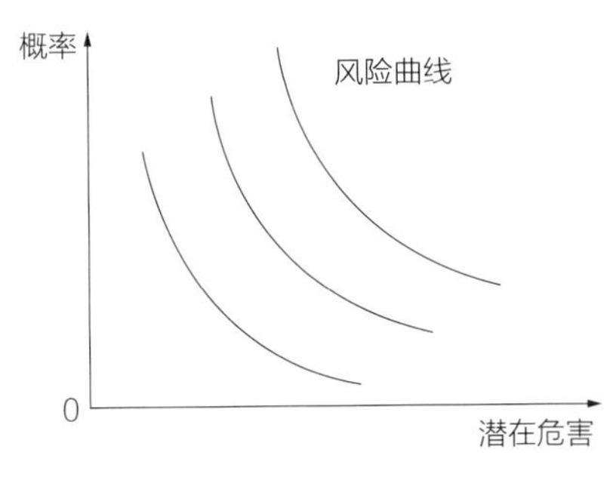


图 5-10 风险预测图

④ 进行风险分类，建立风险目录摘要

进行风险分类有两个的目的：一是通过风险分类，能够加深对风险的认识和理解；二是通过风险分类，有助于根据风险的性质制定风险管理的目标。显然，一种好的风险分类方法有助于发现与各种风险相关联的各方面因素，便于更深入地理解风险、预测其结果。

风险识别过程的最后一步是建立风险目录摘要，将项目可能面临的风险汇总起

来，并分出轻重缓急，形成一种整体风险印象图。其重要作用是统一全体项目人员对风险的认识，使每个人不仅仅考虑自己所面临的风险，而且能够了解项目的其他管理人员可能遇到的风险，还能意识到项目中各种风险之间的内在联系以及可能发生的连锁反应。随着项目的进展及其相关条件的变化，项目风险也会发生变化，因此，风险管理人员应随着信息的变化和风险的演变而及时更新风险目录摘要。

（3）风险度量

工程总承包项目风险的度量是指对项目风险和项目风险后果所进行的定性和定量的评估与界定的项目风险管理工作。它的任务是对项目风险发生可能性大小和项目风险后果的严重程度等做出定量的估计或做出统计分布描述。风险度量的最终结果是给出风险度量报告，其主要内容包括：项目的全部风险发生的概率、后果和影响范围的度量结果，未来项目风险应对的优先序列安排，项目风险的发展趋势分析与说明，需要进一步跟踪、分析和识别的项目风险，以及项目目标实现可能性的全面分析。这个过程在系统地认识总承包风险和合理管理风险之间起着重要的桥梁作用。项目风险度量的工作内容有：

① 风险发生可能性的度量

工程总承包项目风险度量的首要任务是分析和估计项目风险发生的概率，即风险事件发生可能性的大小，这是风险度量中最重要的一项工作。因为一个项目风险的发生概率越高，就越可能造成项目的损失，对它的控制就应该越严格。

② 风险后果严重程度的度量

工程总承包项目风险度量的第二项任务是分析和估计项目风险事件发生后其后果的严重程度，即风险事件可能带来损失的大小。在工程项目的实施过程中，有些风险事件发生的概率不一定很大，但如果它一旦发生，其后果十分严重。对这类风险事件的监控需要十分严格，否则会给整个项目成败造成严重的影响。

③ 风险影响范围的度量

工程总承包项目风险度量的第三项任务是分析和估计项目风险事件影响的范围，即项目风险事件可能影响的部位，或可能影响的方面和工作。在工程项目的实施过程中，有些风险事件发生的概率和本身造成的后果都不大，但如果它一旦发生会影响到建设工程项目的各个方面和许多工作，对其有必要进行严格的控制，防止这种风险发生而扰乱项目的整个工作和活动。

④ 风险发生时间的度量

工程总承包项目风险度量的第四项任务是分析和估计项目风险事件发生的时间，即项目风险可能在什么时间发生。对于项目风险的控制和应对措施都是根据项目风险发生时间安排的，对先发生的风险应优先采取控制措施，而对后发生的风险，可通过跟踪和观察，抓住机遇进行调节，以降低风险控制成本。在建设工程项目的实施过程中，对某些风险事件可以通过时间上的合理安排，降低其发生的概率或减少其可能带来的后果。如，对于大体积混凝土的施工，夏季施工出现温度裂缝的风险较大，因此，在可能的范围内，尽可能避开夏季进行施工。

（4）应对措施的拟定

制定项目风险应对措施的主要任务是计划和安排对于项目的风险需要采取的应对措施和方案。完成了总承包风险的识别、分析和评价过程，就应该对各种风险管理对策进行规划，并根据总承包风险管理的总体目标，处理项目风险的最佳对策组合进行决策。一般而言，总承包风险管理有三种对策：风险控制、风险保留和风险转移。

（5）风险的监督和控制

在建设工程项目进展中不断检查前四个步骤以及决策的实施情况，包括各项计划及工程保险合同的执行情况，以评价这些决策是否合理，并确定在条件变化时，是否提出不同的处理方案，以及检查是否有被遗漏的项目风险或者发现新的项目风险。确切地说，项目风险监控工作是一个动态的工作过程。这种控制是以一种周而复始地、全面地开展项目风险识别、界定、应对措施制定和实施的工作环境。

## 5.7　EPC 项目进度管理

EPC 项目进度管理是为实现预定的进度目标而进行的计划、组织、实施、协调和控制等活动。通过建立项目进度管理制度，制定进度管理目标，对项目的建设实施进行有效的控制。项目进度管理目标应按项目实施过程、专业、阶段或实施周期进行分解。通过制定进度计划；落实进度计划责任；实施进度计划跟踪、检查、纠偏、调整；编制进度报告，报送监理、业主审查等措施来实施进度管理。

### 5.7.1　项目进度计划的编制

进度计划的编制是进度管理工作的核心，保证项目进度满足项目目标的要求就要编制切实可行的进度计划。项目计划通常包括项目管理方法的描述、范围说明、进度计划、项目预算、人力资源需求、风险管理计划及其他辅助管理计划等。根据管理的层次和工程的实际情况，EPC 项目部根据招标文件提供的进度目标编制项目执行计划，各承包商根据项目执行计划编制项目实施计划，编制后的项目实施计划需通过 EPC 项目部审核后方可执行。对本工程 EPC 项目部的管理而言，需要有较广泛的控制点，主要是工程管理的控制点，但并不追求细节。然而对每一个承包商来说，如设计、采办、施工等，则需要制定较为详细的控制点计划并进行细节管理。项目计划包括总体和分阶段的计划，并随着工程的进展逐步完善和更新。

### 5.7.2 实施计划与变更控制

按照批准的计划，由各部门负责严格按照计划实施。工程建设过程中，由于征地、地方政府、材料供应不及时、不可抗力等原因可能造成项目综合进度计划滞后，EPC 项目部将编制工程赶工计划，计划中针对未完工程或滞后工程，明确详细而具体的赶工措施、时间安排、增加资源投入、工程建设组织和备用方案，经监理审查通过后报业主批准。

#### 1. 进度监测过程

进度计划执行过程中的跟踪检查，包括定期收集进度报表资料，现场实地检查工程进展情况，EPC 计划合同部定期组织召开现场会议。

实际进度数据的收集整理，形成与计划进度具有可比性的数据。

实际进度与计划进度的对比分析，可以确定工程实际执行状况与计划目标之间的差距。采用 S 曲线比较法，进行实际进度与计划进度的对比分析，从而得出实际进度比计划进度是超前或是滞后。

#### 2. 进度调整过程

分析进度偏差产生的原因—分析进度偏差对后续工作和总工期的影响—确定后续工作和总工期的限制条件—采取措施调整进度计划—实施调整后的进度计划。

### 5.7.3 控制进度的主要方式

（1）计划控制：工程进度必须以项目控制计划为控制依据，经批准的计划必须严格执行，不得擅自修改或不执行。

（2）合同控制：合同对业主和 EPC 承包商具有相同的约束力，EPC 承包商要按照合同中规定的工期进度要求安排相关工作，出现拖延，承担相应的违约责任。

（3）拨款控制：各承包商不按期完成进度计划，不予拨付进度款。

## 5.7.4 E、P、C 接口进度控制

### 1. 在设计与采办的接口关系中，将对下列接口的进度实施重点控制：

（1）设计向采办提交相关技术文件；

（2）设计对供应商的技术咨询进行澄清；

（3）采办负责协调供应商及时向设计提供相关技术资料；

（4）设计对供货合同中的技术文件进行确认；

（5）设计变更对采办周期的影响。

### 2. 设计与外协部的接口关系中，将对下列接口的进度实施重点控制：

（1）对敏感地区的选址征地进行现场复核；

（2）对工程涉及的河流（含灌溉渠）、湿地、等级公路、铁路、主管部门的行业法规、行政许可、技术与管理要求；

（3）设计方案行政审批。

### 3. 在设计与施工的接口关系中，应对下列接口的进度实施重点控制：

（1）设计文件的交付时间节点；

（2）设计及时组织图纸会审和技术交底、现场交桩；

（3）设计澄清答疑、施工承包商向设计提出的优化建议处理；

（4）设计变更对施工进度的影响。

### 4. 在设计与试运行的接口关系中，应对下列接口的进度实施重点控制：

（1）设计提交的运行原则和要求；

（2）试运行部门向设计提出的试运行要求；

（3）设计对试运行的指导与服务；

（4）在试运行过程中出现的有关设计问题的处理。

5. 在采办与施工的接口关系中，应对下列接口的进度实施重点控制：

（1）设备材料到场时间；

（2）现场的开箱检验；

（3）施工过程中出现与产品制造质量有关问题的处理；

（4）采购变更对施工进度的影响。

6. 在施工与试运行的接口关系中，应对下列接口的进度实施重点控制：

（1）施工计划与试运行计划的协调统一；

（2）试运行过程中出现的施工问题的处理。

## 5.8 EPC 总承包项目质量管理

### 5.8.1 EPC 项目质量管理要求

质量管理工作应当遵循：以顾客为关注焦点、领导作用、全面参与、过程方法、系统方法、持续改进、基于事实的决策、互利的供方关系。同时，通过前文针对 EPC 项目概念与特征的分析可知，EPC 项目不同于一般的项目管理模式，因此在 EPC 项目实施质量管理的工作中，也应当充分注重此种项目管理模式的特殊性。结合 EPC 项目特征以及质量管理理论，认为对 EPC 项目进行质量管理工作时具备以下要求。

1. 明确的质量管理目标

明确的质量管理目标即要有明确的、满足建设方最终对于工程项目质量要求的整体质量管理目标，这也是项目建设预期目的的一种客观总结和概括。同时，基于总体目标，还应当针对每个阶段的具体工作提出具体的质量要求，即对总体目标的细化和分解。

2. 健全的责任组织架构

EPC 项目中，总承包商委派专门的部门或机构来实施项目质量管理工作，此时这一部门或机构就成为EPC项目质量责任的承担主体，而对于此项责任的承担与分解，就需要内部健全的责任组织架构才能够实现。首先，在质量管理组织之中，项目经理应当履行第一责任人的职责，包括制定整体的质量管理目标、方案，落实总承包商要求等；其次，质量经理应当通过小组人员的管理对不同项目阶段实施不同的质量监控和管理；再次，设计小组中的成员应当负责项目设计方面的质量审核工作，采购小组中的采购、采购校核人员应当负责采购工作的质量等，施工小组中的工厂、质检员等应当负责基层施工质量等。基于这种自上而下的责任架构体系，才能够实现对EPC工程项目的有效质量管理。

#### 3. 有效的质量管理体系

在EPC项目中，总承包商的项目部门应当明确项目整体的质量管理体系，并以此来指导具体的工程质量管理工作。质量管理体系的设定首先应当符合EPC项目工程的内容与特征，同时还应当对实施方法、流程等进行明确的规定，从而确保质量管理目标能够顺利实现。

#### 4. 严格的质量控制措施

质量控制是质量管理的具体内容，在实践中，质量控制就是通过对项目实施过程中的质量情况的汇总分析，并将其与各个阶段的质量标准进行对比的方式，对不合格处进行审查和纠正，进而控制整体项目的质量发展趋势，及时发现并解决项目质量问题。

#### 5. 强制而持续的改进措施

对EPC项目实施质量管理，其目的是使项目建设成果满足法律法规以及相关技术标准要求、满足合同约定和建设方的要求。因此，在实施质量管理工作中，必须要立足于管理体系。一旦发现存在质量偏差和问题，就必须要通过持续性的整改措施来解决问题、修缮过程。因此，强制而持续性的整改工作是对质量进行纠正的重要措施和关键保障。

### 5.8.2 EPC项目质量管理内容

从质量管理理论来看，对工程项目实施质量管理，其目的都是为了经济有效地向用户提供符合标准和合同要求的工程，在项目管理实施过程中，通过质量策划、质量控制、质量保证以及质量改进的全过程系列活动，对 EPC 项目的设计、采购、施工进行质量管理，从而实现以相对较低的成本呈现出合格质量和满意质量的工程。以此为目的，EPC 总承包商就必须要严格贯彻落实我国关于工程项目的技术规定、质量标准等，并通过各类方式方法实现过程控制和有效管理。具体内容见图 5-11。

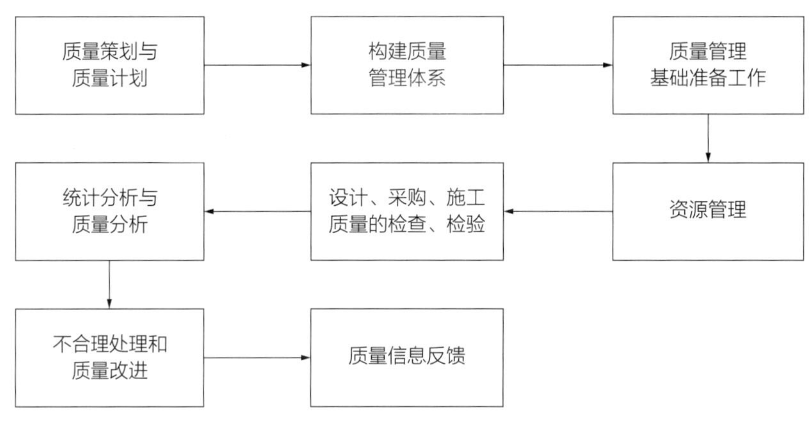


图 5-11 EPC 项目质量管理过程控制流程图

### 5.8.3 全面质量管理的思想和方法的应用

#### 1. 全面质量管理的思想

全面质量管理在 20 世纪中期就已作为质量管理的理念和方法开始在日本和欧美广泛应用，自 20 世纪 80 年代我国方开始引进和推广。

全面质量管理的基本原理是强调在企业或组织最高管理者的质量方针指引下，实行全面、全过程和全员参与的质量管理。

全面质量管理的主要特点是以满足客户需求或服务为宗旨，决策者参与质量方针和质量目标的制定，提倡以预防为主、科学管理和用数据说话等。

（1）全面质量管理

全面质量管理是项目参与各方所进行的项目质量管理的总称，包括工程质量和产品质量的全面管理。工程质量是产品质量的保证，直接影响产品质量的形成。

（2）全过程质量管理

全过程质量管理是指根据工程质量的形成规律，从源头抓起，全过程推进。要控制项目策划和决策的过程；控制勘察设计的过程；控制设备材料采购的过程；控制施工组织和实施的过程；控制检测设施控制和计量过程；控制施工生产的检验试验过程；控制工程质量的评定过程；控制项目验收和交付过程；控制回访维修服务的过程。

（3）全员参与质量管理

全员参与质量管理即组织内部的各个部门和工作岗位，按照全面质量管理的思想都承担相应的质量职责，质量方针和目标由组织的最高管理者确定，全体员工参与到质量方针的系统活动中，每个岗位各自发挥角色作用。运用目标管理的方法，逐级分解质量管理的总目标，最终形成自上而下的质量控制目标和自下而上的质量保证体系，从而充分发挥各个岗位、部门或团队的作用来实现质量控制的总目标。

### 2. 质量管理的 PDCA 循环

PDCA 循环科学的工作方法，是建立在质量管理体系上进行质量管理的基本方法，适用于所有过程及各项改进活动，每一个循环都围绕着实现设定的目标，进行计划、实施、检查和处置活动，随着问题的分析、解决和改进，通过一次次的滚动循环进而逐步上升，不断提高质量管理的能力和管理水平，它们项目关联，相辅相成。四个阶段具体如下。

（1）P——（Plan）策划、计划。根据顾客的需求和组织的方针，为提供预期结果建立必要的目标、过程和计划。计划既包含实现的目标，也包含实现目标的手段或者方案，通过工程实践的不断证明，质量计划的严谨周密性、可操作性和经济合理性都直接关系到最终交付的质量。

项目质量计划是根据项目的自身特点、项目发包人和合同的具体要求，编制的质量措施、资源、活动顺序和体系的项目管理文件。项目质量计划作为质量策划的目标，是有效防范项目质量风险的手段和措施；是指导和规范项目质量管理活动的具体要求；是对外质量保证和对内质量控制的依据。

项目质量计划应由项目质量经理根据项目的情况在项目策划过程中编制，经项目经理批准后发布。项目质量计划在执行的过程中若有修订，需要经质量经理审核，项目经理批准。项目质量计划应体现从资源投入到完成工程交付的全过程质量管理和控制要求。

项目质量计划编制的依据主要有：合同中规定的产品特性、产品须达到的各项指标及其验收标准和其他质量要求；项目实施计划；相关的法律法规、技术标准；工程总承包企业质量管理体系文件及其要求。

项目质量计划包含的内容有：项目的质量目标、质量指标和要求；项目的质量管理组织和职责；项目质量管理所需要的过程、文件和资源；实施项目质量目标和要求采取的措施，措施包括项目所要求的评审、验证、确认监视、检验和试验的活动。

（2）D——（Do）实施。按照质量计划的策划和要求实施，基于通过检查确保产品质量符合规范要求的思想，在管理上相当于一种“治疗性”的功能，根据检查和试验的结果找出存在的质量问题，分析产生问题的根源，并进行整改和必要的调整，避免再次发生类似的问题。

（3）C——（Check）检查。根据质量的方针、质量的目标和产品的要求，对输出的过程和产品进行监视和测量，并形成报告结果。

（4）A——（Action）处置。对产生的质量问题采取措施并进行总结，以持续改进产品和过程绩效。质量改进是由项目主体针对项目运行，以改进项目质量为主要目的，运用质量计划技术和工具、质量审查等方法提供的质量管理的活动。质量改进比质量控制发挥着更为重要的作用。

### 5.8.4 项目质量控制的基本环节

质量控制贯彻全面管理、全员管理和全过程管理的思想，采用动态管理原理，做到事前控制、事中控制和事后控制。

#### 1. 事前控制

根据编制的质量计划，明确质量控制的目标，制定实施的方案，设置质量管理的要点，落实质量的责任，对可能导致质量目标偏离的各种影响因素进行分析，并制定有效的预防措施来防范这些影响因素。

事前质量的控制必须整合团队管理和技术方面的优势，充分地把已经形成的管理方法、总结的智慧经验和先进技术用于工程项目建设。

事前控制要周密分析质量控制对象的活动条件、影响因素和控制目标等，查找可能发生的问题，并针对问题制定有效的对策和措施。

#### 2. 事中控制

事中控制则着重对影响质量的各个因素进行全面的动态监控，主要包括对自我的控制和他人的监控，其中以对自我控制为主，他人监控为辅，两者相辅相成。

### 3. 事后控制

事后控制即对事后质量的把关，把发现工程项目实施后存在的质量问题或者缺点作为工作的重点，并通过分析和总结，提出合理的改进措施和方法。其主要的工作内容包括质量评价和质量认定的活动、纠正质量的偏差、整改和处理不合格的产品等。

## 5.9　EPC 项目费用管理

### 5.9.1　EPC 项目成本管理中存在的风险点

（1）收益最大化问题。成本管理的最终目标是在保证 EPC 项目价值链完整性的基本前提下实现经济收益最大化。但在 EPC 项目管理过程中往往容易忽视有关收益的影响因素。如由于项目工期出现拖延而产生违约，或者项目提前完工产生奖励；EPC 项目总承包的范围和内容；企业的商业信誉和外在形象；项目提前运行产生的利润分配情况等都会对项目成本管理的最终目标产生影响，哪一个因素未考虑在内都会影响 EPC 项目预期收益。

（2）成本动态化管理问题。由于 EPC 项目建设是一项具有较强动态性的系统性过程，要求在进行成本管理时必须严格遵循动态性的基本原则，对成本进行全过程、全方位、动态化的管控。工程项目在实际成本管理过程中不仅要做到实事求是，结合具体的工程情况不断进行创新，及时完善成本管控方案，同时还要求对成本进行详细、科学的分析，为实现成本精细化管理奠定基础。在 EPC 项目成本管控的过程中，企业内部各部门、生产经营的各环节、不同的成本管控点与关键点必须实现高度的协调与统一，这样才能在第一时间发现在成本管控中存在的各种问题，然后及时予以纠正和调整。EPC 项目成本管理从规划直至竣工验收，每一个环节都应该纳入成本管控范畴中。但在实际成本管理中，部分管理者缺乏成本管理意识，成本管理方法滞后，不能确保项目成本实现全过程、全方位、动态化的管控。

（3）集成化管理项目成本问题。EPC 项目对承包商管理水平、理念、手段等都提出了较高要求。随着现代信息技术的发展，一些经济发达的国家在信息化建设方面较为超前，早在项目成本管理中运用了 BIM5D（建筑信息模型 5D）技术手段，从而实现对项目全过程、动态化的管理。全新的管理手段进一步优化了传统的项目协同模式，全面提升了项目成本管理水平和进度控制水平。目前我国 EPC 项目成本管理在信息化建设方面还处于初级阶段，缺乏集成化成本管理手段，在这方面我国企业还应该不断向国外其他企业学习先进的成本管控技术和经验，结合我国的国情和本企业的实际状况加强实践和应用。

（4）对绩效管理不够重视、缺乏激励和约束机制问题。EPC 项目规模大、设计周期长、采购和施工难度大，相应的管理组织机构错综复杂，现实的问题造成 EPC 项目在成本管控、工程进度把控、工程质量管理等方面出现人员分工复杂、分工不明确、职责不清晰、约束和激励机制不到位等问题，易造成项目成本管控流于形式，严重的还会出现违法乱纪现象，最终给项目带来不可挽回的经济损失。完善 EPC 项目成本管控中的约束和激励机制是实现成本管理的基本保障。

### 5.9.2 EPC 项目成本管理的有效措施

（1）充分开展市场调研，降低成本管控中的风险点，实现收益最大化。EPC 项目在实施过程中存在成本风险，要求企业必须做好相关的准备工作，开展充分、科学的市场调研，全面了解项目实施环境，及时、准确地识别项目成本管控中存在的风险点。财务人员和企业管理者可以结合以往成本管理工作经验，对可预见的费用成本进行科学评估，明确在合同中可预见的费用和成本。若投标人未对市场风险、项目风险进行评估，签订合同时就会导致各种风险发生，增加项目成本，影响成本的整体管控效果。因此，做好项目调研工作，并科学地对调研结果进行评估，使企业进一步明确 EPC 项目成本中存在的合同风险、定价风险，为成本管控工作的顺利实施奠定基础。

（2）构建完善科学的内部控制管理体系，实现成本动态化管控。EPC 项目成本管理集中在设计、采购、施工 3 个环节中，企业必须始终掌控主动权，构建完善而科学的内部控制管理体系。在谈判阶段应明确合同中的设计权利，注重设计能力的提升；熟悉和掌握国内外相关技术标准，结合企业自身实际状况，形成独具特色的技术创新能力；社会环境、经济环境、自然环境都会对项目的设计产生重要的影响，可以从材料、设备、人工等不同的方面着手制定科学、完善的内控计划；切实落实图纸会审，对招标文件中存在的错误点进行充分、全面的分析，以此来避免在施工中出现不必要的矛盾与纠纷。

（3）完善成本数据系统，实现成本集成化管控。EPC 项目成本管控中应充分借助先进的大数据技术、现代信息技术和互联网技术，建设和完善成本数据系统。由于 EPC 项目独具特征，在对其成本进行管控时很难掌控资源消耗标准，这要求企业对 EPC 项目建设制定出相应的规范和标准，充分利用准确的信息数据对成本进行管控。为确保相关成本数据信息的准确度，应尽快完善成本数据系统，在大数据技术的支撑下收集相关成本数据，并对其进行分析处理，以便为成本管控提供强有力的数据支撑。企业可以根据不同业务性质对费用类型进行合理划分，包括项目立项前的商务谈判费用、项目直接和间接费用等。企业应该对差旅费票据进行闭环式管理，结合本企业人员的级别权限制定业务招待费报销标准，实现分支机构费用本地化管理等创新举措，给成本费用管控带来成效。

（4）分阶段完善项目成本的管控。首先，应该在设计阶段将责任下分。可以根据责任成本工作对结构进行分解，分别将总成本分解到不同的成本责任中心。这样就能使每个责任成本中心都能够承担一定的设计限额，为责任成本的精细化管理奠定了基础。设计人员通过对方案的连续调整，对比每次调整后的设计限额与施工图方案限额，从中遴选出最佳的设计限额成本指标。其次，在采购阶段，验收和储存材料的过程中，项目的管理部门应该严格按照相关的要求验收材料、实现材料的规范化存储、合理化堆放。再次，对材料进行配额和使用时，要严格执行项目配额机制，在提升设备、物资利用率的同时减少浪费和损耗。最后，加强对施工阶段各项费用的控制。很多 EPC 项目在施工过程中由于缺乏动态化的科学管控，导致实际成本远远高于预算成本。因此，为了能够对项目施工过程中的成本进行精准管控，有效防止预算超支，可以在 EPC 项目中引入净值法实现对施工环节的科学化、动态化管控。

（5）完善激励机制。企业应组织专业人才团队，通过完善激励机制培养和引进专业人才。EPC 项目经理必须具备贯穿设计、采购、施工等多个环节的能力，在激励机制的制约下有效整合多个环节的资源，实现各阶段的相互融合，以此来保证项目成本管控效率。

## 5.10　EPC 项目安全、职业健康与环境管理（HSE 管理）

HSE 管理是对工程项目进行全面的健康安全与环境管理，这不仅关系到项目现场所有人员的健康安全，也关系到项目周围社区人群的健康安全；不仅影响到项目建设过程，也影响到项目建成后的长远发展。管理的目的就是要最大限度地减少人员伤亡事故和保障生命财产安全和保护环境。

### 5.10.1 项目 HSE 管理基本程序与方法

HSE 管理贯穿项目管理的全过程，涉及设计、采购和施工的各方面、各部门和每个人。

#### 1. 设计阶段的管理

目标：提供的设计文件符合国家法律法规，满足项目所在地政府有关部门相关规定以及用户的特殊要求。

重点：设计评审，设计文件编制。

#### 2. 采购阶段的管理

目标：采购的设备材料符合国家标准并按规定经过安全检验。

重点：设备材料的检验、运输和贮存保管安全制度的落实。

#### 3. 施工阶段的管理

目标：在施工活动中采取预防保护措施，以防止人员伤亡事故及职业病，保护工人的安全和健康。

重点：培训教育及制度严格管理。

### 5.10.2 加强 HSE 管理 EPC 总承包商应采取的重要措施

要稳步实施管理，提高管理水平，总承包商要重点做好以下几件事。

建立一个完善的管理体系和管理组织机构。建立一个完善管理体系和切实有力的管理组织机构是搞好项目管理的基本保障，体系运行的好坏和是否建立高效运作的管理机构直接影响到项目管理最终的成败。

落实各级人员的责任制并加强考核。有了管理体系文件，建立了组织机构，未必能够运转通畅。

加强教育和培训。实施管理体系是一项复杂的系统工程，涉及方方面面，需要全体项目人员的共同参与、齐心协力来完成。因此，要高度重视人员培训，抓好技能培训和行为训练。通过层层的教育、培训，广泛宣讲实施管理体系的目的、意义和要求，大力普及有关常识，使管理深入人心，使全体人员都能掌握有关的知识，提高对职业健康安全管理的认识，并能积极参与自觉遵循管理程序。

做好项目实施中的风险识别、评价和制定风险削减措施。由项目经理组织技术、安全管理经验丰富的施工人员，识别和确定在项目实施的全过程中，不同时期和状态下对项目健康、安全和环境可能造成的危害和影响，在对这些危害进行归纳和整理之后，进行科学的风险动态评价和分析，并根据评价和分析结构，选择适当的风险控制和削减措施。

做好事故及未遂事故的调查报告工作。成功地防止事故的出现，在于了解事故或未遂事故是如何发生的。因此，当现场发生事故或未遂事故时，必须进行全面的调查，以确定它们发生的原因，并采取必要的行动以防止事故的再次发生。

定期进行各层次的内部审核和管理评审。持续改进是每个体系的共同要求，承包商定期或在新的情况发生时严格进行管理体系内部审核和必要的管理评审，完善体系，找出体系运行中存在的问题，积极采取纠正和预防措施，才能不断提高抵御风险和防止事故发生的能力。

## 5.11 EPC项目资源管理

### 5.11.1 资源管理的原则

在项目的建设过程中，资源的管理需坚持以下三项基本原则：

（1）供应及时的原则。编制的资源计划是对资源的投入量在时间上的一种安排，在资源的管理过程中，对资源的计划应引起足够的重视，保证资源的供应能够达到项目实际实施的需要。不能发生因为资源的供应不足而导致任务无法进行的情况发生。

（2）资源节约的原则。针对每种资源的特性，实施资源的动态控制及管理，优化组合以及动态配置，尽量提高资源的利用率，在满足施工需要的前提下，使资源的投入量最小。

（3）不定期的监督检查的原则。对资源的使用情况进行检查，并分析资源使用的效果，做好资源使用效果的总结，同时也能为以后的资源管理积累经验。

### 5.11.2 基于总控原理的EPC总承包项目资源管理组织设计

在EPC项目中，EPC总承包商通过与业主签订固定工期、固定总价的EPC总承包合同，对项目的设计、采购、施工及开车试运行负全面责任。EPC项目一般都具有大型化、技术复杂化等特点，项目涉及的人工、材料、设备、资金等资源种类多、规模大，项目生产过程的不均衡性等，使得EPC项目资源管理极其复杂。且资源投入在项目总成本中占有的比例很大，EPC总承包商在项目的建设过程对资源管理决策方面面临着巨大的风险。因此，EPC总承包商在进行资源管理决策时需要有充足的依据，而EPC项目可能地域分布广，牵涉的部门及单位较多，信息及指令传达不通畅，有必要找出一种合理的模式，为总承包商的决策提供支持，使其更好地完成总承包任务。而项目总控模式是这样一种组织模式——它以企业控制论、项目管理学、信息技术为依托，核心是信息的管理，通过对信息的收集、处理及分析，为决策者提供关于工程项目状况、进展及对未来发展趋势预测的总控报告及工程文档，使项目的决策层对项目作出正确、及时的决策提供支持。故采用项目总控模式应用于EPC总承包项目资源管理当中，帮助EPC总承包商在面临资源管理方面的决策时能够更准确、及时，从而使投入项目的各种资源在生产中搭配适当，满足项目建设的需要。

#### 1. 基于总控原理的EPC资源管理组织模式建立

要确定基于总控原理的EPC项目资源管理组织模式，首先要确定总承包商的组织结构管理平面，确定其职能部门划分及各职能部门的任务。EPC项目总承包商其内部组织结构常采用矩阵型组织结构、项目经理负责制。当EPC总承包商具有雄厚的设计实力时，大部分的设计工作完全可以在其组织内部完成。若是设计能力不足，需要对设计任务进行分包，但工程总承包单位要加强对设计分包的管理，确保工程一切的实施工作都是在总承包商的直接控制下完成的。

#### 2. 承包商采取以设计为龙头的集成化管理

结合EPC总承包特点，建立基于总控原理的EPC总承包项目资源管理组织模式，如图5-12所示。基于总控原理的EPC项目资源管理组织模式是以总承包内部及外包两个部分为用户对象，在项目建设的全寿命周期中进行信息的收集、处理、分析，并提供各种文档、报告，以项目建设的全寿命周期目标的实现为目的，使总承包的项目管理决策层能够及时、准确、完整地获取所需的信息。其内部为总承包商自身的设计、采购、施工等相关项目管理部门，外部包括材料供应商、设备供应商及其他各分包商等。

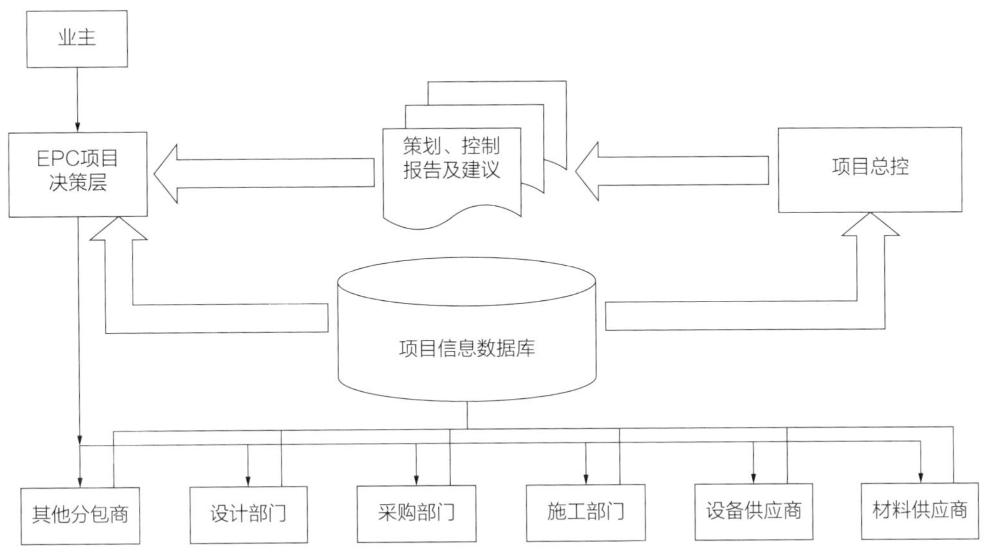


图 5-12　基于总控原理的 EPC 项目管理的组织模式

### 3. 基于总控原理的 EPC 项目资源管理原理

项目资源管理的对象包括人员、材料、机械、设备等各种资源，资源管理的目的是使项目实施过程中资源能够及时、均衡地投入到生产中去，保证项目实施的顺利进行。项目资源管理应该遵循节约使用、投入结构合理、均衡，且保证资源达到最优配置的原则。在 EPC 项目中，资源管理贯穿于项目建设的整个过程，但主要体现在施工阶段，因此，应主要以项目施工阶段的资源管理为主。

资源管理主要是要控制资源的投入，使其达到最佳效果。从实物角度分析，资源的投入关注的是资源的实物投入量及投入时间；从价值角度分析，资源的投入关注的是资源的价值投入量（资金）。在生产中，我们主要研究的是资源的实物型配置。而资源的实物投入量主要包括人力、物力、资产力等，其主要由项目建设过程中工序的实施模式决定；而投入时间当然是由工序的开始时间决定。从而，资源管理主要是通过控制项目建设过程中工序的实施模式及进度安排模式，达到控制资源投入的目的。不同的进度安排或实施模式，资源的投入也不一样，资源管理与进度有着密不可分的关系。基于总控原理的 EPC 总承包项目资源管理的原理是项目总控组织通过对各单位、各部门的进度、资源相关的信息进行收集、存储、分析，并提出建议及控制报告，在资源有限的情况下，通过对进度的合理安排，以达到对资源管理目标的动态控制。

## 5.12 EPC项目沟通与信息管理

信息管理是指在工程建设过程中，信息的收集、加工整理、储存、传递与应用等一系列工作的总称。

### 5.12.1 信息管理的内容

（1）工程信息的收集。工程信息应本着准确、及时、完整、可靠的原则，分类收集。包括公共信息，工程概况信息，工程实施记录信息，各种技术资料信息，计划统计信息，目标控制信息，现场管理和工程协调信息，商务信息等。

（2）工程信息的处理。掌握和正确运用信息管理的手段，对收集到的信息进行全面、系统、及时地分类和处理。保证决策者能及时、准确地获得相关信息，使信息有效地应用于项目管理过程中。

（3）工程信息的存储和流通。信息管理的目的就是通过有组织的信息流通，使决策者能及时、准确地获得相应的信息。有效的信息存储和流通是实现此目的的基本保证。

（4）建立完善项目信息管理系统。随着项目的复杂化，项目信息沟通的数量也日益加大，信息沟通的现代化就成为必然，建立完善的项目管理信息系统就是为了适应项目信息化管理的需要。

### 5.12.2 加强信息控制

（1）建立项目信息管理系统及信息控制程序，明确各类信息的传递方向。

（2）加强信息的收集与分析，及时准确地收集业主和分承包商进度、质量、资金等方面的信息，发现问题及时通报。所有工程分承包商都应遵循总承包商批准或发布的工程管理制度，按规定通过报表、报告、会议纪要等方式提供资料，形成工程建设全过程的信息管理。

（3）建立项目管理信息应用平台和合理的IT架构，实现参建单位的协同工作，实现各项信息的科学管理和有效应用，并实现对外信息的沟通和交流。

（4）建立工程项目部与总承包商总部的网络对接，实现项目工程信息的共享和总部的资源支持，提高工程管理水平和工作效率。

（5）应用办公自动化系统，进行网上信息、资料查询和管理，应用工程管理软件及合同管理软件进行工程进度计划、工程质量、合同和项目资源管理，及时掌握工程进展情况。

（6）建立限时信息录入传递的规定，满足信息管理数据的时效需要，保证工程信息及时更新。建立工程信息反馈制度，对各类信息反映的问题分类处理并整理建档。此外还应定期对信息管理人员进行培训。

### 5.12.3　流行的工程项目管理软件介绍

#### 1. 进度管理软件

（1）Primavera5.0软件

Primavera5.0软件是P3软件经过20多年的发展后，目前最新的版本，该软件融会贯通了现代项目管理知识体系，具有高度的灵活性和开放性，以计划—协同—跟踪—控制—积累为主线，主要适用于大中型工程建设项目、大型制造项目、大型处理厂检维修项目、高科技产品研发项目、空间与国防等重大项目，也适用于项目化管理的企业组织，还可以应用于咨询与专业服务等行业领域的项目管理。

（2）MSProject

Microsoft公司Microsoft Project是到目前为止在全世界范围内应用最为广泛的、以进度计划管理为核心的项目管理软件。Microsoft Project可以帮助项目管理人员编制进度计划、管理资源的分配、生成费用预算，也可以绘制商务图表，形成图文并茂的报告。

（3）Welcome Openplay

由美国Welcome公司开发的Openplay是一个企业级的项目管理系统，真正的多级项目管理。决策层、管理层、实施层均可自如运用。覆盖进度、资源、费用分析，同时提供了项目风险分析。Openplay包含了现代项目管理的知识体系，可以为所有的项目参与者提供企业级项目管理完整的信息化解决方案。

#### 2. 估价软件

（1）Timberline Precision Collection

该软件是美国 Timberline 公司的产品，其复杂灵活的数据库能够实现历史数据的积累，同时提供与企业的经营管理、财务管理和项目管理系统相联系的接口，使其具备成为企业信息系统一个模块的条件。其工程量清单模式报价功能，具有“预算精确、价格构成清晰、数据追索简单、调整报价迅速”等特点，大大降低工作强度并为中标后的成本核算打下良好基础。

（2）HCSS-HeavyBid

该软件是 Heavy Construction Systems Specialists，Inc 公司的产品，为基础建设行业专业概算和投标报价软件。它的功能比较全面，包括企业历史项目数据整理、定额管理、估价、报价、对比分析，并能提供多种灵活的数据报表输出功能。

### 3. 合同与投资管理软件

（1）Expedition

该软件是世界顶尖的项目管理软件公司 Primavera Systems 的产品。最新的 Expedition10.1 版本是一款完全基于 Web 的项目投资与合同控制管理软件，凝聚了 Primavera 公司 20 多年的项目管理解决方案的精髓与经验，在提高管理效率、控制与管理合同及变更、降低费用超支等方面有着卓越的功能。

（2）Prolog

该软件是美国领先的建筑管理软件开发商 Meridian Project Systems 的产品。Prolog 的主要成员包括 Prolog Manager 和 Prolog Website，前者以合同与费用管理为核心，后者专为分散的项目团队设计的基于 Web 的协同工作的应用系统。

### 4. 风险管理软件

（1）MonteCarlo

该软件是 Primavera 公司开发的风险模拟分析软件。和 P3 软件相结合，项目管理人员能够分析项目实施中存在的风险，为项目计划建立概率模型，评估带有概率分支的工序和概率日历的工序组，衡量项目网络计划的任一部分（或者整个计划）成功的概率。

（2）PertMaster

PertMaster 公司致力于项目成本和进度风险管理和控制软件的开发，其主要的风险管理软件 PertMasterRiskExpert（PRE）和 PertMasterProjectRisk（PPR）主要集成在其他项目管理和项目组合分析管理软件中，从而发挥其强大的风险分析和管理功能。

## 5.13 EPC项目合同管理

所有工程项目的实施都是以合同为标准来进行的，合同关系是建设工程项目中最基本的关系。在项目的建设过程中，总承包商将面临大量的合同，其中不仅有与业主之间的合同，还有与分包商、材料供应商、运输商、保险公司等之间的合同，合同管理是总承包商面临的一项重要而复杂、艰巨的工作。

### 5.13.1 总承包商合同的主要控制点

（1）合同承包范围。合同中约定的承包范围是总承包合同的基础，由于总承包项目比较复杂，涉及面较广，项目周期长，双方容易在合同承包范围的理解上发生分歧，所以总承包商在合同项目中承担哪些范围、哪些阶段的工作，都应有明确规定。

（2）双方责任。双方责任是保证总承包合同正常履行的重要条件。承包商的合同控制工程师应跟踪、检查双方是否按合同要求完全履行了各自的责任，如果发现总承包商在履行责任方面的不足，应及时向项目经理发出预警报告，及时进行整改，如果发现业主未完全履行自己的责任和义务，影响工程的正常进行，应向项目经理报告，并在授权范围内与业主进行交涉。

（3）合同价款与支付。总承包商应首先重点审核业主资金的来源是否可靠；其次，如果是延期付款项目，应重点审核业主对延期付款提供什么样的保证；最后，应审核合同价款的分段支付是否合理，通常预付款应该为不低于，质保金应该为或者不高于，工程进度款和支付时间应保证工程进度用款，以免承包商垫资过多。

（4）违约责任与索赔。承包商应重点关注合同中的有关违约责任和索赔的条款，经常提醒项目组有关人员哪些方面有违约的可能性，其中包括设计进度、物资供应进度与质量、施工进度与质量、保证条款的履行等，使其完全履行合同，避免违约。如果发现有可能造成违约的行为，应及时进行纠正，避免受到更大的损失。如果发现业主违约，在授权范围内应及时与业主交涉，协调处理违约事项，必要时可按合同规定向业主提出索赔要求。

（5）争议的解决。双方发生争议时，应首先通过协商解决，如协商未能达成一致，可向仲裁机关申请仲裁或向人民法院起诉。国际上还有其他一些流行的争端解决方式，如国际咨询工程师联合会和世界银行都要求先于司法介入考虑以下争端解决方式：友好协商解决、争端评审委员会方式、争端裁定委员会方式、机构仲裁。

## 5.13.2 工程变更管理

工程项目在实施过程中由于受到多种外界因素的干扰，会发生不同程度的变更，它无法事先作出具体预测，而在开工后，又无法避免。因此，变更管理在合同管理中具有重要意义。

### 1. EPC 总承包工程变更的分类

（1）业主方引起的工程变更。通常，业主方引起的工程变更包括推迟提交业主应提交的项目功能描述书的缺陷，包括：差错或遗漏、工作范围变更、计划调整、指示加速施工、指示工程暂停、有歧义的或相互冲突的合同条款、合同终止。其中工作范围变更是最普遍的工程变更，通常表现为工作范围的增减，是变更控制的主要对象。

（2）总承包商引起的工程变更。总承包商引起的工程变更涉及对合同有利和不利两方面，一般包括：设计变更、材料设备变更、设备供应商变更、未能按计划开工、施工措施变更、分包商履行合同的失败、供应商履行合同的失败、有缺陷的工序和低劣的工程、工期延误。

（3）其他方引起的工程变更。其他方引起的工程变更一般包括下列内容：不可预见的工地地质条件及其他自然条件的改变、管理机构的变更、工程所在国的法律变动、劳动纠纷。

### 2. 工程变更的价款确定

（1）除非合同另有规定，业主应根据合同条款确定或同承包商商定变更项目的计量方法、费率和价格，进而确定变更项目的合同价格。

（2）合同中已有适用于变更工程的价格，按合同已有价格计算变更工程价款；合同中只有类似于变更工程的价格，可以参照此价格计算变更工程价款；合同中没有适用或类似于变更工程的价格，由业主与承包商协商单价和价格。

（3）业主应按照合同条件款［确定］的要求，商定或确定对合同价格和付款计划表的调整，这些调整应包括合理的利润。如果合同规定合同价格以一种以上货币支付，在确定变更价款时，应说明以不同货币支付的比例。

### 5.13.3　EPC 承包商的索赔管理

合同双方的责任和义务都是依据合同规定来执行的，合同管理是索赔的基础，索赔是以合同为依据进行的。索赔依据包括明示的合同条款和隐含的索赔条款，此外合同协议书、中标函、投标函、专用条件、通用条件以及规范、图纸、资料表和其他有关文件都可以作为索赔的依据。

#### 1. EPC 总承包商提出索赔的因素

根据 FIDIC《设计采购施工（EPC）/ 交钥匙工程合同条件》，总结总承包商提出索赔因素如下：

（1）业主未能按时提供施工所需现场。合同条件款规定如果业主未能及时向承包商提供进入和占用现场各部分的权利，使承包商遭受延误或导致额外费用，承包商有权要求延长工期和补偿额外费用及合理利润。

（2）执行业主指令而导致的索赔。在项目执行过程中，业主会向承包商发一些工地指令，而这些指令有些会给承包商带来工期延误和费用增加。如在现场发现化石、古币、有价值的物品或文物，以及具有地质或考古意义的结构物和其他遗迹或物品，业主可以发出暂停施工指令、工程变更和调整指令、加速施工指令等。

（3）人为障碍索赔。合同条款对当局和业主的一些人为因素引起承包商工期延误和费用增加作出了说明，承包商可以依据合同条款向业主提出索赔。

（4）业主提供的原始数据错误的索赔。合同条件款规定了对于合同中规定的或属于业主责任需要提供的原始数据错误引起承包商损失的，承包商可以向业主索赔。

（5）业主的风险索赔。根据合同条款规定，如果是由于“业主风险”所列因素而导致整个工程、承包商货物、文件遭受损失或损坏，承包商应通知业主修复，并可以索赔由此产生的工程延误和导致的费用。

（6）法律变更的索赔。合同条件款规定了，投标基准日期后工程所在国的法律的变化引起承包商损失的，承包商据此可以向业主提出索赔。

（7）延期支付索赔。如果业主没有按期对承包商进行支付，承包商有权就未付款额按月计算复利，收取延误期的融资费用，同时由此引起的工期延误和其他费用增加，承包商有权向业主索赔。

（8）不可抗力索赔。因合同条件款定义的不可抗力造成的承包商损失，承包商有权向业主索赔。

（9）承包商终止合同索赔。如果承包商根据合同规定终止合同，而且该终止合同行为并不损害承包商的其他权利的情况下，承包商有权要求业主退回履约保函，并向承包商支付相关的停工费用和由于终止合同而遭受的损失和利息。

（10）其他因素索赔。一些潜在因素虽然没有在通用合同条件中体现，但是会给承包商带来重大损失，应在特殊条款中给予约定。如货币及汇率变化、合同推迟生效或者工程推迟开工、生产资料价格变化等。

#### 2. EPC 总包商的索赔程序

（1）承包商提出索赔申请。要求在索赔事件发生后规定的时间内及时向业主代表提出索赔申请。

（2）业主代表审核承包商的申请。

（3）业主代表与承包商谈判。

（4）承包商是否接受最终的索赔处理报告。

承包商统一了最终索赔决定，这一索赔事件就告终了。若双方达不成一致，或者承包商不接受业主代表的决定，就会导致合同纠纷。合同纠纷按照合同规定的合同纠纷处理办法解决。

## 5.14 EPC 项目收尾管理

### 5.14.1 国内 EPC 项目收尾阶段的现状及存在的主要问题

#### 1. 工程结算过程存在的问题

（1）总承包方与建设方结算的滞后。水是生命之源，而建设方的资金投入无疑是项目的生命之源，它决定着EPC项目人力资源、设备及材料、施工安装成本、技术支持等与项目相关的一切资源的投入。通常国内的化工类EPC合同10%～20%的款项需要在结算完毕之后才能拿到，而结算工作往往是利益相关方争执的焦点。

总承包商与建设方结算滞后所带来的弊端通常也让总承包商应业主要求或者合同工期需要成为项目赶工期的牺牲品，项目工期的调整往往受诸多因素限制。目前，国内化工类EPC总承包项目基本为买方市场，项目一旦中交完成，后期涉及与业主结算收尾的财务管理工作困难增大，主要表现在四个方面：一是项目一旦中交开车之后，业主的主体工程基本完成，业主可以直接进行投产，而无须等验收资料全部完成；二是中交之后，工程的收尾工作对工厂的试产等下一步工作没有决定性作用，业主也不急于结算和支付剩余款项，即使支付，业主也会加大承兑支付比例，缩小现金支付比例，项目现金流量受到业主挟制；三是即使业主结算完成，承包方要为业主开具全额发票，如果业主不及时付款，承包方就面临应收账款清收风险、坏账风险及纳税风险；四是总承包商与业主的结算工作受第三方审计影响，传统意义的EPC交钥匙工程已不复存在，取而代之的是第三方审计机构按核减金额提取相应酬金，导致总承包商在结算过程中依然处于弱势地位，同时第三方审计的介入也影响整个项目最后的结算时间。

（2）分包结算。EPC总承包项目总包方与施工分包结算工作进展问题也是后期矛盾的焦点，分包结算工作的顺利与否，与分包合同条款的签订及工程实施过程中的合同管理有着极大的联系。结算工作关系到各方的利益，分包结算过程对总承包商不利的争议项主要体现在以下方面：分包商通过混淆工作范围、增加签证、重复计算工程量等方式调高结算额；通过套取高材料单价、模糊材料或设备单价、提高综合单价或包干价等方式提高工程单价；为提高工程整体造价，分包商会采用夸大取费基数、调增取费费率等方式，向总承包商多取费用，进而增加工程整体造价。分包结算收尾的财务管理缺点和难点在于五个方面：一是与业主工程结算的滞后，导致有些单项工程无法确定最后结算金额或扣款金额；二是结算滞后导致分包成本无法及时确认，项目无法闭合；三是分包结算滞后影响总包对业主涉税事项；四是分包结算若提前于业主，涉及过程文件滞后传递，容易导致对项目相应缺陷和瑕疵的修补不能及时传导；五是项目中交之后大部分施工会撤场，撤场过程涉及施工单位购买的材料及领用的总包剩余物资的盘点和归属问题。

#### 2. 工程移交存在的问题

工程竣工验收后，总承包商人员基本撤场，对于建设方投产之后才发现的工程质量问题，总承包商很难及时到场处理或按照业主要求在规定的时间内维修或修复。通常建设方会根据问题大小，寻求第三方处理解决，费用由总承包承担。总承包商承担费用之后，可能会按照合同约定向第三方分供方进行追溯，而此种情况下的维修维护，总承包商通常需要与上下游重新进行计量与确认，从而给后期的款项支付及其他相应工作带来不利影响。

#### 3. 面临的法律纠纷

项目结算时，难以避免各方利益纠纷，项目执行的各方为了保护自身利益不受损失，在争议焦点协商无果时，常使用法律手段维护权益。涉及财务事项的主要是款项回收，这要求在合同签订时字斟句酌，对权责作出详细界定，表述精确，不使合同文本产生歧义。同时，在合同执行过程中，对关键性的实质问题要保存相关证据及资料，如结算确认单、变更签证单、过程传递单、工程项目执行过程会议纪要或其他影像资料，一旦提交仲裁或诉讼，要能提供有力证据，维护自身的权益。

### 5.14.2 EPC 项目收尾阶段的措施

#### 1. 严格控制设计变更和现场签证

在国内化工行业的 EPC 合同中，E 部分是整个项目的灵魂。一个工厂建设之前要经过初步设计、详细设计的过程，一旦决定实施项目，业主方会要求很高的时效性，在初步设计完成、详细设计未全部完成的情况下，现场工作已经开始执行。由于设计图纸存在的不完整性和现场实际施工情况的变化，不可避免会出现设计变更或现场签证。

（1）总承包单位应严格按照相关程序对设计变更签证进行审批，加大审核及监督设计变更工程量和内容的力度，尽量不采用先施工后结算的方式，为收尾阶段的工作扫清道路。如果是业主原因造成的设计变更，还应在变更之前及变更之后参照 EPC 总承包合同条款确定是否向业主索赔及止损。

（2）在施工过程中，造价人员应扎根现场，依据图纸比对施工情况，掌握工程相关情况，及时跟踪施工过程动态，对控制目标不断进行调整，为最终工程与施工分包的结算提供凭据和支撑。分供方结算时，应按照合同约定处理，严格控制工程预算外费用。未按设计图纸完成的工作及未遵照合同约定施行的施工签证一律从结算额中核减费用；造价工程师及费控工程师应严格审核合同条款中已明确涵盖的成本、风险费中囊括的费用，未按合同约定违约的应从结算价中核减。分包结算过程涉及执行中垫付的各种费用，业主代扣的各项费用在进度结算过程中应及时进行扣减。

（3）整体项目造价中占比最大的往往是设备及材料费，在降低整体工程项目造价方面，采购工作的精细化管理有着不可忽视的重要作用。首先，在项目执行前期，应选择恰当的购货时间和批量，并依据资金周转的余额、汇率以及利率等因素，选择合适的付款方式及付款货币；其次，应对供货商的信誉以及现金流情况进行调查，尽量选择资金、运营情况良好的供货商，避免违约、资金链断裂的情况出现，这样才能尽可能在事前预防风险，减少公司损失，增加总承包商的经济效益，降低工程项目整体造价。在项目收尾阶段，可能出现某一设备已与供应商签订合同，但由于设备制作周期延长等因素导致项目竣工决算时设备仍未到场的情况，从财务角度上，无法对该设备发生的成本进行确认，应根据合同进度及合同价款确认该设备已发生的成本，在收尾阶段合理预估入账。在收尾阶段，还要对材料的出库情况进行清理核对。在某些情况下，收尾时期工程造价成本金额在竣工环节是不易估量的，如进口设备合同签订汇率的变动等。

### 2. 全面清理项目的债权债务及财产物资

（1）全面清理项目的债权债务。

项目建设初期的资金流状况会受到管理层的特别重视，项目管理层会关注回流资金的数量，不会特别关注回流资金的品质，如付款的方式、付款的时效、承兑的到期期限等。项目建设进入中交之后，总承包方和发包方进入最终结算阶段，与发包方的结算落实不到位、不及时，会影响总承包债权的准确性以及回流资金的时间、资金的再投资收益。因此，项目收尾结算阶段工作计划的合理性对总承包商影响巨大。总承包商要及时关闭合同确认相关债权债务关系。财务部门需根据最终审计的工程总包合同、分包合同进行项目财务管理及账务处理，确认对分供方的债务、结转成本，在对分供方的结算中扣款项是双方争议的焦点，结算过程会因为扣款项的争议漫长而艰难，关注争议、解决争议是清理债务的关键。确认对发包人的债权，结转收入，根据最终结算额确认对应债权，与发包人的结算过程尤其要关注发包人的扣款，扣款遗留问题容易造成财务账面无法清理干净。因此，及时清理债权债务是项目收尾阶段的重点工作。全面清理债权债务之后，关注对发包人、分供方及上下游质保金的回收及释放计划。总承包商要最大限度地利用资金的时间价值，在合同条款约定上，对发包人尽可能要求开质保保函，对分包人尽可能要求保留一定比例的质保金，不收取质保保函。

（2）全面清理项目的财产物资。

在 EPC 项目收尾阶段，项目现场工作基本完成，但还存在一部分细节工作需要完善和处理，特别是对项目执行过程中在现场建立的一些临时设施以及剩余工程物资的处理，一方面，可以减少项目竣工验收存在的隐患，确保项目资产向业主的顺利移交，保证项目圆满收官；另一方面，对这些临时设施及剩余物资的处置变现，可以一定程度上增收创效。具体来说，首先，要对项目财产及物资进行详细清点盘查，包括剩余建筑材料的整理回收、分供方剩余材料的移交、现场入库剩余设备和材料的盘点以及办公场所低值易耗品的清查等，这些清理清查工作保证了项目财产和物资的完整性，确保账实相符；其次，对于剩余建筑材料和设备工具进行整理分类，对于现场物资进行处置变现，及时将处置变现金额上交公司财务，防止舞弊行为；最后，对于列为固定资产核算的设备工具，及时清点归还公司入库。

### 3. 在项目收尾阶段进行项目财务管理评价

EPC 项目收尾阶段的财务管理水平关乎项目整体的完成水平。进入收尾阶段后，通过项目整体评价可以影响公司后期类似项目的执行和策划，项目评价一般在项目收尾阶段进行，项目财务管理评价是项目整体评价的重要组成部分。通过对项目实施前、实施过程中、项目关闭之后的过程及整体分析研究，总结项目从合同签订到前期策划、过程执行、最后收尾过程中的成功经验及不足，帮助公司的决策者、管理者和项目执行者提高决策、管理水平，为今后更好地改进项目管理服务。

### 4. 面对法律纠纷的财务管理建议

工程项目在收尾阶段往往会跟业主发生各种分歧，作为承包方，为了及时结算并收回项目尾款，可能会诉诸法律，这就要求在项目签订前详细审查验证发包人关于工程项目的所有资料，确保合同具有法律效力。在合同签订之前的合同评审阶段，应对合同中每条内容仔细查看、详加斟酌，务必做到全面性与具体性，分析可能存在的法律风险，并针对风险点制定相应的防范策略，集合相关部门的审查意见，与业主进行协调并修改合同，力求将法律风险降到最低。针对可能存在的法律风险，约定有利的自我保护条款，做到事前有预测、事中有控制、事后有保障。只有这样才能更好地保护自身的利益，推进项目的顺利竣工和结算。

### 5. 为公司项目管理提供支持

工程项目收尾阶段财务管理工作可以为公司项目管理水平提升提供强有力的数据支撑，财务管理最终以财务数据作为信息反馈，而数据本身体现的不仅仅是盈亏，更重要的是项目实施过程中及收尾时的运行现状。（1）EPC 项目收尾阶段对项目盈亏的整体评价，可以反馈到公司报价阶段，同等生产装置的项目在下一个报价阶段可以参考此项目的最低成本，增加中标的概率；（2）项目收尾阶段对设备数据出入库及用量状况分析，根据结余情况反馈到公司项目管理部门，对同等或类似产能的装置在下次采购中合理预估用量，避免超量采购造成浪费；（3）项目收尾阶段对施工结算数据进行分析比对，找到项目施工阶段成本增加的主要原因，反馈施工分包用量和计价差异的主要原因；（4）进行项目收尾阶段涉税事项总结，合理进行涉税筹划的总结，反馈项目执行过程中的整体税赋水平，为后期公司再进行项目报价及管理提供事前事中的控制依据；（5）项目收尾阶段做好项目人工及其他费用的合理分析比较，针对地区差异及工艺装置的不同情况做好项目成本分析，为后期运行项目计算盈亏提供切入点。

随着众多的中资工程企业在各自领域走向全世界，面对目前全球整体下滑的经济形势，如何保证项目顺利完工结算并获取预期的利润，这对项目的财务管理水平提出了更高的要求。一个 EPC 项目从报价到最终关闭历经几年甚至数十年，总承包商不仅要付出巨大的人力、物力，同时要承担市场及其他不确定因素所带来的一切风险。EPC 项目进入收尾阶段，意味着现场工作的基本完成，在这个时点必须严格做好资产的移交及处置管理、往来资金的收付管理、往来账务的清理等各项财务工作，同时做好经验总结，为后续的项目管理提供借鉴。工程收尾阶段的财务管理工作做得好，可以为企业提质增效，还可以完善企业内控管理，提高项目建设带来的经济效益和社会效益，促进企业稳定健康发展。

## 5.15 EPC 总承包项目试运行管理

### 5.15.1 总承包试运行管理概述

#### 1. 试运行的概念

试运行是对已建成的生产流程或设备进行一系列实验和调整的过程，最终实现合同目标。

#### 2. 试运行关键阶段的划分

试运行一般可分为：策划及准备阶段；机械竣工及预试车阶段；冷试车（联动试车）阶段；热试车（投料试车）阶段；性能考核及验收阶段；试车后活动。

#### 3. 试运行中的术语

在不同的应用领域，“试运行”有其他一些提法，例如调试、试车、开车、机械竣工、单体试车、预试车、中间交接、冷试车、热试车、无负荷联动试车、投料试车、带负荷联动试车、性能考核、竣工实验、竣工后实验等。四个证书：机械竣工证书（单体试车完毕）、无负荷联动试车证书（冷试车完成）、验收证书（热试车完毕）、最终验收证书（性能考核完毕）。

#### 4. 总承包项目试运行管理一般规定

（1）项目部应按合同约定和试运行目标要求，向业主提供项目试运行的指导和服务。

（2）项目试运行管理由试运行经理负责，在试运行实施过程中，接受项目经理和试运行管理部门的双重领导。

（3）根据合同约定或业主委托，试运行管理内容一般可包括试运行准备、试运行计划、人员培训、试运行过程指导和服务等。

（4）试运行经理应负责组织试运行与项目设计、采购、施工等阶段的相互配合及协调工作。

### 5.15.2 总承包项目部试运行的岗位职责

（1）在项目经理领导下，负责项目开车服务的管理工作。开车经理接受项目经理和公司项目管理部施工开车部主任的双重领导。

（2）编制项目开车计划，确定开车服务的内容、工作原则和程序等。

（3）组织审查工艺设计、工程设计图纸，提出操作方面的意见和要求。

（4）根据合同要求组织培训服务，如编制培训计划，推荐、联系培训单位，指导动态工艺模拟培训等并进行考核和鉴定。

（5）组织编制操作手册。

（6）编制开车方案。

（7）协助业主组织开车人员熟悉开车的组织系统、工作程序、开车方案以及工艺设计和安全规程等。

（8）指导和检查开车准备工作（包括必要的吹扫、耐压、检漏、清洗、调试、充填等），确保开车安全、正常进行。

（9）指导开车条件的检查，包括：施工安装完工检查、原材料和燃料的贮备、分析化验条件，产品贮存、运输，开车指挥系统和操作人员培训质量方面的检查。

（10）指导和检查开车、考核所需的文件、手册、记录、表格等准备情况。

（11）组织开车前的安全检查，包括：消防设施、三废处理设施、可燃气体检测器、报警器等。

（12）指导开车，处理开车中发生的问题。

（13）与业主代表共同审查和签署开车及考核情况报告，以确认建设项目的性能、保证指标等达到合同要求的情况。

（14）项目结束时收集、整理开车服务文件和资料、办理归档手续。

（15）编制开车服务总结。

### 5.15.3　试运行计划

1. 试运行计划由总承包项目部试运行经理组织编制，由项目经理批准。

2. 试运行计划包括以下内容：（1）项目概况；（2）开车计划编制原则；（3）总体部署；（4）试运行步骤［①试运行准备；②设备管道系统的清洗吹扫、严密性试验；③电气、仪表系统调试、试验；④单机试车；⑤机械竣工；⑥联动试车条件的准备和检查落实；⑦投料试车。］；（5）性能考核；（6）竣工文件、资料管理；（7）试运行的组织及人员；（8）培训计划；（9）进度和主要里程碑；（10）试运行保运工作；（11）开车的费用计划。

### 5.15.4 调试大纲编制的原则及深度

#### 1. 调试大纲编制的原则

（1）装置开车操作手册的编制依据是由工艺专业提供的装置开车操作原则。

（2）当采用专利商的专利技术时，装置开车操作原则由专利商提供。维修手册按单台设备进行编制。

（3）常见的引进装置，开车操作及维修手册由国外工程承包商（工程公司）提供。成套机组的操作及维修手册由制造商提供。

（4）不同的生产工艺，开车操作及维修手册的具体内容是完全不相同的。本文件仅规定开车操作及维修手册的基本要求。

#### 2. 调试大纲编制的深度

（1）工艺说明。说明工艺原理、工艺流程、工艺生产操作原则，分工段叙述生产操作程序和步骤，操作条件和参数，深度达到指导用户开车和编制岗位操作规程的深度。

（2）主要的关键设备和仪表。按单台关键设备或仪表进行描述。

（3）开车准备。规定投料试车前的一切准备工作。

（4）开车程序。按工段和按单台关键设备和仪表进行描述。

（5）停车程序。包括正常停车和事故停车。

### 5.15.5 试运行培训管理

#### 1. 培训目的

通过培训参与开车工作的设计、施工分包商、设备供货商、业主方人员，使开车工作顺利完成。

#### 2. 对设计人员的培训

（1）培训内容：开车计划、开车实施计划、现场安全教育等。

（2）培训人：开车经理、设计经理。

（3）培训时间、地点：开车前，现场会议室。

3. 对施工分包商培训

（1）培训内容：开车计划、开车实施计划、设备性能等。

（2）培训人：开车经理、施工经理、设备厂家。

（3）培训时间、地点：开车前，现场会议室。

4. 对设备分包商培训

（1）培训内容：开车计划、开车实施计划、现场安全教育等。

（2）培训人：开车经理、采购经理。

（3）培训时间、地点：开车前，现场会议室。

5. 对业主岗位工人培训

（1）培训内容：开车计划、开车实施计划、现场安全教育、操作规程、设备维护规程、连锁程序等。

（2）培训人：开车经理、设计经理、采购经理、设备厂家。

（3）培训时间、地点：开车前，现场会议室。

### 5.15.6 保修和回访

（1）工程总承包企业应建立工程交接后的工程保修制度，工程保修应按合同约定或国家有关规定执行。

（2）在保修期内发生质量问题，项目部应根据工程总承包企业制定的工程保修制度和业主提交的“工程质量缺陷通知书”提供缺陷修补服务。

（3）项目部应在合同的“工程质量保修书”中，明确保修范围及内容、保修期限、保修责任、保修费用处理等。

（4）保修期限（缺陷通知期限）应从竣工验收合格之日起计算，执行《建设工程质量管理条例》或按合同约定。

（5）保修的经济责任和费用应由缺陷责任方承担或按合同约定处理。

（6）工程总承包企业应与业主建立售后服务联系网络，收集和接受业主意见，及时获取工程建设项目的生产运行信息，做好回访工作。

（7）工程回访工作应按照工程总承包企业有关回访工作管理规定进行，填写回访记录，编写回访报告，反馈项目信息，持续改进。

# 第6章 EPC模式下新基建及BIM技术应用

## 6.1 新型建筑工业化项目总承包管理

### 6.1.1 新型建筑工业化项目特征

新型建筑工业化具有五大特点：

1. 标准化的设计

标准化设计的核心是建立标准化的单元。不同于早期标准化设计中仅是某一方面的模数化设计或标准图集，受益于信息化的运用，尤其是BIM技术的应用，其强大的信息共享、协同工作能力突破了原有的局限性，更有利于建立标准化的单元，实现建造过程中的重复使用。比如，香港的公屋已经形成了7个成熟的设计户型，操作起来就很方便，生产效率高。

2. 工厂化的生产

这是建筑工业化的主要环节。对于目前最为火热的“工厂化”，很多人的认识都止步于建筑部品生产的工厂化，其实主体结构的工厂化才是最根本的问题。在传统施工方式中，最大的问题是主体结构精度难以保证，误差控制在厘米级，比如门窗，每层尺寸各不相同；主体结构施工采用的还是人海战术，过度依赖一线进城务工人员；施工现场产生大量建筑垃圾、造成的材料浪费、对环境的破坏等问题一直被诟病；更为关键的是，不利于现场质量控制。而这些问题均可以通过主体结构的工厂化生产得以解决，实现毫米级误差控制，同时还实现了装修部品的标准化。真正的工业化建筑，要在生产方式上实现变革，而不仅局限于预制率的多少。

#### 3. 装配化的施工

装配化施工中的核心在施工技术和施工管理两个层面，特别是管理层面，工业化运行模式有别于传统模式。相对于目前层层分包的模式，建筑工业化更提倡“EPC”模式，即工程总承包模式，确切地说，这是建筑工业化初级阶段主要倡导的一种模式。作为一体化模式，EPC实现了设计、生产、施工的一体化，使项目设计更加优化，利于实现建造过程的资源整合、技术集成，以及效益最大化，才能在建筑产业化过程中保证生产方式的转变。通过EPC模式，能真正把技术固化下来，进而形成集成技术，实现全过程的资源优化。

#### 4. 一体化的装修

即从设计解读开始，与构件的生产、制作，与装配化施工一体化来完成，也就是实现与主体结构的一体化，而不是现在毛坯房交工后再着手装修。

#### 5. 信息化管理

即建筑全过程的信息化，设计伊始就要建立信息模型，各专业利用这一信息平台协同作业，图纸进入工厂后再次进行优化，在装配阶段也需要进行施工过程的模拟。同时，构件中装有芯片，利于质量跟踪。可以说，BIM技术的广泛应用会更加速工程建设逐步向工业化、标准化和集约化方向发展，促使工程建设各阶段、各专业主体之间在更高层面上充分共享资源，有效地避免各专业、各行业不协调问题，有效解决设计与施工脱节、部品与建造技术脱节的问题，极大地提高了工程建设的精细化、生产效率和工程质量，并充分体现和发挥了新型建筑工业化的特点及优势。

### 6.1.2 新型建筑工业化项目政策原则

全面贯彻绿色、循环、低碳发展理念，以发展绿色建筑为方向，以科技进步和技术创新为动力，以新型建筑工业化生产方式为手段，加快推进“标准化设计、工厂化生产、装配化施工、成品化装修、信息化管理”，打造现代建筑产业链，加快转变发展方式，推进城市建筑业转型升级和持续健康发展。

#### 1. 坚持政府引导与市场主导相结合

政府部门做好先期引导和市场培育工作。同时，充分发挥企业的主体作用，以市场为导向，将新型建筑工业化工作推向深入。

#### 2. 坚持示范带动与统筹推进相结合

以保障性住房和政府投资的公共建筑项目示范带动，分阶段、分步骤、分地区统筹推进，引导新型建筑工业化有序发展。

#### 3. 坚持科技进步与产业升级相结合

用科技进步和信息技术改造提升传统建筑业，提高建筑工业化应用水平，实现标准化、精细化管理，整合资源，提高产业关联度，提升我国建筑工业化、集成化水平。

### 6.1.3 新型建筑工业化项目管理运营

#### 1. 精益管理促进工业化项目管理

目前，新型建筑工业化将建筑施工所需要的部分构件放在工厂内进行加工，并通过标准化的管理方式来提高构件的质量。在建筑建设过程中实施精益管理，使得新型建筑工业化与传统建筑相比更加标准、科学，管理水平得到了大大提升。但是，精益管理理念并不是简单地直接套用在新型建筑工业化项目上，而是需要根据其属性来实施。新型建筑工业化可以分为两个部分，即工程建设施工和工厂化生产，相比于现浇混凝土结构，新型建筑工业化项目的装配施工对于技术的要求更高，而且不稳定因素较多，因此在实施精益管理理念需要具体问题具体分析，做到理论与实践相符。

#### 2. 建筑工业化项目计划与控制

施工进度计划是影响建筑工程施工的关键之一，传统的建筑建设是根据工期的要求和资源的配备情况来计划施工进度的，但是往往与实际施工存在很大的偏差。传统的建筑施工进度的调整，可以通过增加人力资源和增加劳动时间两种方式来进行，但是新型建造方式的项目进度是受构件生产的进度影响的，构件生产速度过快或过慢都会影响施工进度。因此，在制定新型建筑工业化项目施工进度时，需要考虑到构件的生产速度，并对构件的生产速度进行控制，使其能够与建造的速度相符合，这样才能保证在计划的施工进度左右完成施工。新型建造方式与传统建造方式相比，传统需要 5d 才能完成一层剪力墙施工，实施装配式建造方式则可以 2.5d 甚至更短时间完成，工期缩短了 1/2 以上。

#### 3. 建筑工业化项目的精益设计

为了缩短设计、制造和施工的时间，总承包单位在设计时可以采用设计与实施同步进行的方式，即边设计、边投标、边施工。具体是指在建筑工程设计尚未结束时，可以用已经设计完的主体结构或基础部分进行招标，提前施工，并同时进行后续的设计。部分需要在工厂内预制的构件，可以与施工装配分割开，这样就能做到设计与施工同步进行，大大节约建筑建设的时间。

#### 4. 精益建设的工业化项目组织管理

精益化的新型建筑工业化项目组织改进，是指以精益建设理念为指导建立的组织，是以实现准时化生产为目的构建建设组织机构。这种项目管理组织一般按照目的性原则、精干原则、高效率原则、管理层次与跨度合理的原则等组建设立，应具备零准备时间、零等待时间、尽可能短的搬运时间、产品质量全优等特点。新型建筑工业化的实施主体是总承包单位，因此，需要加强对总承包单位管理组织的改进工作，建立完善的组织运行机制，以便更好地应对新型建筑工业化项目工作。同时，施工总包单位的组织结构和人员配备，应当围绕新型建筑工业化项目建造过程中的每个阶段、每个分项工程的内容和技术要求进行资源优化配置，从而满足机械化、工厂化、装配化的精益建设方式的要求，实现新型建筑工业化进度、质量、安全及环保的目标。

## 6.2　工程总承包管理模式下 BIM 技术应用

### 6.2.1　基于工程总承包模式的 BIM 应用概述

BIM 是基于三维模型技术的数字化表示，它涵盖建筑物全寿命周期，在不同的项目阶段为不同的参建主体提供信息交流平台，以数字化、可计算的形式提供图形信息和非图形信息（如进度、价格等），目的在于促使参建主体加强协作，使项目信息更加透明和及时，以便正确决策，提高项目质量，实现项目价值最优化。从更广泛的角度来理解，BIM 不仅是一种工具或一项技术，更是随着数字技术应用的发展使得其适用领域不断扩展，其内涵也将日益丰富。

BIM 可实现工程项目的数字化、智能化表示，可被应用于工程项目全寿命周期的场地规划、协同设计、碰撞检查、性能分析、进度管理、成本控制等方面，能有效提高快速估算能力、降低项目成本、减少设计变更以及提高劳动生产率等。BIM 被认为是实现了信息技术创新和商业结构变革的新理念和行为的代表，能够革命性地减少建筑业中各种形式的浪费和解决工作低效问题。BIM 不仅具有为项目全寿命周期提供利益，以及为不同阶段提供不同价值服务的能力，还具有信息存储结构多元化、建模参数化、IFC 的数据交换标准化、联合数据库分类模型的系统化等显著特征，实现工程项目快速及准确同步变更控制。

从宏观环境分析：相关部门机构虽已制定了 BIM 的相关政策及指导指南，但相应的保险制度、争议纠纷等制度还未制定。同时，国内 BIM 配套产业不发达，导致 BIM 应用需要付出高昂的成本，限制了相应 BIM 复合型人才的培养，且在已采用 BIM 的相关实践中未形成短期的、明显的经济效益，造成建筑行业各方对于 BIM 的认识存在局限性，对于 BIM 的发展持怀疑态度，甚至造成抵触，严重阻碍了 BIM 的发展。从技术经济角度分析：多数 BIM 软件支持 IFC 数据标准，但在实践过程中仍出现了不同 BIM 软件之间导出与解读时的数据缺失，以及不同来源数据的筛选和融合存在问题等。

### 6. 2. 2　工程总承包模式下 BIM 应用分析

开展基于工程总承包模式的 BIM 应用其重要性不言而喻，且大型国民工程的实施过程中已将 BIM 应用其中，且均取得较好的效益，如猴子岩水电站、藏木工程、锦屏一级水电站等国民工程借助 BIM 实现了仿真设计、资源精准配置以及可视化管理等，从而减少了各项风险的发生。同时，众多学者针对 BIM 应用难题及其引发的变革分别从不同的角度进行分析研究：将 BIM 理念和 BIM 技术集成于项目组织和管理来实现其全过程的管理，借助 BIM 可为项目使用者与实施者之间搭建交流平台实现项目全寿命周期的管理，BIM 将指导构建工程项目全寿命周期管理的新组织方式和行业规则，呈现扩大化的趋势等。综上分析可知 BIM 应用于工程总承包模式是可行的，同时需从组织、技术两个角度来分析其应用。然而组织是技术发挥作用的基础，因此组织分析是其应用研究的核心。

国内外学者研究发现 BIM 的应用能够降低组织协调成本、改善组织间关系、提高生产效率，以及促进战略关系长期稳定地发展。这就需要打破传统工程项目参建主体的组织边界，来促进 BIM 应用的发展。反观之，推进基于工程总承包模式的 BIM 应用需要实现组织管理创新，通过组织设计实现协同作业，通过系统设计提高信息交互能力和共享能力来实现信息集成，驱动工程项目管理组织集成，最终实现项目参建主体间问题共商、模型共建、信息共享的目标一致性的项目建设局面。

## 6.2.3　基于工程总承包模式的 BIM 应用组织研究

### 1. 应用组织结构构建

工程总承包模式的项目组织特性为基于工程总承包模式的 BIM 应用的组织集成提供了必要条件，可通过构建以 BIM 为基础的信息化集成平台，实现参建主体工作信息的集成，为参建主体的提前介入提供条件。因此，基于工程总承包模式的 BIM 应用将提高工程总承包的管理水平，也会伴随着建筑业信息化水平的不断提高而实现更深层次的融合发展。尽管如此，但都需在建设单位的主导下开展，因为建设单位对于工程项目具有最终决策权。所以，基于工程总承包模式的 BIM 应用的组织结构设计立足于建设单位，重点研究项目参建主体间的关系。具体为由建设单位负责 BIM 应用实施的组织与领导，BIM 总咨询单位负责 BIM 应用实施的统筹与监督，其他参建主体负责 BIM 应用实施的操作与执行。其组织结构如图 6–1 所示。

### 2. 应用组织结构阐释

此组织结构能够有效地提高建设单位在项目实施过程中的可控性，有利于其掌握工程项目实施过程中的各项信息；有利于建设单位对于项目施工过程中出现的问题进行评估；有利于建设单位对于工程项目目标管理的控制；有利于加强项目实施过程中的信息沟通和协作管理；有利于解决工程总承包单位因施工而对设计产生的重要影响作用；能够有效地控制项目成本；同时能够提高建设单位派遣的专业机构对于项目实施过程的监督力度，增强参建主体间的协作性。此外，该组织结构模式基于建设单位所具备的 BIM 应用能力进行合理操作，具体规则如下：

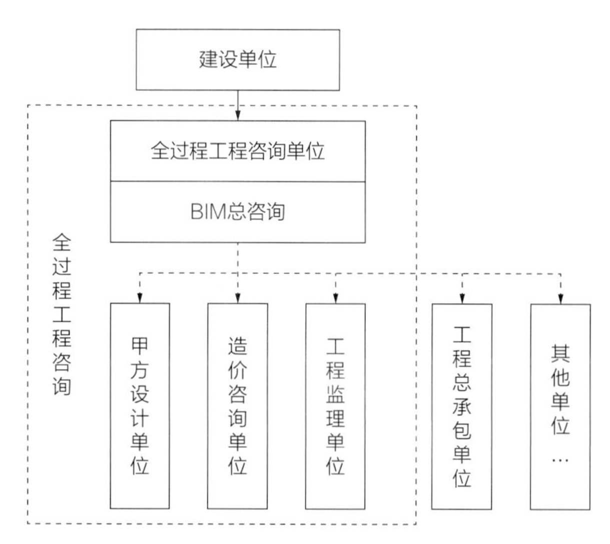


图 6-1　基于工程总承包的 BIM 应用的组织结构图

（1）建设单位具备 BIM 应用实施技术和管理能力可自行作为 BIM 总咨询单位；若建设单位不具备相关能力，需另行委托 BIM 总咨询单位；工程总承包单位不能担任 BIM 总咨询单位。

（2）在全过程工程咨询模式下，由全过程工程咨询单位担任 BIM 总咨询单位，其服务内容涵盖设计、造价咨询、监理的，应同时承担相应职责，履行相应义务，并在建设单位的委托授权下完成相应工作。

（3）项目参建主体根据建设工程项目类别、规模及特点，配备相应的 BIM 应用的专业团队，建立沟通机制、协调机制等。

### 3. 参建主体职责分工

（1）BIM 总咨询单位

首先，BIM 总咨询单位需具备编制、推行 BIM 应用总体规划的能力，并具备实践经验丰富的管理队伍和 BIM 项目实际应用业绩，保证能针对实际项目特征和既定的项目 BIM 应用目标，参照国家及地方相关法规标准编制具备可操作性的《BIM 应用实施管理规划》，从而落实建筑单位授权范围内的统筹管理工作，以及监督指导项目各参建单位开展 BIM 应用；

其次，BIM 总咨询单位需具备根据项目实际情况合理制定项目 BIM 应用软件标准、信息数据标准、文件交付标准等各项标准，保证最终交付成果能满足运维单位的各项要求，为此还要承担起各阶段的组织协调工作，审核、验收、整理及归档 BIM 应用过程性文件和交付成果；

再次，BIM 总咨询单位还需承担 BIM 协同平台的维护工作，监督、管理及推动项目各参建单位的 BIM 应用工作，并给予项目各参建单位相应的技术支持，保证协同平台能够最大限度地发挥功能；

最后，BIM 总咨询单位对于最终的交付成果承担相应责任，负责运维模型的创建、整合及调整工作，并将相应成果一并移交运维单位。

（2）设计单位

首先，设计单位需具备利用 BIM 开展设计工作的能力，具有相应的工程项目操作经验，配备的 BIM 设计人员经验丰富，能够保证根据项目实际情况、设计合同条款，以及 BIM 应用实施管理规划，编制适用于实际项目的《设计 BIM 应用实施细则》，保证其职责内容保质保量完成；

其次，设计单位所提交的设计成果须满足数据信息格式、数据互用标准、数据互用协议等要求，为提交信息和交付模型的准确性、完整性负责，及时将相关成果移交建设单位；

再次，设计单位应积极配合项目各参建单位开展 BIM 应用，完成相关协同管理工作，参与设计模型会审和设计交底，解答属于其职责范围的由其他单位提出的相关设计问题，配合 BIM 总咨询单位审查工程总承包单位提交的施工图设计模型、施工过程模型、竣工模型，以及相应的设计变更，完成服务范围内归档设计成果文件的工作，保证 BIM 应用效果；

最后，设计单位接受 BIM 总咨询单位的管理并负责开展相关 BIM 应用实施工作。

（3）造价咨询单位

首先，造价咨询单位需具备利用 BIM 开展造价咨询工作的能力，具有相应的工程项目操作经验，配备的 BIM 造价咨询人员能够熟练处理模型数据与造价数据，能够保证根据项目实际情况、造价咨询合同条款，以及《BIM 应用实施管理规划》，编制适用于实际项目的《造价咨询 BIM 应用实施细则》，保证其职责内容保质保量完成；

其次，造价咨询单位依据客观实际情况、投资控制目标、设计模型数据编制工程项目的总体设计概算、工程总承包单位的招标控制价、不同阶段不同项目范围的投资计划，开展工程项目全过程的投资计划动态控制，审核计量支付、经济签证、竣工结算等；

再次，造价咨询单位配合工程项目各参建单位开展 BIM 应用协同平台的维护工作，配合BIM总咨询单位审核工程总承包单位所提交的施工图设计模型、施工过程模型和竣工模型等；

最后，造价咨询单位应接受BIM总咨询单位的管理并负责开展BIM相关应用实施工作。

（4）工程监理单位

首先，工程监理单位需具备利用BIM开展工程监理工作的能力，具有相应的工程项目操作经验，配备的工作人员具有丰富的BIM应用项目监理工作经验，能够保证根据项目实际情况、工程监理合同条款，以及BIM应用实施管理规划，编制适用于实际项目的《监理BIM应用实施细则》，保证其职责内容保质保量完成；

其次，工程监理单位基于BIM应用协同平台依据工程总承包单位提交的施工质量管理、施工进度管理、施工成本管理、施工安全管理、施工合同管理、施工信息管理的实施方案及相应计划开展监督工作，完成对工程总承包单位提交的BIM施工应用成果的审查工作，并收集、整理、归档交付监理BIM应用的成果性文件；

再次，工程监理单位配合工程项目各参建单位开展BIM应用协同平台的维护工作，协助BIM总咨询单位组织模型会审及设计交底，配合审核施工总承包单位提交的深化设计模型、施工过程模型和竣工模型等；

最后，工程监理单位接受BIM总咨询单位的管理并负责开展BIM应用实施工作。

（5）工程总承包单位

首先，工程总承包单位需具备利用BIM开展设计和施工工作的能力，具有相应的工程项目操作经验，配备的工作人员具有丰富的BIM应用项目实施管理工作经验，能够保证根据项目实际情况、工程总承包合同条款，以及BIM应用实施管理规划，编制适用于实际项目的《工程总承包BIM应用实施细则》，保证其职责范围内设计和施工工作能够保质保量完成；

其次，工程总承包单位在其职责范围内开展设计和施工工作，创建并提交施工图设计模型、施工过程模型、竣工模型，编制实施过程中的质量管理、进度管理、成本管理、安全管理、合同管理、信息管理的实施方案，将其集成到BIM应用平台，以此开展项目管控工作，并在其中明确应用标准、人员及设备、工作内容及计划安排等内容，归档对BIM应用交付成果文件；

再次，工程总承包单位作为工程项目设计和施工的主体单位，负责统筹管理专业分包单位的 BIM 应用实施，负责审核及整合专业分包单位完成的模型，并对专业分包单位 BIM 应用相关工作承担连带责任；

最后，工程总承包单位接受 BIM 总咨询单位的管理并负责开展相关 BIM 应用实施工作。

## 6.2.4 基于工程总承包模式的 BIM 应用管理流程设计

### 1. 整体管理流程设计

基于工程总承包模式的 BIM 应用组织结构发生变化，需要重塑其相应的管理流程。在重塑整体管理流程过程中，首先须明确工程项目全寿命周期内各参建主体开展工作需要的工作信息内容和技术支持，以及其需要提交的工作信息内容。针对工程项目各阶段核心工作信息内容，梳理出工程项目管理工作流程。

从建设单位角度分析：建设单位或建设单位委托的第三方应将项目概况、提交报告审核意见、项目重要信息等内容及时分享给项目参建主体；同时，其也需要及时获取项目投资进度、质量、安全等相关信息，主导并控制工程项目的整体进展。

从工程总承包单位角度分析，其需求信息和提交信息可分为设计和施工两个层面：在设计阶段需获得项目可行性分析报告、项目方案设计、项目初步设计等信息来指导开展其自身承担的设计任务，同时需提交相应的设计成果供建设单位审查；在施工阶段需依靠建设单位指令、各项批准文件、项目管控信息等来开展持续的项目实施工作，并将施工方案、建议信息，以及成本、进度、质量等相关信息进行提交，使其他参建主体及时掌握项目动态，合理安排工作。

此外，工程监理单位、造价咨询单位等单位同样需要其他参建主体工作信息的支撑以及为其他参建主体提供必要的工作信息；且政府有关部门也需及时了解项目相关情况来监管项目，如规划和消防安全部门需了解相关设计信息，以防公众事件的发生；与项目有关的公众也需了解项目相关的动态信息。故需合理安排基于工程总承包模式的 BIM 应用的整体管理工作流程，如图 6-2 所示。

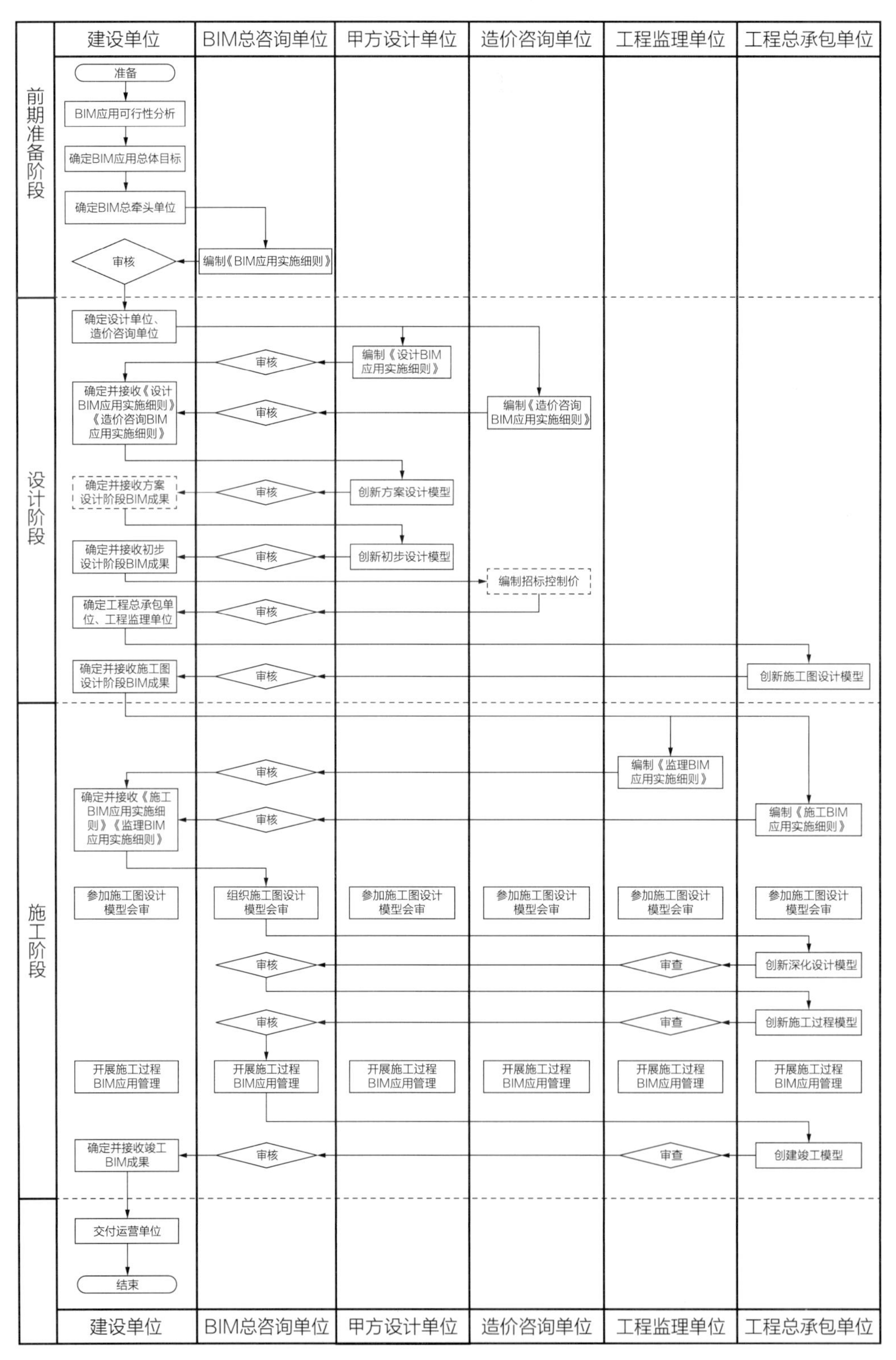


图6-2 基于工程总承包模式的BIM应用整体管理工作流程图

### 2. 专项管理流程设计

（1）设计管理流程设计

基于工程总承包模式的 BIM 应用在设计阶段，相较于传统模式能够实现三维立体化建模。建设单位完成方案设计、初步设计后，可借助相应 BIM 模型开展工程总承包项目的招标工作；工程总承包单位以此为依据开展施工图设计，并进行施工图的设计交底工作。

建设单位委托相应设计单位开展方案设计和初步设计，要求最终提交的不再是单纯的二维设计图纸，而是将 BIM 三维模型作为重要设计成果提交建设单位，建设单位依据最终的初步设计的 BIM 三维模型开展工程总承包单位的招标工作，并将甲方设计单位的 BIM 成果移交工程总承包单位。工程总承包单位在中标后，依据获得项目资料在初步设计的基础上开展施工图设计。此前由工程总承包单位针对初步设计成果文件进行检查核验，就存在的各项设计问题呈报建设单位，由建设单位给出回复。此后由工程总承包单位承担设计责任。在其完成施工图设计后，包括相应的局部深化设计工作，开展施工图设计会审，并就存在的问题进行相应的设计优化。设计人员完成相应的修改工作后，可直接利用 BIM 三维模型开展设计交底工作，以便加深施工作业人员对项目设计的理解。

在设计阶段，借助 BIM 应用软件能够准确地标注存在的设计问题，生成相应检测报告，实现更准确、全面地排查设计过程中存在的设计问题；同时，设计人员能够高效地完成设计修改工作，加快设计进度；BIM 模型的三维立体特性有助于设计人员与工程项目管理人员以及施工作业人员之间沟通交流，减少信息错误率。

（2）施工管理流程设计

BIM 具有强大的模拟功能，可实现施工实施前的模拟，科学安排施工的每个环节，解决了在传统施工技术下仅能凭借经验制定施工方案的问题，极大地提高了施工方案质量，降低了施工风险发生概率。

工程总承包单位可借助施工图 BIM 三维模型编制施工方案。目前，BIM 施工软件已可以实现根据构建好的三维模型自动匹配合适施工方案，只需经过专业施工人员检验无误后，就可继续开展相应的施工模拟工作，并将相应的施工模拟结果呈现出来。在这个阶段工程管理人员最重要的工作就是根据施工模拟辨识风险问题点，从而做好相应的风险处置预案。并将优化好的施工方案以三维视图、重要节点详注等多种方式输出，用于实际施工作业的指导。

在实际施工过程中，受多方因素影响可能会导致实际情况与施工方案的预设出现偏差，需要管理人员将实际施工各项数据及时上传，并就实际与计划值进行比对。对落后于计划情况发生的，及时采取纠偏措施，尽可能将实际扭转到计划的轨道上来；对于快于计划情况发生的，及时调整施工方案计划，合理安排好下步工作的衔接，确保项目顺利实施。

### 6.2.5 基于工程总承包模式的BIM应用平台构建

#### 1. BIM软件功能分析

BIM除了实现三维立体化设计外，其参数化的设计特点实现了便捷的项目分析，为工程项目设计和施工的科学性、可行性提供了保障。

在项目决策阶段，通过开展工程项目场地分析、建设条件分析等指导项目可行性研究工作，为其提供数据支撑。在项目设计阶段，能够实现边设计边分析同步进行，改变了传统设计完成后才能进行设计验证的工作流程，且更易操作。通过结构分析检验项目结构设计能否满足要求，从而提高项目设计的安全性；通过建筑性能分析，可对建筑物的可视度、采光、通风、节能排放等情况能够有详细的了解，从而提高建筑项目的性能、质量、安全和合理性；此外，还可以进行各项主要技术经济指标的统计、设计碰撞检查等工作，减少设计的不合理性，降低因设计而导致的风险发生概率。

BIM有助于工程项目的全寿命周期管理。基于BIM模型开展各项管理工作，避免管理信息传递失真，保证项目参建主体共享同源信息，提高项目信息交互能力，解决信息孤岛问题，并为开展多方协作的管理模式奠定基础。

借助BIM制定传统“三控三管一协调”的管理机制的同时，还能依靠其4D、5D等技术实现施工的进度模拟、设备配置模拟、物料调配模拟等各项模拟工作，从而制定更具全面性、可操作性的技术方案，保证项目实施工作的顺利进行，为复杂程度高、建设周期长、工程体量大的项目提供必要的技术支持。

BIM还能够解决资料管理难题。应用BIM的项目对于形成的多样资料采用构件绑定的管理方式，简单讲就是将资料信息作为模型部品部件的组成部分锁定，生成唯一的编码与实际的纸质文档相对应，并在查看相应构件时，相关信息能一并呈现，实现错综复杂文档的科学分类，降低文档错误率。

此外，BIM根据相应的参数设置并依据模型信息实现自动更新相关统计数据，解决了项目数据统计难、时效性差、准确性不足的难题，实现了设计与施工数据的互通，为制定项目计划、核算项目成本、优化实施方案提供了更精确的集成信息，促进项目建设的可持续发展。

尽管 BIM 所具备的建模功能、分析功能、管理功能在项目管理中解决了平面设计难、沟通交流难、文档管理难等多种问题，发挥了不可替代的重要作用，但项目应用需求对于各功能的实现却依靠不同的 BIM 软件来实现，因此其应用并未达到 BIM 的最大效用，且其发展依然面临着各种困难，如宏观政策不健全、配套产业不发达、专业人才匮乏、技术瓶颈等，难以短期实现 BIM 应用的革命性创新。所以，现阶段最需要解决的是如何构建综合 BIM 应用平台，利用现有的不同功能类型的软件实现功能的集合，以此来解决项目管理对于 BIM 应用的需求。而且工程总承包模式下设计和施工两者需要充分融合，这需要解决设计过程中各项数据资料的完整传递，从而保证项目质量。

### 2. BIM 应用平台分析

以所有项目参建主体共建的数据资源为基础条件，实现不同功能的 BIM 软件的有机结合，从而构成实现工程项目全寿命周期管理功能的有机整体，其本质依然是信息系统集成模型（图 6-3）。BIM 应用平台需提供工程项目全寿命周期的 BIM 创建、管理和应用机制，实现项目全寿命周期各阶段、多参与方和各专业信息共享和无损传递；提供协同工作和业务逻辑控制机制，实现多参与方协同工作及其业务流程组织与调度；为 BIM 软件和相关业务软件提供运行环境及通用的基本业务功能，实现基于 BIM 的各项业务功能。

BIM 应用平台主要具有一般特征和技术特征。其中，一般特征如下：

（1）通用性：为不同类型工程项目管理模式以及子分公司不同组织结构管理流程，提供统一、稳定的基础平台，为未来企业发展、业务拓展奠定坚实的平台基础。

（2）扩展性：平台可面向不同工程项目、子分公司特点，对平台功能、业务流程进行定制开发与功能扩展。平台扩展过程中应保证平台的稳定性和各模块的独立性，降低各模块的相互影响。

（3）灵活性：平台的数据管理应具有一定的灵活性，即可以根据企业不同分公司和项目的业务需要，对数据存储、数据权限进行便利的定制和调整；此外平台的接口、服务、流程配置等也应具有一定的灵活性，实现不同功能、业务流程的调整和定制，服务不同的管理需求及业务流程。

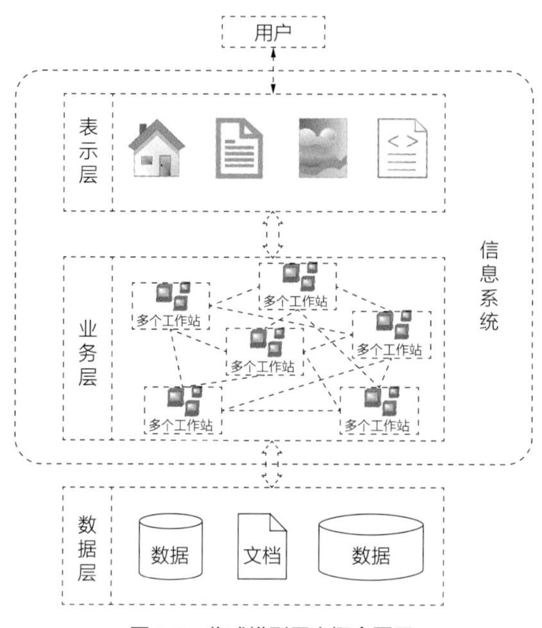


图 6-3　集成模型层次概念图示

随着 BIM 的快速发展，BIM 应用平台在工程项目实施过程中占据越来越重要的位置，不仅是因为住房和城乡建设部印发的《关于推进建筑信息模型应用的指导意见》文件中提出“建立面向多参与方、多阶段的 BIM 数据管理平台，为各阶段的 BIM 应用及各参与方的数据交换提供一体化信息平台支持”，更重要的是 BIM 应用平台能够保证工作信息在传递过程中的正确性、完整性、时效性，还能够尽量减少工作信息受人为的干扰，实现广义的协同以及管理留痕。BIM 应用平台是以 BIM 虚拟建造模型包含的全信息模型属性为基础，能够将工程项目全生命周期中的设计、施工、进度计划编制与管理等整合在同一模型系统中，已经将项目参建主体直接对接到此系统，打破障碍实现协同作业、一模管理、高度集成等工作模式。BIM 应用平台还可与互联网、云计算、物联网等信息技术有机结合起来，突破了时间和空间限制，扩大信息协作与共享规模；实现大规模数据存储与分布式计算；在避免人工收集数据的烦琐与错漏的同时，进一步提高数据信息的准确性与实时性；且能够支持实时、前瞻的分析与决策；同时，有助于实现与企业资源管理系统的有效整合，提高资源的有效管理能力。

借助应用平台开展工作的核心是处理各项信息，从而指导实际工作。结合相关文献将工程总承包项目中涉及的信息资源进行相应的归纳分析，将其主要划分为决策阶段信息、设计阶段信息、施工阶段信息以及运维阶段信息，其中以设计阶段信息和施工阶段信息的作为研究重心，为应用平台的功能分析提供依据。

决策阶段信息：该阶段的核心工作是编制项目建议书和可行性研究报告，通过系列环境分析来明确工程项目目标、确定项目功能、规划发展阶段、估算项目效益等，产生的是项目概况信息、功能信息、成本信息等具有全局性、整体性特征的定性和定量信息，对项目设计具有重要的影响作用，但对于项目仅为参数化和功能描述，可进行针对信息的增加、删减及更改的灵活性操作。

设计阶段信息：工程总承包模式下，设计阶段信息可分为招标前信息、招标后信息两个阶段。招标前信息是由建设单位主导的为开展招标投标工作而产生的信息，主要有方案设计信息、初步设计信息、项目功能手册、合同信息、项目成本信息、设计进度信息、设计质量信息等；招标后信息则是围绕工程总承包单位产生的信息，主要有工程总承包合同信息、标书摘要信息、总体进度计划、投标报价明细、标书文档、工程总承包资质信息、设计变更信息、施工图设计信息等。最终是将规划的功能性标准落实到可开展具体施工工作的实施模型，其过程是大量复杂多变信息相互碰撞而不断修正、完善的过程。

施工阶段信息：相较于前两个阶段，本阶段产生的信息量最大，涉及经济、技术、人员等多方面，主要包括计划阶段信息和实施阶段信息。其中，计划阶段信息为依据施工图设计开展的工程实施计划安排，主要包括进度计划模拟信息、成本计划模拟信息、质量控制模拟明细、人材机需求计划模拟信息等计划信息资源；实施阶段信息是指工程施工过程中产生的各项信息，主要包括施工平面布置模拟信息、实际进度明细、实际成本明细、合同信息等信息资源。

### 3. BIM 应用平台构建

为满足工程总承包项目实施工作的需要，在 BIM 应用平台设置了多种功能，以实现项目设计和施工的功能需求。为更好地体现各项功能的分配情况，构建了基于工程总承包模式的 BIM 应用平台模型，如图 6–4 所示。模型充分展示了模型创建的重要性，其他功能都是紧紧围绕模型来实现，所有的传统管理功能都能够得到很好的体现，还能够根据项目特点实现平台功能的定制化操作，从而满足工程项目的整体需求。

虽然国内 BIM 软件发展不尽如人意，但是为推动我国建筑业的发展，依然需构建相应 BIM 应用平台，提高我国工程项目管理能力，减少资源浪费。为实现基于工程总承包模式的 BIM 应用平台功能，需要从众多的 BIM 软件中选用软件组建应用平台，具体选用办法如下：

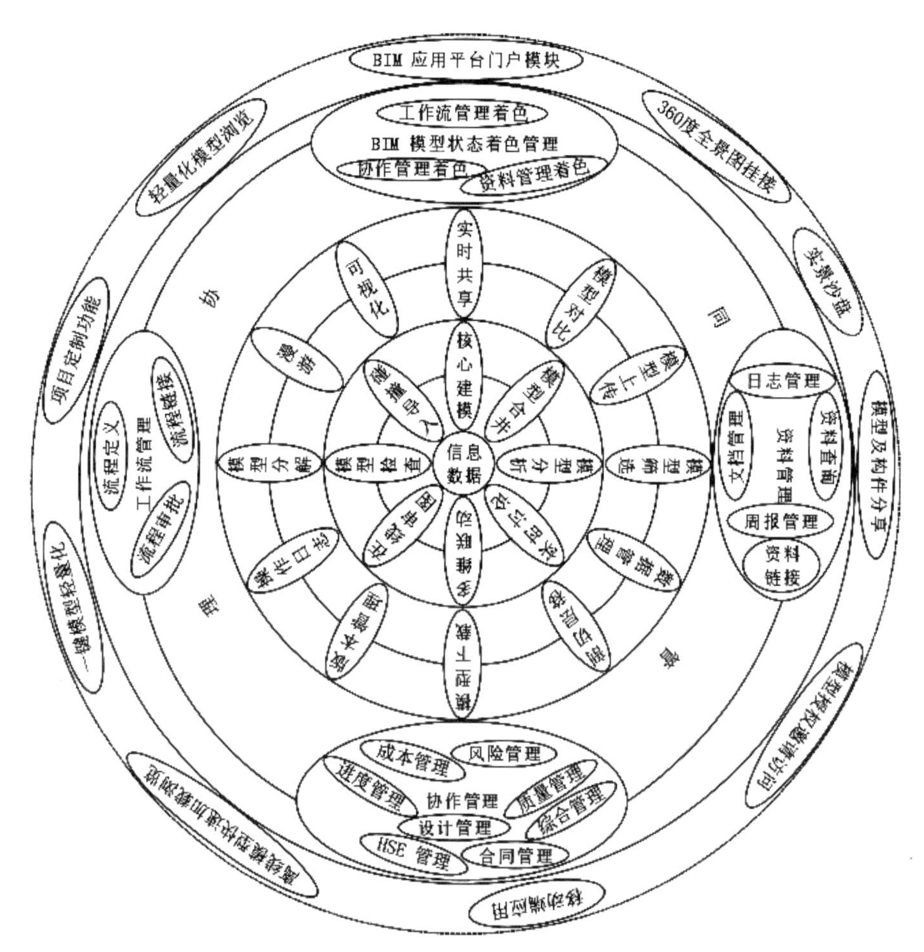


图 6-4 基于工程总承包模式的 BIM 应用平台功能模型

（1）明确项目需求和建设单位要求，选择核心软件构建起模型构建模块的功能要求，既要考虑到甲方设计单位的设计需要，也要考虑到工程总承包单位的设计和施工一体化融合的设计需要；

（2）根据确定的模型构建模块的软件，考虑项目参建主体对于 BIM 模型管理的需要，考虑非设计单位对 BIM 模型的操作需要等因素，筛选出更适合开展模型设计和管理的 BIM 模型软件，从而实现模型管理模块的构建；

（3）基于模型构建模块和模型管理模块，结合工程项目对于协同管理的实际需要，确定流程管理、资料管理及协作管理的要求，完善应用平台功能，实现项目参建主体设计协同外的管理协同；

（4）基于上述三个层次功能的实现，对接更多 BIM 外围应用软件，便于应用平台开展各项项目工作，并对应用平台进行自身的管理工作，维护应用平台的良好运营状态。

此外，在软件选用过程中，项目参与主体要正确理解BIM，符合自身对于BIM应用的发展策略及应用现状，重视BIM应用价值；在构建应用平台选择软件过程中要充分考虑不同软件间的信息集成和交互问题，统一标准，避免信息失真；充分考虑不同软件的在工程项目全寿命周期发挥的价值，充分搭配使用，最大限度地发挥应用平台的价值，实现经济、高效、精确的应用。

### 6.2.6　基于工程总承包模式的BIM应用效益评价

#### 1. 效益及其评价定义

效益是指前期的投入产生的影响作用，可以产出效果和利润额作为量化标准。根据不同的分类标准，可将其分为正负效益、经济效益和社会效益、直接效益和间接效益等多种类型。评价是依据相应的规则对相应的对象进行判断和分析的过程，可采取客观计量、主观评定或两者结合使用的方法。因此，将基于工程总承包模式的BIM应用效益评价定义为：工程总承包项目引入BIM应用后，在其充分发挥各项功能的条件下，采用主客观相结合的方法来分析BIM为工程总承包项目带来的正效益，并将产生的各种类型效益进行定性定量分析，在此基础上构建效益评价越高表示BIM应用越成熟的对应关系，从而呈现更完善的评价结果。构建BIM应用效益评价模型的作用是多方面的：首先，借助该模型衡量工程总承包模式下的BIM应用等级，从而为拟定切实可行的BIM应用方案奠定基础；其次，借助该模型开展BIM应用实施过程中的阶段性评价，及时改善不足之处，实现BIM应用动态控制；再次，对于BIM应用的组织结构、应用流程、应用人才培养等方面实现客观评价，促进BIM应用等级的不断提高；最后，有助于弥补工程总承包单位应用BIM开展项目实施过程中的不足之处和薄弱环节，推动BIM应用健康发展，提高BIM应用效益。

#### 2. 效益评价方法概述

最直接的效益评价方法是直接将项目产生的经济收益作为衡量标准，即采用项目结束后取得收益和扣除项目过程中总共的投入，其差值则为经济收益。此种方法适用于技术简单和各项经济数据易得的工程项目。但基于工程总承包模式的BIM应用项目并不能以此进行简单衡量，一方面是因为工程总承包项目复杂程度高、社会效应大、项目利益者多等特点导致其各项效益难以直接量化具体数据；另一方面是因为 BIM 作为信息技术，具有间接效益高于直接效益的特点。因此，基于工程总承包模式的 BIM 应用效益的评价需要选择更合适方法针对多种类型效益综合分析，获得一个准确、客观、公正、丰富的分析结果。

因为信息技术的特殊性，须将信息经济、管理回报率等指标作为其应用效益评价的影响因素，采用数学评价法、专家评价法、经济评价法、组合评价法等常用效益评价方法。

（1）数学评价法

数学评价法是运筹学评价法、模糊数学评价法及统计分析评价法三部分的统称，其中每部分根据评价过程中应用到的具体模型、公式等又可分为多种类型，如神经网络法、灰色关联分析法、层次分析法、线性规划法、数学网络分析法等。其中层次分析法是指将复杂的决策问题按照相应的层级结构进行分层梳理，从而逐步解决各项问题，达成最终目标的分析方法。

（2）专家评价法

专家评价法是依据相关领域专业人士意见开展的一种评价方法，主要有头脑风暴法、德尔菲法、调查问卷法等，其中头脑风暴及德尔菲法是针对不确定性评价最常用的方法，且两者具有一定的相对性。头脑风暴是集中相关专家在一种轻松愉悦的氛围下针对相关问题进行讨论，鼓励与会专家能够直抒胸臆，不局限于他人想法，从而获得更多解决方案的一种分析方法；而德尔菲法要求参与决策的专家尽可能地分散，借助信件邮寄的方式实现专家意见收集，并通过整理再次征询，重复操作直至参与专家的意见趋于一致的一种分析方法。

（3）经济评价法

经济评价法是以经济学为依据的评价的方法，涵盖了财务评价法、总体拥有成本法、投入产出比法，以及可行性分析等多种评价方法，并应于不同的领域开展各项评价。其核心是根据工程项目的直接经济投入成本与生成的效益之间的比较，并可将信息技术带来的综合效益作为评价的重要影响因素考虑其中，从而保证评价的客观性。

（4）组合评价法

由于每种评价方法都具有其适用的局限性，因而现阶段更多的研究学者侧重于采用多种评价方法的组合形式来开展各项研究工作，实现不同评价方法之间的优势互补，从而提高了研究的科学性、严谨性。如数学评价法与专家评价法的结合，能够解决数学评价法的数据来源的可靠性、现实性问题，而数学评价法能够同时针对获得的大量专家意见进行更合理的分析，最终实现最佳评价结果。

### 3. 效益评价体系构建步骤

（1）拟定效益评价目标

基于工程总承包模式的BIM应用效益评价本质目的是推动BIM应用于工程总承包项目的开展，但局限于现阶段社会各方对于BIM的理解，需借助其产生的效益作为依据来促使其获得更客观、公正的认识。因此，在相应效益评价文献研究的基础上将效益评价目标确定为以下两个方面。

① 重新认识BIM应用价值

目前，项目参与主体对于BIM应用更倾向于资源浪费的认识，因而迫切需要通过应用效益评价来扭转这种认识，来推动其应用工作的开展。通过客观的应用效益评价将BIM应用产生的直接效益和间接效益进行综合评价，并将其量化为更直观的评价数据，从而使得项目参建主体对于BIM的应用成本和效益产出有清晰的认识，以此改变其固有认识。

② 提高BIM应用水平

项目参建主体单位通过应用效益评价能够对其自身负责的各项工作计划完成度、预定目标的实现、主要指标是否达标等作出更客观、准确的评价，且能对工作过程中存在的问题和不足充分认识，从而提高其BIM应用水平；同时，基于阶段性的效益评价能够准确地测算项目决策阶段、设计阶段、施工阶段以及运营阶段等各阶段的效益，一方面指导制定更合理的BIM应用风险和效益分配方案，另一方面能够清楚地认识到BIM应用在项目具体实施阶段的不足，从而提高其改善方案的针对性，促进BIM应用水平的提高。

（2）拟定效益评价原则

BIM作为一种特殊的信息技术，其应用效益评价体系的构建需在借鉴信息技术应用效益评价体系构建原则的基础上，针对其应用的特殊性，构建适合其开展效益评价的评价原则，从而实现其评价体系的有机统一性。

① 全面性原则

基于工程总承包模式的BIM应用实现的是工程项目全寿命周期的应用，涉及工程项目的各个方面，其产生的效益也将是多方面的，既含有直观的经济效益，也含有隐蔽的社会效益。因此，构建的效益评价体系需全面反映其效益，从而准确、全面地反映其实际应用效果。

② 科学性原则

科学性原则主要表现为评价体系的系统性、准确性、合理性和可行性方面。首先，应用效益评价体系的构建涉及方方面面，形成的指标呈现多样化、复杂性、无逻辑性，这就需要梳理出能够代表每个指标层级的指标，且能够反映出指标间的各种关系，从而使评价体系具有需要满足系统性要求；其次，在选择评价指标体系中的每个层级指标时，需要对于指标的准确性进行审查，确定其能否表达清楚相应的效益情况；再次，评价指标体系中的指标所涵盖的内容不同、侧重点不同，也就表现出不同的重要性，这需要在构建过程中合理安排指标，确保评价体系的应用效果；最后，依据信息技术效益评价指标可定性定量化的标准，基于工程总承包模式的 BIM 应用效益评价指标同样需满足指标的定性或定量的计算要求，才能够利用各项数据实现最终评价效果的核算，即满足可行性要求。

③ 可操作性

基于工程总承包模式的 BIM 应用效益评价体系可根据工程项目实际情况的需要，以及 BIM 应用的发展情况作出相应的调整，才能够始终保持评价体系的科学性、全面性，这就意味着评价体系中的指标因素能够进行相应的动态调整。

（3）效益评价体系分析与构建

在效益评价目标和原则驱动下，结合相应的应用实践，对于效益评价相关文献进行深入分析，从中初步筛选相应的评价指标元素，构建初步的效益评价体系。然后，针对构建的初步体系，开展访问座谈，听取专业领域内相关专家学者的改进意见，重新评估、重新构建指标体系，直至构建出适合开展工程总承包模式的 BIM 应用效益评价指标体系，并以此为重要依据构建效益评价模型。

### 4. 效益评价模型构建

（1）BIM 应用能力分析

Succar 等学者针对 BIM 发展规律提出其应用成熟度理论，并构建了基于建筑设计阶段维度、基于协同程度和基于表现对象性质三种不同等级界定的分类方式。以 Succar 构建的基于协同程度的 5 等级成熟度模型（表 6–1）为基础，结合我国 BIM 应用现状，构建基于工程总承包模式的 BIM 应用能力等级，作为应用效益评价的输出，并将其简化为 4 个等级，从低到高分别为 D 级、C 级、B 级、A 级，如表 6–2 所示。

基于协同程度的 BIM 应用成熟等级分类表　　表 6-1

| 级别 | BIM 应用阶段 | 说明 |
| --- | --- | --- |
| 1 | 早期 BIM | 大多依靠二维的文件来描述三维的显示。即使生成三维的效果图，但效果图是脱节的，仍需依靠二维文件和详图。建筑业的特点是对立的关系，通过合同的安排来避免和规避风险 |
| 2 | 基于物体建模 | 使用者在三个项目全寿命周期阶段：设计、施工和运营中产生单专业模型。BIM 模型交付包括建筑设计模型和风管制作模型，主要用于对二维文件和三维效果图的协调。该阶段与早期 BIM 阶段类似，在不同的专业之间没有显著的基于模型的交换 |
| 3 | 基于模型协同 | 在单专业建模的基础上参与方积极与其他专业的参与方协同。基于模型协同的两个不同例子包括：通过专有格式和非专有格式的模型或者部分模型的交流（协同的交换） |
| 4 | 基于网络集成 | 在项目全寿命周期的集成模型被创建、被共享、被维护，并通过网络，协同工作可以充分发挥其功效，数据模型也变成丰富、统一，并且共享在各个阶段 |
| 5 | IPD | 一种项目交付的方法，将人员、系统、组织和实践集合进一个过程，在这个过程中协同化地运用所有参与者的智慧和见解来最优化项目结果，对业主增加价值、减少浪费，并在整个的设计、制造和施工阶段效率最大化 |

基于工程总承包模式的 BIM 应用能力评定标准　　表 6-2

| 级别 | 说明 |
| --- | --- |
| D | 仅实现基于 BIM 各专业建模功能，模型中包含丰富数据信息，但对于项目效益产生的影响微弱 |
| C | 建立了合适的 BIM 体系，各专业利用 BIM 技术进行协同管理，管理能力提高对于项目效益影响明显 |
| B | 熟练使用 BIM 技术，模型数据信息集成，各专业高度协作，进一步提高项目效益 |
| A | BIM 技术作为基本的工程项目管理方法，数据高度集成，各专业全面协作，对于项目效益产生重大影响 |

（2）效益评价模型构建

基于工程总承包模式的 BIM 应用效益评价模型以效益评价指标体系、BIM 应用成熟度等级以及总承包项目开展阶段三个不同角度为基础，构建出如图 6–5 所示三维评价模型。X 轴代表了工程总承包项目实施过程中重要的五个阶段（方案设计阶段、初步设计阶段、施工图设计阶段、施工阶段、验收阶段）；Y 轴代表了最基本的指标评价体系，也是开展评价的核心，从财务、产品、组织、管理、战略方面对于相应的阶段进行分析；Z 轴代表了 BIM 应用能力等级，同时也是评价其应用效益的标准。

（3）评价等级确定

将主客观评价指标体系中的每个指标设定为满分为 100 分。对于客观指标直接量化分数；对于主观指标，通过访谈和调查问卷方式，确定量化分数。然后对分数进行加权平均（权重设计根据项目性质、BIM应用现状、未来发展导向等方面设计），确定最后得分，分数在90～100分之间（含90分）确定为A级，分数在80～90分之间（含80分）确定为B级，分数在70～80分之间（含70分）确定为C级，分数在60～70分之间（含60分）确定为D级，分数小于60分的为未达标。

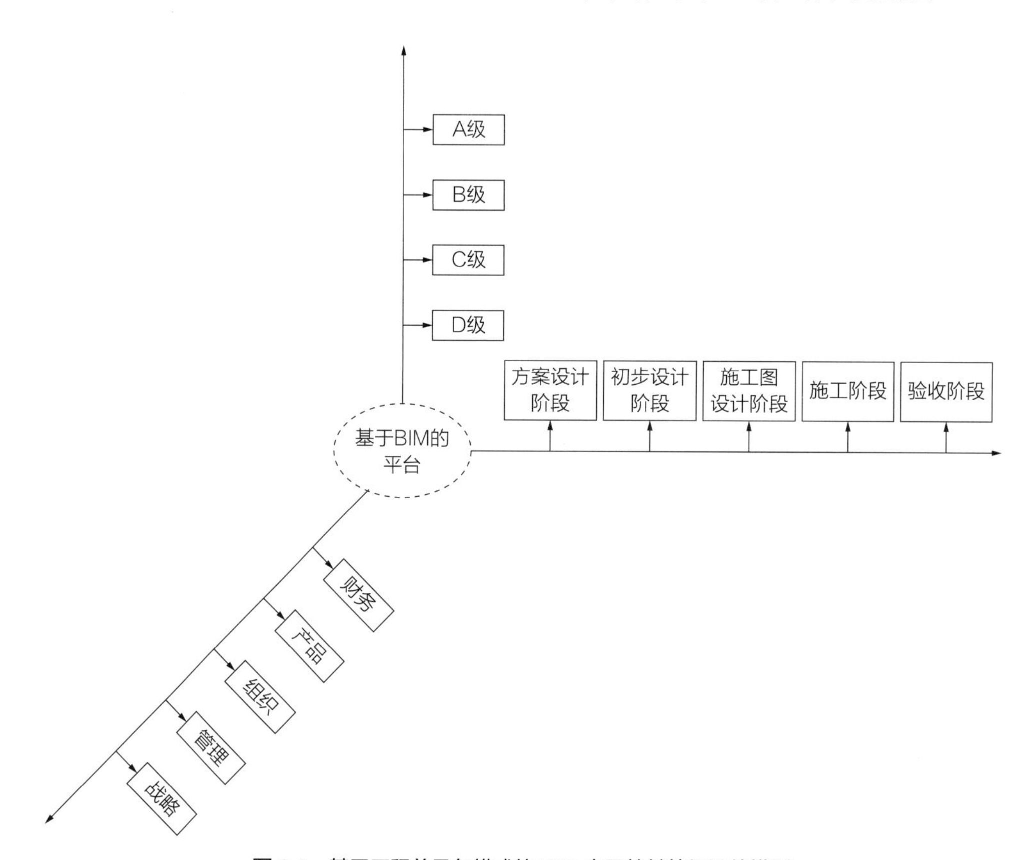


图6-5 基于工程总承包模式的BIM应用效益等级评价模型

# 第7章 中建八局 EPC 工程总承包管理实践

## 7.1 中建八局 EPC 工程总承包管理现状

### 7.1.1 EPC 工程总承包管理制度

20 世纪 80 年代末，中国建筑第八工程局有限公司（以下简称“中建八局”）就紧跟国家导向，推行“鲁布革”经验，实施“项目法”施工，拉开现代项目管理模式的序幕。在全国率先探索总承包管理，颁布了《中建八局总承包管理实施手册》。推行项目总承包管理，在行业里产生了重要影响。在“机场航站楼、会议展览、体育场馆、文化传媒、医疗卫生、城市综合体、轨道交通、公路桥梁、高速铁路、石油化工、大型工业厂房”等领域，积累了丰富的工程总承包管理经验，形成了企业竞争优势。

近年来，国家住房和城乡建设部持续对资质管理、招标投标管理、行业考核，以及整个工程建设产业链等方面进行改革，增强了建筑行业工程总承包管理的要求。随着建筑市场的发展升级，许多项目推行了 PPP、EPC、工程总承包和项目总承包等先进管理模式。为适应市场需求增强顶层设计、基础管理、设计管理、计划管控、专业管控、客户满意，提高工程总承包管理能力和资源优化配置能力，增强核心竞争力，保持企业优质高效发展，中建八局在 2016 年年度工作会议上将当年确定为“工程总承包管理年”，将推进工程总承包管理能力的持续提升作为企业战略发展要务，实施工程总承包管理提升三年规划，2016 年为局“工程总承包管理年”，2017 年为局“工程总承包管理推进年”，2018 年为局“工程总承包管理提升年”。力争用 3 年的时间将工程总承包管理打造成中建八局新的核心竞争力，引领行业发展。

三年行动坚持整体策划、全面部署、分步实施、不断完善的总体要求，落实转观念、强设计、推模块、夯基础、抓示范的“十五字工作方针”，推行全过程、全方位、全专业的“三全管理”，聚焦深化设计和优化设计能力、计划管控能力、采购管理能力、专业管理能力、资源整合能力“五大能力”的提升，扎实开展推进设计管理、计划模块管理、资源整合、成果转化、加强过程考核的“四推进一考核”工作，努力实现标准化、信息化、职业化、科学化、国际化的“五化目标”，建立了合同转化率、深优化设计效益率、采购管理效益率、总承包管理效益率等多维度的考核指标。基本形成具有中建八局特色的工程总承包管理理论架构，管理意识基本形成、顶层设计逐步完善、履约能力显著增强、管理品质持续提升，全局“工程总承包管理能力持续提升”初显成效。

通过局工程总承包管理提升活动，完善设计管控、计划管控、采购管理、专业协同、资源整合等相关管理制度和考核办法，2018 年开始全面推广应用工程总承包管理的实施指南、12 类项目计划管控要点、计划模块管控系统、EPC 项目管控要点。

2019 年是“企业发展质量提升年”，为加快推进工程总承包管理能力持续提升，在三年规划成果的基础上，中建八局决定继续深入开展工程总承包管理“两年提升行动”。活动聚焦重点、强化创新、注重创效、提高质量，围绕“五大能力”提升，强化“设计、采购、施工”一体化的能力建设，引导项目向“设计、采购、施工”一体化方向推进，用“工程总承包管理理念”管理所有“施工总承包”项目，努力实现“1151”目标，即坚持以项目为中心，打造总承包管理共享平台，实现五大能力整体提升，形成企业新的核心竞争力。

2020 年是“十三五”的收官之年，为贯彻落实中建集团“一创五强”战略，对标世界一流企业，应对行业发展的新趋势，坚持项目管理模式创新，做好顶层设计，围绕“优势培育、设计引领、高效采购、资源整合、专业发展、提质增效、运营考核、风险防控”等八个方面的能力提升，把握和谋划全局 EPC 工程总承包管理业务，中建八局决定开展“中建八局 EPC 工程总承包管理三年行动”，再次拉开了全局工程总承包管理能力新一轮提升的大幕。

### 7.1.2　设计管理

#### 1. 内部资源

全局共有建筑工程、市政、公路、风景园林等各类甲级设计院 8 家，其中局属设计院 2 家（设计管理总院、济南院），公司级设计院 6 家（一、二、三、四公司，无锡院及装饰公司所属设计院），此外有战略协作关系的设计院 83 家，基本满足局设计业务支撑要求。

从各设计院的发展定位及业务构成来看，局属设计院中，设计管理总院发展定位为立足全局的“设计服务平台、专业支撑平台、业务孵化平台”，业务构成为工程设计、设计管理、设计优化、设计咨询，但由于成立时间短，运营机制有待完善，缺少设计行业领军人才，品牌效应和综合能力有待进一步提升。

济南中建院发展定位为“立足中建、服务八局”，设计、监理、造价三大板块资质齐全，市场营销布局完善，局内市场和地方市场并举，具有一定品牌知名度；但经营规模、发展质量一直没有大的突破，需进一步优化资源配置，突破发展瓶颈。

公司层级设计院发展定位为立足于本公司工程总承包项目，业务构成主要为工程设计、设计营销、设计咨询、技术服务等，优势在于能够以项目为依托，便于打破设计施工壁垒，促进设计施工深度融合，充分发挥设计效能，但由于成立时间短，体系建设待完善，人才吸纳能力不足，人力比例不均衡，在团队建设、业务范围拓展，综合能力提升及品牌知名度打造方面仍任重道远。

全局拥有各类设计资质 30 项，其中市政行业资质 4 项，公路行业资质 1 项，建筑行业资质 13 项，风景园林工程专业资质 2 项，规划资质 2 项、造价咨询资质 1 项、工程监理专业资质 2 项、岩土工程资质 1 项、特种设备资质 1 项、装饰智能化及照明工程专业资质 2 项、建筑幕墙工程专业资质 1 项，基本满足各单位主营业务开展需求，但是涉及基础设施类的行业资质仍是我们短板，应逐步配备，为工程总承包业务范围的拓展提供更有力的支撑。

#### 2. 管理流程

（1）建筑方案设计流程，如图 7–1 所示。

（2）初步设计流程，如图 7–2 所示。

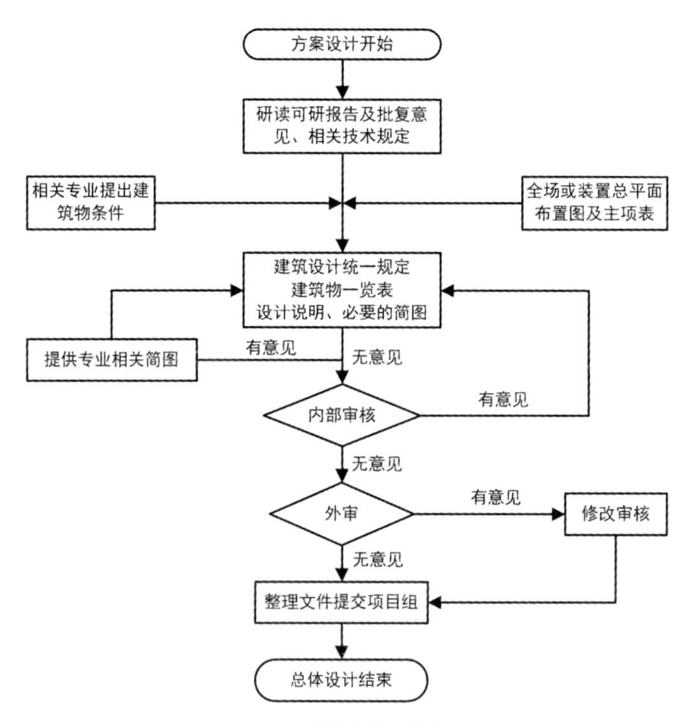


图 7-1　建筑方案设计流程

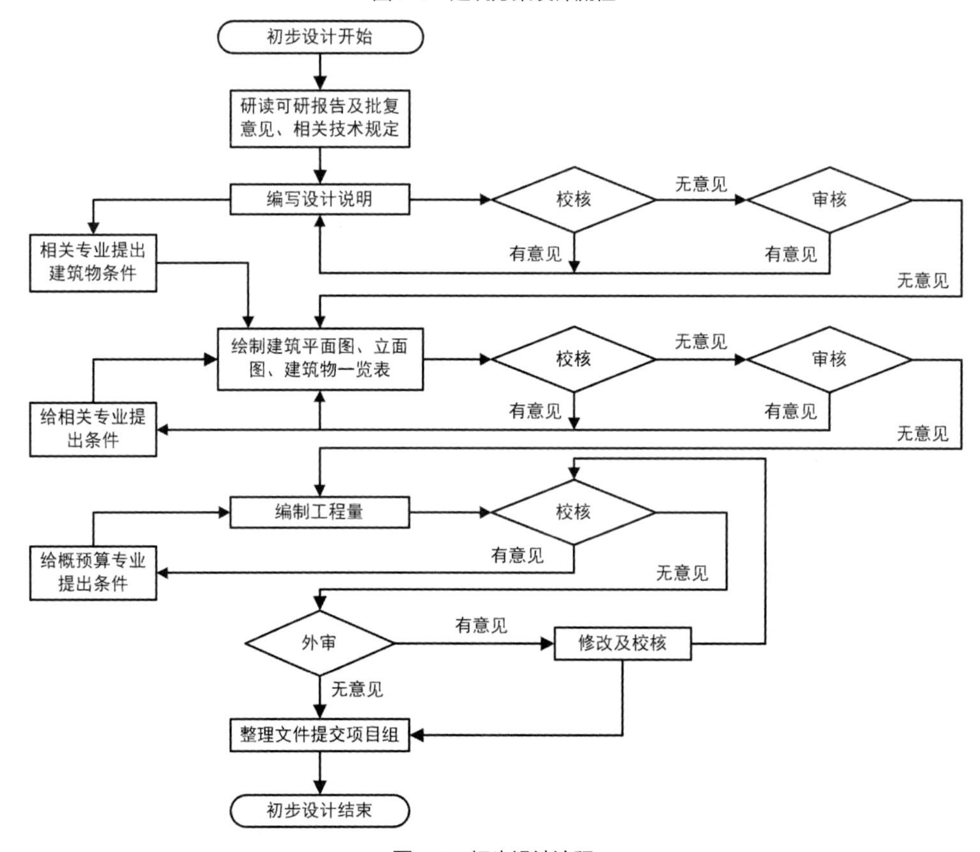


图 7-2　初步设计流程

（3）施工图设计流程，如图 7–3 所示。

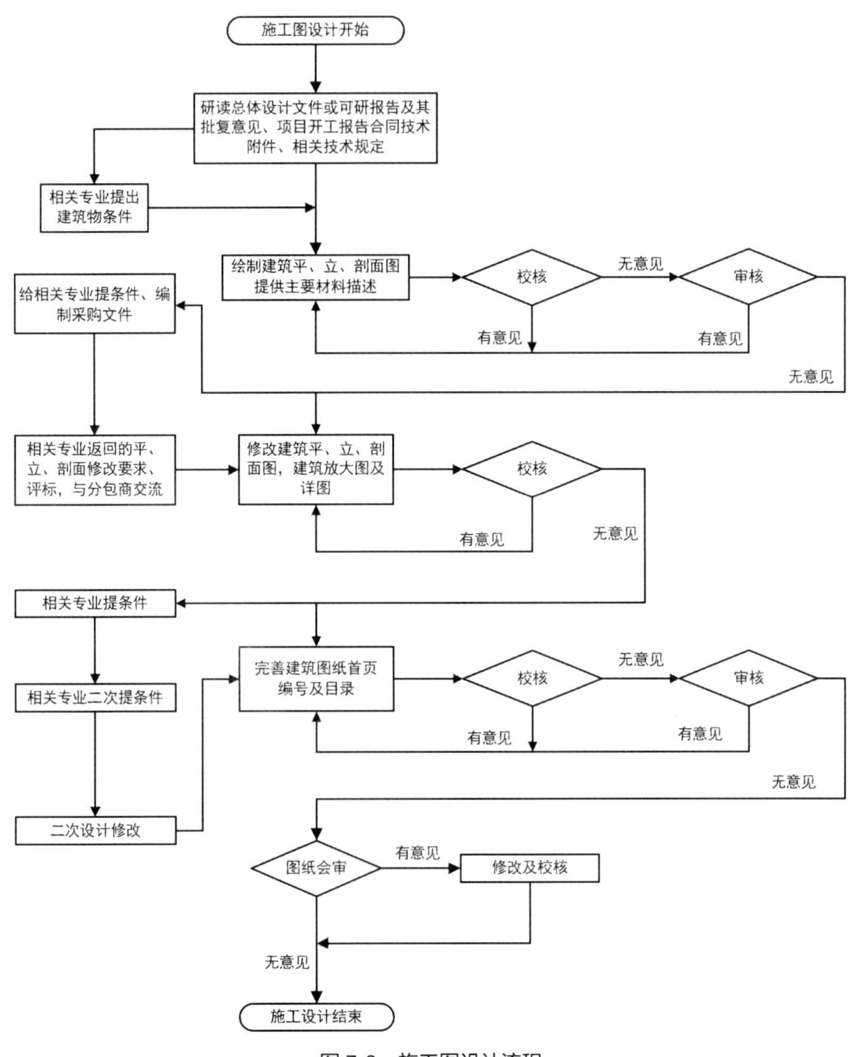


图 7-3　施工图设计流程

（4）限额 / 限量设计，如表 7–1 所示。

① 拟定多种设计方案，由设计人员提出满足业主要求的多种设计思路，由费用控制人员进行经济比较，在满足设计要求的前提下选择投资额最合理的方案。

限额/限量设计内容 表7-1

| 序号 | 限额/限量设计 | |
| --- | --- | --- |
| 1 | 初步设计的方案选择 | (1)在初步设计开始时，设计经理应将可行性研究报告的设计原则、建设方案和各项控制经济指标向设计人员交底，对关键设备、工艺流程、总图方案、主要建筑和各项费用指标要提出技术、经济比较选择方案；<br>(2)在初步设计限额设计中，各专业设计人员在拟定设计原则、技术方案和选择设备材料过程中应先掌握工程的参考造价和工程量，严格按照限额设计所分解的投资额和控制工程量进行设计；<br>(3)以批准的设计任务书的估算作为初步设计的限额 |
| 2 | 控制施工图预算 | (1)将施工图预算控制在批准的设计概算范围以内并有所节约。施工图设计应按照批准的初步设计确定的原则、范围、内容、项目和投资额进行；<br>(2)施工图阶段限额设计的重点应放在初步设计工程量控制方面，控制工程量一经审定，原则上不得突破；<br>(3)当初步设计受外界条件的限制时，需要局部修改、变更，可能引起已经确认的概算的变化，须经核算与调整；<br>(4)当建设规模、产品方案、工艺方案、工艺流程或设计方案发生重大变更时，原初步设计已失去指导施工图设计的意义，此时必须重新编制或修改初步文件，另行编制修改初步设计的概算报原审批单位审批 |
| 3 | 加强设计变更管理 | (1)若在设计阶段变更，只需修改图纸，损失有限；若在采购阶段变更，则不仅要修改图纸，还须重新采购设备和材料；若在施工期间发生变更，除发生上述费用外，已建工程还可能将被拆除，势必造成重大变更损失；<br>(2)为做好限额设计控制工作，应建立健全相应的设计管理制，尽可能将设计变更控制在设计阶段，对影响工程造价的重大设计变更，需进行由多方人员参加的技术经济论证，获得有关管理部门批准后方可进行，使建设投资得到有效控制 |

②限额设计的管理

执行技术责任制，每一个建设项目都要指定总体设计负责人和各专业负责人，组成总体组，负责该建设项目限额设计的综合管理，包括分阶段的限额匡算、检查，切块分配，以及切块间的协调等。其他参加该建设项目的各层组织和人员也要明确制定实行限额设计的职责，做到分工明确，各司其职，各负其责，通过各自任务的完成来实现总的限额目标。

③限额设计流程，如图7–4所示。

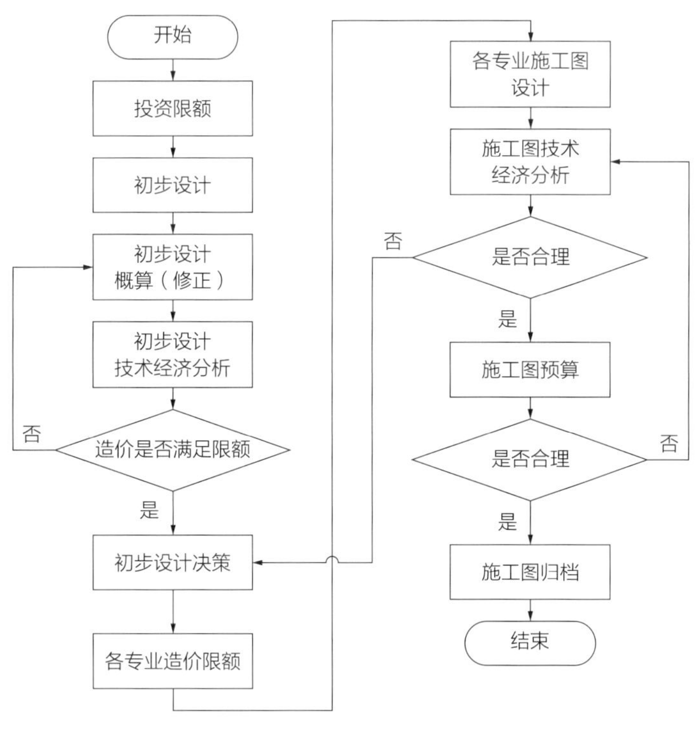


图 7-4　限额设计流程

④ 限量设计

限量设计概念的提出一般针对结构设计。对于大部分建筑物，工程造价中约有 50%～70% 用于结构工程，设计单位在设计工作中严格控制用钢量及混凝土用量不得超过某个限制。因此，在设计过程中应正确对待限量设计，正确处理结构安全和经济性的关系，而影响结构经济性的关键因素在于结构选型、结构设计参数和设计制图的精确性。

⑤ 设计质量

设计质量应包括设计质量指标和设计质量标准两大部分。设计质量指标一般包括外观、色彩、造型、形状、功能和表面装饰等质量品质与特性；而设计质量标准一般是参照国家标准或国际 ISO 标准体系的规定来确定。

⑥ 设计内部协调管理

设计内部协调要求明确并定期检查，同时根据情况调整计划。各专业一次设计条件编制完成后，应按有关规定对其进行校审并予签署。校审应形成记录。完整签署后的一次设计条件由专业设计人员发送至各相关专业。接受一次设计条件的专业负责人或其委托人应对该条件予以确认并在所接收的条件资料上签字。

（5）设计与采购协同，设计与采购管理内容如表 7–2 所示。

设计与采购管理内容　　表 7-2

<table>
<tr><th>序号</th><th colspan="2">设计与采购管理</th></tr>
<tr><td colspan="3">采购纳入设计程序。设计部应负责编写请购文件、编写招标或询价文件的技术部分，组织参与技术评标，编写技术协议，确认供货厂商提供的资料。协助采购经理处理设备材料制造过程中设计及技术问题，参加关键设备材料验收</td></tr>
<tr><td>1</td><td>编制请购文件</td><td>（1）设备、材料请购文件是设备采购、材料询价文件的重要组成部分，即设备、材料采购询价文件的技术要求部分；请购文件由设计经理组织设计人员完成；<br>（2）设备、材料请购文件的主要内容：设备、材料型号规格参数及性能指标、数量；设备制造适用标准规范、布置及接口、能源介质及排放等要求；需供货厂商提供的资料的要求；其他需要说明的内容；请购文件具体格式和内容要求按各专业作业指导书要求编制；<br>（3）设备、材料请购文件由设计人员完成后，经专业负责人审核，设计经理和商务经理审查，交项目经理审批；<br>（4）经批准的设备请购文件，由项目经理签发后送至商务经理</td></tr>
<tr><td>2</td><td>报价技术评审</td><td>（1）投标商报价的技术评审工作由项目设计组织有关专业负责人进行；<br>（2）评审主要内容：设备材料制造厂商资质、能力、业绩；供货设备的完整性，设备能力及主要技术参数，运行费用及消耗指标等；主要材料及外购件的选择、设备的接口尺寸等；制造、检验、验收标准；质量保证期和售后技术服务；设备随机资料，需相互提供资料图纸内容、份数、时间及确认要求；<br>（3）技术评审后，应填写工程建设部编制的技术评审表，供项目采购组进行报价比选；评审意见中应提出“推荐”“优先推荐”和“不推荐”的明确建议</td></tr>
<tr><td>3</td><td>供货厂商技术协议谈判</td><td>设计经理根据采购需要组织设计人员参加与供货厂商技术谈判，进一步核实询价、报价技术说明和供货范围，澄清报价技术评审中提出的技术问题，配合采购人员起草、洽谈并签署合同技术附件</td></tr>
<tr><td>4</td><td>配合采购处理采购过程中的设计及技术问题</td><td>（1）设计经理根据采购要求，必要时组织设计人员参加关键设备、材料的验收工作；<br>（2）协助商务经理处理设备材料制造过程中设计及技术问题；<br>（3）按照工程变更管理程序，进行设计变更或修改</td></tr>
</table>

### 7.1.3 采购管理

成立局采购管理部，围绕EPC管理能力提升，以构建海内外采购一体化为目标，以优化采购管控体系为抓手，以实现“1235”大采购管理为驱动，规范采购行为，整合高端资源，不断提升全球资源配置能力。完善采购体系架构，提升全产业链采购能力，强化资源整合，建立一体化采购资源平台，实施采管分离，发挥集采优势，提高采购效率，强化合规管控，规范采购行为，助力高效履约和采购价值创造。

#### 1. 集中采购，有序推进

一是综合指标，中建排头。近三年，云筑平台采购交易额 4181 亿元，平均年增幅 32.6%，平均物资采购效益率 7.1%；综合指标保持中建排头，在中建集团 2017、2018 年度考核中名列第一。

二是区域联采，以量换价。连续六年承办中建集团华东区域钢筋联采，累计采购总额 1500 亿元；组织大宗物资跨区联采，覆盖模板、木方、电线电缆等 63 项品类，2019 年度区域联采履约金额 251.98 亿元，成本降低 6.61%。

三是集采优势，破解难题。面对 2020 年突发疫情，集采统筹对接全国 380 家口罩生产商，整合比亚迪、飘然、亚都等口罩生产厂商直供防疫物资，全局第一时间共计采购口罩 977 万只，为复工达产奠定了坚实基础。

### 2. 合规管控，稳步提升

一是两化融合，规范流程。云筑线上招采比例不断提高，将标准化流程植入云筑网，实现了分供准入、招标定标、合同评审、结算对账线上一体化。

二是合规行为，逐步提高。建立了“三级单位自查、二级单位核查、局总部抽查”的合规性考核机制，采购合规率由 86% 提升至 92.8%。

### 3. 资源整合，集成共享

一是重视资源整合，集成品牌信息。集成 1.5 万条品牌资源信息，打造了中建八局版“百度”搜索引擎，为优化设计、投标报价、成本管控提供支撑，实行公开、专用、保密三级管控。

二是重视战略合作，实现互利共赢。培育一批有实力的战略分供商，与中联水泥、徐工集团、五矿钢铁、中联重科、中铁物资等 64 家行业龙头企业深度合作。

### 4. 创新创效，协同发展

一是创办创新创效大赛。连续三年举办采购管理创新成果大赛，共集成 118 项成果，9 项成果入选中建集团《供应链管理案例集》，1 项成果荣获中建青年创新创效大赛银奖。

二是打造采购创新模式。联合中建电商，开发云筑 MRO 平台，2019 年度电商交易额 8.8 亿元，成本降低率达 10.82%。

三是推行新技术新材料。采购联动科技，推广应用以钢代木、轮扣式模架体系，平均成本降低 21%；324 个项目应用云筑地磅收验货系统，685 个项目应用云筑移动点验系统，打造智慧验收。

### 5. 物资采购流程（非集采）（图 7-5）

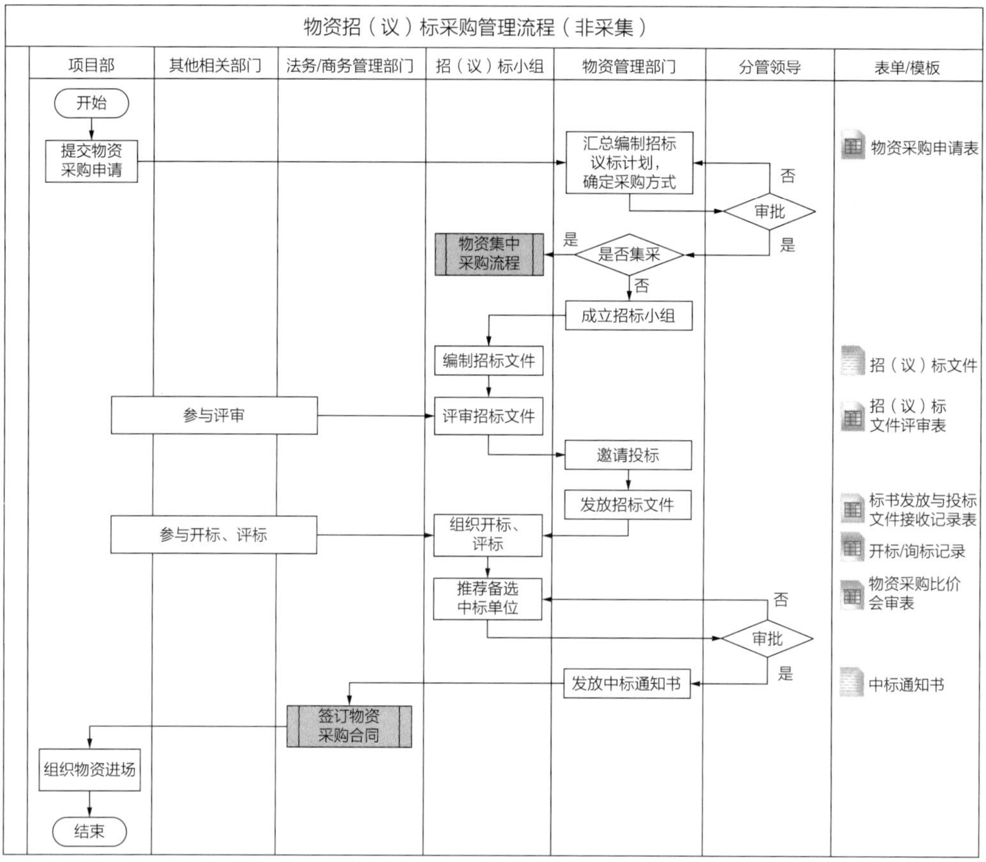

物资招（议）标采购管理流程（非采集）

项目部 | 其他相关部门 | 法务/商务管理部门 | 招（议）标小组 | 物资管理部门 | 分管领导 | 表单/模板

开始
提交物资采购申请
汇总编制招标议标计划，确定采购方式
审批
否
是
是否集采
是
物资集中采购流程
否
成立招标小组
编制招标文件
参与评审
评审招标文件
邀请投标
发放招标文件
参与开标、评标
组织开标、评标
推荐备选中标单位
审批
否
是
发放中标通知书
签订物资采购合同
组织物资进场
结束
物资采购申请表
招（议）标文件
招（议）标文件评审表
标书发放与投标文件接收记录表
开标/询标记录
物资采购比价会审表
中标通知书

图 7-5　物资采购流程（非集采）

## 7.1.4　总承包管理

### 1. 总承包管理主要业务（表 7-3）

总承包管理主要业务　　表 7-3

| 阶段 | 主要业务 |
|---|---|
| 跟踪阶段 | 信息跟踪、协助手续办理、参与初步设计 |
| 投标阶段 | 营销策划、投标 |
| 实施阶段 | 项目部组建、总承包合同谈判及签订、编制项目管理策划并交底、编制实施计划并交底、编制总承包管理相关制度及交底、图纸设计、采购管理、组织实施（商务管理、设计管理、计划管理、现场管理、信息管理、分包管理、物资管理、技术管理、质量管理、安全管理、财务资金管理等其他管理）、工程验收及结算 |
| 运营阶段 | 移交、回访及保修 / 维修 |

## 2. 总承包管理流程（图 7-6）

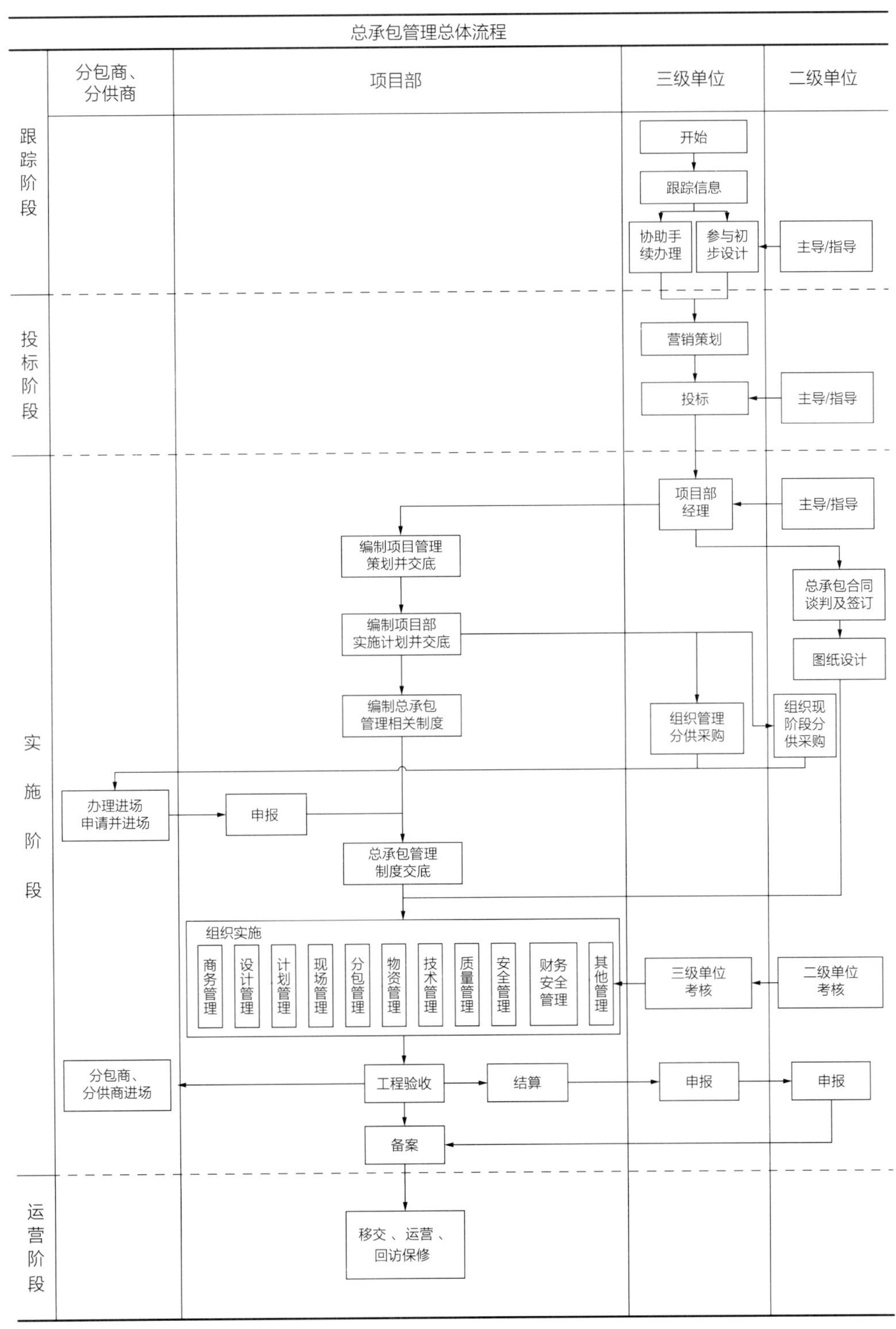


图 7-6 总承包管理流程

## 3. 总承包管理工作要求（表 7-4）

总承包管理工作要求　　表 7-4

| 阶段 | 序号 | 关键活动 | 管理要求 | | 时间要求 | 主责部门/岗位 | 相关部门及责任人 |
|---|---|---|---|---|---|---|---|
| 跟踪阶段 | 1 | 跟踪信息 | | 通过客户、发展改革委、招商局、规划局、国土局、设计院、招标代理、监理、咨询机构、网站、自然人和分供商等相关方获取跟踪信息，做好客户资信调查以及项目营销策划与实施 | 适时 | 二级/三级单位市场部 | 二级单位市场部 |
| | 2 | 协助手续办理 | 进场前 | 三级单位市场部尽可能配合、协助业主进行项目建设相关程序手续办理 | 适时 | 二级/三级单位市场部 | 三级单位市场部/拟派项目经理 |
| | | | 进场后 | 项目部配合、协助业主进行项目建设相关程序手续办理 | 适时 | 项目经理 | 三级单位市场部 |
| | 3 | 参与初步设计 | 设计对接 | 重大项目原则上与拟投标工程的设计院对接，了解拟投标工程的设计概况（使用功能、工程规模、结构形式、建筑概况、机电工程概况等） | 投标前 | 二级/三级单位市场部 | 二级单位市场部、科技部/三级单位施工管理部、商务管理部 |
| | | | 概算与建议 | 有条件的重大项目可协助设计方编制工程概算，提出优化设计合理化建议 | 投标前 | 二级/三级单位市场部 | 三级单位总经、总工 |
| | | | 配合招标文件编制 | 协助有关方面确定招标范围；添加对总承包单位的授权管理条款 | / | 二级/三级单位市场部 | 二级单位市场部/三级单位总经、总工 |
| 投标阶段 | 4 | 营销策划 | | 详见《市场与客户管理手册》3.1.2 营销策划 | 营销推进会 | 二级/三级单位市场部 | 二级单位市场部/三级单位总经、总工 |
| | 5 | 投标 | 设计方案 | 保持与设计院的协商沟通，协商确定总体施工部署及重要施工方案 | 方案编制前 | 二级单位科技部 | 二级单位市场部、科技部 |
| | | | 工程总承包投标文件编制 | 依据业主、设计等方面要求组织编制投标文件 | 适时 | 二级单位市场部 | 二级单位市场部、科技部、商务管理部、合约法务部、工程管理部、采购管理部 |
| | | | 施工总承包投标文件编制 | 依据业主、设计等方面要求组织编制投标文件 | 适时 | 三级单位市场部 | 二级单位市场部/三级单位施工管理部、商务管理部、物资设备部 |

续表

<table>
<tr><th>阶段</th><th>序号</th><th>关键活动</th><th colspan="3">管理要求</th><th>时间要求</th><th>主责部门 / 岗位</th><th>相关部门及责任人</th></tr>
<tr><td rowspan="12">实施阶段</td><td>6</td><td>项目部组建</td><td colspan="3">按照《项目管理策划书》项目管理岗位人员配置表以及《人力资源管理手册》3.1.2 项目组织机构管理相关要求组建项目部</td><td>中标后 7d</td><td>二级单位人力资源部</td><td></td></tr>
<tr><td>7</td><td>总承包合同谈判及签订</td><td colspan="3">总承包合同签订前，强化总承包管理权，其他要求执行《合约法务管理手册》3.1 合同管理</td><td>/</td><td>二级单位合约法务部 / 项目经理</td><td>二级 / 三级单位相关职能部门</td></tr>
<tr><td>8</td><td>编制项目管理策划书并组织交底</td><td colspan="3">重点项目二级单位负责，其他项目三级单位负责，编制要求详见《施工管理手册》3.1 项目管理策划</td><td>中标后 2d 开始，15d 内完成</td><td>二级 / 三级单位工程管理部</td><td>二级 / 三级单位相关部门</td></tr>
<tr><td>9</td><td>编制项目部实施计划并交底</td><td colspan="3">根据《项目管理策划书》要求，按照《施工管理手册》3.1 项目部实施计划相关要求进行编制，审批通过应及时完成对项目全体管理人员的交底工作</td><td>项目部组建或策划交底后 2d 开始，20d 内完成</td><td>项目经理 / 各部门负责人</td><td>各部门负责人</td></tr>
<tr><td rowspan="5">10</td><td rowspan="5">编制总承包管理相关制度</td><td>总承包管理制度</td><td colspan="2">随同《项目管理策划书》同步进行，根据工程实际进展状况对《总承包管理制度》进行调整、完善</td><td>同策划时间</td><td>项目经理</td><td>各部门</td></tr>
<tr><td rowspan="4">总承包管理活动</td><td>沟通机制</td><td>项目部确定各参建方之间沟通方式，如：函件、邮件、通信方式等</td><td>进场后 2 周内</td><td>项目经理</td><td>生产经理、项目总工</td></tr>
<tr><td>例会制度</td><td>制定项目例会制度，如：计划例会、生产例会、商务例会、技术例会等</td><td>进场后 2 周内</td><td>项目经理</td><td>计划经理、生产经理、项目总工、商务经理</td></tr>
<tr><td rowspan="2">参建方信息化管理制度</td><td>分包用户管理（申请、终止）</td><td>/</td><td>信息化主管</td><td>劳务工程师</td></tr>
<tr><td>包括分包月度形象进度、方案报审、安全及质量检查整改、分包每日情况报告等</td><td>/</td><td>专业工程师 / 安全工程师 / 质量工程师 / 技术工程师</td><td>项目工程部、质量部、安全部</td></tr>
<tr><td rowspan="3">11</td><td rowspan="3">图纸设计</td><td colspan="2">设计需求计划</td><td>明确图纸设计的范围、深度、时间节点要求等</td><td>合同节点前 3 个月</td><td>项目总工</td><td>二级单位科技部、市场部 / 三级单位总工</td></tr>
<tr><td colspan="2">确定设计单位</td><td>根据图纸设计需求计划选择并确定设计院，并建立档案</td><td>计划审批后 1 个月</td><td>二级单位科技部</td><td>内外部设计院</td></tr>
<tr><td colspan="2">测算、复核设计预算</td><td>根据图纸测算、复核设计预算指标，并给出明确意见</td><td>收到图纸后 1 个月</td><td>二级单位商务管理部</td><td>二级单位科技部 / 三级单位总工 / 项目总工</td></tr>
</table>

续表

<table>
<tr><th>阶段</th><th>序号</th><th>关键活动</th><th colspan="4">管理要求</th><th>时间要求</th><th>主责部门/岗位</th><th>相关部门及责任人</th></tr>
<tr><td rowspan="9">实施阶段</td><td>11</td><td>图纸设计</td><td colspan="3">图纸交底</td><td>对项目部、各分包管理人员作书面图纸交底记录</td><td>出图后 15d</td><td>二级单位科技部</td><td>内外部设计院</td></tr>
<tr><td rowspan="6">12</td><td rowspan="6">采购管理</td><td colspan="3">招标文件编制</td><td>根据各专业分供特点，满足施工要求及时编制，分包单位需遵守总承包管理方案及相应制度规定，竣工收尾及维保要求应明确</td><td>适时</td><td>项目商务部</td><td>项目经理</td></tr>
<tr><td colspan="3">参与业主招标</td><td>参与业主相应招标工作，将总承包管理要求在招标文件中体现</td><td>适时</td><td>项目商务部</td><td>项目经理、项目总工</td></tr>
<tr><td colspan="3">特殊类分供采购</td><td>采购内容具体详见《总承包管理实施指南》5.5.1 特殊类分供采购管理</td><td>适时</td><td>二级单位合约法务部、采购管理部</td><td>二级单位商务管理部、科技部、工程管理部</td></tr>
<tr><td colspan="3">普通类分供采购</td><td>指钢筋、混凝土等，采购内容具体详见《总承包管理实施指南》5.5.2 普通类分供采购管理</td><td>适时</td><td>三级单位商务管理部、物资设备部</td><td>三级单位施工管理部、财务资金部</td></tr>
<tr><td colspan="3">垄断类（业主指定类）分供采购</td><td>采购内容具体详见《总承包管理实施指南》5.5.3 垄断类（含业主指定类）分供采购管理，议价后直接进入签约流程</td><td>适时</td><td>项目商务部</td><td>项目经理、项目总工</td></tr>
<tr><td colspan="3">其他类分供采购</td><td>采购内容具体详见《总承包管理实施指南》5.5.4 其他类分供采购管理，议价后直接进入签约流程</td><td>适时</td><td>项目商务部</td><td>项目经理、项目总工</td></tr>
<tr><td rowspan="2">13</td><td rowspan="2">组织实施</td><td>商务管理</td><td colspan="3">强化专业分包的项目成本管控，其他要求执行《成本管理手册》</td><td>随时</td><td>项目经理</td><td>项目全体成员</td></tr>
<tr><td>设计管理</td><td>深（优）化设计</td><td>深（优）化设计需求</td><td>组织设计、工程、技术、商务、物资等部门对深（优）化设计的范围、深度、时间节点等进行明确，提出深（优）化设计需求计划</td><td>项目收到图纸 1 个月内</td><td>项目经理</td><td>二级单位科技部</td></tr>
</table>

续表

<table>
<tr><th>阶段</th><th>序号</th><th>关键活动</th><th colspan="4">管理要求</th><th>时间要求</th><th>主责部门/岗位</th><th>相关部门及责任人</th></tr>
<tr><td rowspan="10">实施阶段</td><td rowspan="10">13</td><td rowspan="10">组织实施</td><td rowspan="7">设计管理</td><td rowspan="3">深（优）化设计</td><td>确定设计单位</td><td>根据深（优）化设计需求计划，选择并确定设计单位</td><td>15d内</td><td>二级单位科技部/三级单位总工</td><td>内外部设计院</td></tr>
<tr><td>审核深（优）化设计</td><td>商务管理部审核深（优）化设计成本，科技部审核深化设计的可行性、安全性等</td><td>15d内</td><td>二级单位商务管理部、科技部/三级单位总工</td><td>内外部设计院</td></tr>
<tr><td>重大设计变更</td><td>涉及结构安全及较大变动的设计变更，项目部要报给二级、三级单位进行审核（安全性、可行性及变更成本等方面予以审核）</td><td>变更下发后15d内</td><td>项目部</td><td>二级单位工程管理部、科技部、商务管理部/三级单位总工</td></tr>
<tr><td rowspan="4">BIM技术应用管理</td><td rowspan="2">BIM实施方案</td><td>制定BIM实施纲要及标准要求等</td><td>开工后7d内</td><td>二级单位科技部</td><td>项目总工</td></tr>
<tr><td>项目部及专业分包根据实施纲要及标准要求，编制BIM实施方案</td><td>开工后15d内</td><td>项目BIM工作室</td><td>BIM工程师</td></tr>
<tr><td>建模</td><td>组织模型的组建及整合，二、三级单位辅助建模。建模进度要提前于实际施工进度10d（明确二、三级单位主导还是项目主导）</td><td>实时</td><td>项目BIM工作室</td><td>BIM工程师</td></tr>
<tr><td>应用</td><td>在BIM技术的平台之上对技术、质量、施工、物资、商务、安全等进行管理，各专业分包也必须应用BIM技术</td><td>实时</td><td>项目BIM工作室</td><td>项目部各部门</td></tr>
<tr><td rowspan="3">计划分类管理</td><td>准备类</td><td rowspan="3" colspan="2">按照《施工管理手册》3.4.1.3工期管理各类计划编制内容编制</td><td>实时</td><td rowspan="3">项目部/项目经理</td><td rowspan="3">项目部各部门/项目总工、生产经理、商务经理</td></tr>
<tr><td>实体类</td><td>实时</td></tr>
<tr><td>验收类</td><td>实时</td></tr>
</table>

续表

| 阶段 | 序号 | 关键活动 | 管理要求 | | | | 时间要求 | 主责部门 / 岗位 | 相关部门及责任人 |
|---|---|---|---|---|---|---|---|---|---|
| 实施阶段 | 13 | 组织实施 | 计划分级管理 | 总、年计划 | | 各专业分包的大节点时间要有所体现，出现节点工期有重大变化时，需及时做调整 | 进场 7d 内 | 项目总工 | 三级单位施工管理部 / 项目经理、生产经理、商务经理 |
| | | | | 月、周计划 | | 计划需有分供商签字确认，总包方汇总并整合各分供商计划，形成月、周计划下发 | 每月 25 日前 / 每周五前 | 计划经理 / 生产经理 | 分包单位 |
| | | | | 计划考核 | | 按照《施工管理手册》第 3.4.4 条及《工程总承包计划管控实操指引》工期考核相关要求执行，月计划三级单位施工管理部考核，周计划项目经理考核 | 每月 25 日 / 每周 | 三级单位施工管理部 / 项目经理 | 项目经理、项目总工、生产经理、分包单位 |
| | | | 现场管理 | 现场协调管理 | 明确标准 | 对分包单位进行管理办法交底，明确管理标准，明确各分包单位的管理行为及管理质量，签订承诺书 | 分包进场时 | 项目经理 | 总工、商务经理、安全总监、质量总监、物资工程师、责任工程师 |
| | | | | | 现场协调 | 协调各专业分包与总承包单位以及与其他各专业分包之间的工作 | 适时 | 项目总工、生产经理、责任工程师 | 生产部、技术部、安全部、质量部、物资部、商务部 |
| | | | | | 协助分包 | 利用公司在劳动力组织、材料、构配件、设备采购等资源方面的优势，协助专业分包解决现场出现的各方面的困难 | 适时 | 项目经理 | 各相关部门 |
| | | | | | 界面管理 | 明确项目各参建方的合同界面、组织界面、实体界面、设计界面 | 适时 | 项目经理 | 总工、商务经理、生产经理 |
| | | | | 公共资源管理 | 平面场地使用管理 | 分阶段编制总平面布置图，对总平面实施动态化管理 | 项目开工 7d 内 | 项目总工、生产经理 | 生产经理、技术经理、责任工程师 |
| | | | | | 场地移交 | 分包单位进场及发生工作面移交 1d 内办理工作面移交单 | 分包进场或工作面移交 1d 内 | 责任工程师 | 生产经理 |

续表

| 阶段 | 序号 | 关键活动 | 管理要求 | | | | 时间要求 | 主责部门/岗位 | 相关部门及责任人 |
|---|---|---|---|---|---|---|---|---|---|
| 实施阶段 | 13 | 组织实施 | 公共资源管理 | 场地移交 | 垂直运输设备使用管理 | 各分包单位提前1d提出使用申请，总承包项目部审批后使用 | 使用前1d | 责任工程师 | 生产经理 |
| | | | | | 临水、临电、临消管理 | 施工用水、施工用电、临时消防设施等使用前，分包单位提前1d向总承包项目部提出申请，经批准后方可使用 | 使用前1d | 责任工程师 | 生产经理、安全总监 |
| | | | 分供商管理 | 分供商考察、入库 | | 分供商考察由二级单位工程管理部组织，详见《供方与采购管理手册》相关要求 | | 二级单位工程管理部、采购管理部 | 安全生产监督管理部、科技部、合约法务部、商务管理部/三级单位施工管理部/项目部 |
| | | | | 招采 | | 分供商招采由二级单位合约法务部组织，详见《供方与采购管理手册》相关要求 | | 合约法务部 | |
| | | | | 办理进场手续 | | 填写进场申请，为分供商提供生产、生活场所，组织进场 | 分供商进场前1周 | 劳务工程师 | 生产部、质量部、物资部、安全部 |
| | | | | 审核分包商资料 | | 核查分包单位管理岗位人员配备、劳务工人花名册、劳动合同、身份证、特种作业证、项目经理等相关资料并备案，办理门禁卡；分包商报业主、监理资料由总包项目部审核后统一报送 | 进场当日 | 劳务工程师 | 安全工程师、资料工程师 |
| | | | | 考核 | | 组织项目部和业主、监理对分供商工作进行考核 | 每月 | 项目经理 | 各部门负责人 |
| | | | | 分包退场 | | 按照合同约定完成建设任务，办理工程移交、物资设备移交手续，签订退场承诺书，督促劳务工人工资发放到位，做好退场登记等工作 | 分包退场时 | 生产经理/项目总工 | 生产部、劳务工程师 |
| | | | 物资设备管理 | 品牌报审 | | 报审前需对物资参数、品牌、市场行情等做具体分析与核定，组织物资品牌报审，组织进行业主考察 | 供应商考察前30d | 商务经理 | 项目总工、商务经理、物资经理 |
| | | | | 认质认价 | | 物资的变更、认质及认价工作 | 实时 | 商务经理 | 项目总工、物资经理 |

续表

| 阶段 | 序号 | 关键活动 | 管理要求 | | | 时间要求 | 主责部门/岗位 | 相关部门及责任人 |
|---|---|---|---|---|---|---|---|---|
| 实施阶段 | 13 | 组织实施 | 技术管理 | 审核分包设计文件 | 组织对专业分包图纸进行图纸预审，分包单位的工程洽商以及设计变更需求由总包项目部汇总、审核后统一上报，设计变更由总承包项目部统一接受并及时下发至各分包单位 | 及时 | 项目总工 | 商务经理、生产经理、技术经理 |
| | | | | 分包施组、方案审核、审批 | 进场后5d内上报施组及施工方案编制计划；施组，A、B类方案二级单位科技部审批，C、D类方案三级单位总工审批，具体要求详见《技术质量管理手册》3.3施工组织设计（施工方案）管理 | 进场后30d内完成施组审批/施工前10d完成方案审批 | 二级单位总工、科技部/三级单位总工 | 技术部 |
| | | | | | 当因设计、采购不能及时到位，或工程设计发生重大修改、主要施工方法发生重大调整、施工环境发生重大改变，且现场施工非常紧急的情况下，采用特殊情况审批流程 | 发起审批流程后7d内审批完成 | 项目总工、项目经理 | 二级单位总工、方案审核师/三级单位总工、方案审核师 |
| | | | | 工程资料管理 | 组织对分包施工资料管理交底（内容包括编制注意事项、报审流程、定期归档要求等），定期对分包资料检查并下发整改，要求分包单位资料定期向项目部移交归档，根据业主及当地档案馆要求，组织分包单位整理、移交竣工资料 | 分包进场后15d内交底 | 项目总工 | 资料员 |
| | | | | 监管分包方案交底 | 分包单位在方案审核后于现场施工前10d完成交底，总包单位派人参加，监督交底过程；交底内容主要包括：编制依据、工程概况、施工准备、主要施工方法与措施、质量通病与预防措施、安全质量和环境保证措施 | 随时 | 项目总工 | 安全总监、专业工程师、技术工程师、质量工程师 |
| | | | 质量管理 | 组织编制质量策划 | 总包组织分包进行质量策划交底，专业分包单位编制并上报分包范围内的工程质量策划方案 | 开工后15d内 | 项目总工 | 质量总监 |

续表

| 阶段 | 序号 | 关键活动 | 管理要求 | | | 时间要求 | 主责部门/岗位 | 相关部门及责任人 |
|---|---|---|---|---|---|---|---|---|
| 实施阶段 | 13 | 组织实施 | 质量管理 | 监督分包专职质量人员配置 | 分包合同中明确分包单位现场专职质量管理人员配置要求；进场后，总包单位要按合同要求核查专职质量管理人员到岗情况及持证情况 | 进场后 7d 内 | 质量总监 | 专业工程师<br>质量工程师 |
| | | | | 关键和特殊过程管理 | 分包单位编制关键和特殊过程监控计划并上报总包审核，总包组织对关键和特殊过程验收，确保其符合工程质量目标和规范要求 | 随时 | 项目经理 | 项目总工、安全总监、质量工程师、专业工程师、物资工程师、试验工程师 |
| | | | | 计量设备管理 | 分包单位进场后一周内上报计量设备配备计划，及时上报所持有计量设备的管理台账，在施工过程中，分包单位及时对计量设备进行鉴定，确保计量设备状态完好，并及时更新管理台账 | 随时 | 计量管理人员 | 项目总工、<br>专业工程师 |
| | | | | 分包质量管理考核 | 总包根据项目实际情况细化标准化考核表，对分包单位质量管理情况定期进行考核，考核结果与月度工程款支付关联 | 每周 | 质量总监 | 质量工程师、<br>专业工程师 |
| | | | 环境与绿色施工管理 | 制定环境管理方案 | 环境因素识别与评价，制定环境管理方案 | 按照方案编制、审批时限 | 项目总工 | 三级单位<br>施工管理部 |
| | | | | 制定项目绿色施工措施 | 根据绿色施工方案及上级主管部门要求，制定绿色施工相关措施 | 绿色施工方案批准后 15d 内 | 项目总工 | 三级单位<br>施工管理部 |
| | | | 安全管理 | 安全协议签订 | 总包单位除应单独与各分包签订安全管理协议外，还应组织存在交叉作业的各分包单位共同签订安全管理协议，明确总包、分包各方的安全管理责任和义务 | 进场前 | 项目经理 | 安全总监、<br>商务经理 |
| | | | | 分包专职安全人员配置 | 总包单位应监督分包单位按规定配备专职安全监管人员 | 进场后 7d 内 | 项目经理 | 安全总监、<br>商务经理 |

续表

| 阶段 | 序号 | 关键活动 | 管理要求 | | | 时间要求 | 主责部门/岗位 | 相关部门及责任人 |
|---|---|---|---|---|---|---|---|---|
| 实施阶段 | 13 | 组织实施 | 安全管理 | 项目安全管理活动 | 总包单位应监督各专业分包单位按规定开展安全教育培训、安全技术交底等管理活动，并监督、收集相关记录 | 按照局《安全生产管理手册》办理 | | |
| | | | | | 总包单位应组织分包单位按规定开展监督检查、安全验收等管理活动，并监督、收集相关记录 | 按照局《安全生产管理手册》办理 | | |
| | | | | 防护设施、消防设施移交 | 在分包单位作业界面移交前，总包应组织施工区域安全防护设施及消防设施的移交，明确分包单位对区域内安全设施和消防设施的管理责任 | 作业界面移交前 | 生产经理 | 安全工程师<br>专业工程师 |
| | | | | 应急管理 | 要求分包单位建立健全内部应急管理体系，编制应急预案，明确主要负责人，报总包单位审核通过后实施，并定期进行演练；同时应与总包单位的应急管理体系有效联动 | 项目开工10d内 | 项目经理 | 项目全体成员 |
| | | | 财务资金管理 | 项目资金策划 | 项目开工后，项目经理利用资金平衡线原理，组织编制项目资金策划；生产经营过程中，每月对项目策划中的工期、成本、盈利能力、现金流进行分析，采取应对措施，公司每季度对项目资金策划进行考核 | 项目开工45d内 | 项目经理 | 项目总工、商务经理、物资工程师、生产经理、项目会计 |
| | | | | 应收账款管理 | 按合同约定全额收回工程款 | 随时 | 项目经理 | 商务经理、项目会计 |
| | | | | 保函（保证金）管理 | 分供商合同中有预付款条款的，要求对分供商收取等额预付款保函；根据合同要求及时足额收取、退回分供商各类保证金（工期、履约、质量、安全、农民工等） | | 商务经理 | 二级、三级单位财务资金部/项目经理 |
| | | | | 资金支付管理 | 月初根据分供商完成工作量和合同约定付款比例编制资金预算，根据实际收款和项目资金结余平衡项目资金，提交付款申请，公司对资金进行再平衡后，支付工程款 | 随时 | 项目会计 | 二级、三级单位财务资金部/项目经理 |

续表

| 阶段 | 序号 | 关键活动 | 管理要求 | | | 时间要求 | 主责部门/岗位 | 相关部门及责任人 |
|---|---|---|---|---|---|---|---|---|
| 实施阶段 | 13 | 组织实施 | 财务资金管理 | 合规性管理 | 票据合规性，票据按照标准进行查验，相关附件齐全，无违规票据；<br>数据合规性，财务业务处理支撑性资料齐全 | 随时 | 项目经理、项目会计 | 项目全体成员 |
| | | | | 税务管理 | 及时获取增值税发票，并经过验证；<br>按时按量预缴当期增值税 | 随时 | 项目经理、项目会计 | 商务经理、物资工程师 |
| | 14 | 工程验收及结算 | 工程验收、备案 | | 组织工程验收、备案 | 适时 | 项目经理 | / |
| | | | 结算 | | 详见《成本管理手册》3.4总结结算 | 适时 | 项目经理 | 商务经理 |
| 运营阶段 | 15 | 移交及保修/维修 | 工程移交 | | 参与组织工程移交 | 适时 | 项目经理 | / |
| | | | 使用前的培训 | | 对建筑的使用功能、注意事项、维保范围以及售后的服务做培训 | 适时 | 技术工程师 | 专业工程师 |
| | | | 保修管理 | | 发生维保，原则上由原项目负责，维保结束应办理业主确认手续以及满意度调查 | 适时 | 三级单位施工管理部 | 二级单位工程管理部/项目经理 |
| | | | 回访计划 | | 根据竣工项目属性、回访频次，按照《施工管理手册》第3.7条要求制定回访保修计划及开展工作 | 每年1月15日 | 三级单位施工管理部 | 二级单位工程管理部/项目经理 |
| | | | 维修管理 | | 保修期内维修界面的判定，组织落实维修工作，建立维修台账并形成书面记录 | 适时 | 三级单位施工管理部 | 三级单位施工管理部 |

### 7.1.5　EPC合同模式及主要风险条款分析

#### 1. 主要合同模式

按业主性质分类：政府、政府代建单位、国有企业、私营企业。

按计价方式分类："总价包干类""按实结算＋概算限额类""费率下浮""固定单价"，以及混合模式。

#### 2. 主要风险

EPC项目风险主要包括投标阶段、设计阶段、采购阶段、施工阶段、竣工验收及结算风险。总承包项目风险分析如表 7–5 所示。

总承包项目风险分析　　表 7-5

| 阶段 | 序号 | 风险名称 | 风险因素 | 风险影响 | 风险级别 |
| --- | --- | --- | --- | --- | --- |
| 投标阶段 | 1 | 投标管理风险 | （1）总承包商要根据业主所提供的设计要求进行规划、初步设计，这一阶段所花费的资金只占总承包项目合同价的一小部分，但决定了项目合同绝大部分的费用；<br>（2）规划、初步设计阶段的管理工作至关重要，但常常容易被忽视 | 报价失误、设计损失、施工管理混乱 | 中度风险 |
| | 2 | 投标报价失误风险 | （1）由于总承包商在投标前对工程所在地的市场行情以及工程现场条件的了解有限；<br>（2）业主提供的资料粗略，设计和施工方案的不确定，实际工程量可能与预估有较大差异，设备、材料、劳动力费用上涨超出估计；<br>（3）施工中发生工程变更或出现不可预见的情况等不确定因素的存在 | 严重亏损 | 中度风险 |
| | 3 | 合同文本风险 | 业主利用其竞争地位和起草合同的便利条件，在合同中把风险转嫁给承包商 | 各种风险增加 | 中度风险 |
| | 4 | 政策风险 | 建设项目施工过程中政策文件办理 | 延误证件办理、延误工期 | 中度风险 |
| | 5 | 技术风险 | 对拟采用技术的先进性、可靠性、适用性进行了必要的论证分析，选定了认为合适的技术，但由于各种主观和客观的原因，仍然可能发生意想不到的问题，使工程项目遭受风险损失 | 设计优化不充分，重新设计、施工，造成变更；返工、拆改；承包增加 | 中度风险 |
| 设计阶段 | 1 | 设计质量风险 | （1）设计单位违反设计规范、标准以及批准的初步设计文件，或选用规范不恰当；<br>（2）设计单位对于地质条件、建筑物使用功能、建设单位要求等方面考虑不周；<br>（3）设计图纸内容不齐、设计深度不足、设计存在差错 | （1）导致项目无法满足报建、验收、投入使用的要求；<br>（2）导致项目出现安全事故或无法投入使用；<br>（3）导致项目进度延误、建筑成本增加、部分使用功能无法满足 | 高度风险 |
| | 2 | 设计不当风险 | （1）设计人员缺乏经济观念，一味追求外观；<br>（2）设计人员材料选择不当；<br>（3）设计过于保守；<br>（4）设计中存在的专业不协调 | （1）致使建筑成本居高不下；<br>（2）导致建筑成本增加或工程质量问题；<br>（3）导致投资的增加 | 中度风险 |
| | 3 | 设计进度风险 | （1）由于设计依据、基础资料等不充足或出现变更，造成设计出图时间的滞后；<br>（2）由于设计工作进度计划不合理；<br>（3）由于设计单位内部技术力量、计划安排等方面的因素 | （1）导致工程建设费用的增加和项目整体进度的延误；<br>（2）造成设计进度滞后；<br>（3）出现设计返工修改、设计人员数量不够或素质不够，设计过程中工序安排不合理等问题 | 低度风险 |

续表

| 阶段 | 序号 | 风险名称 | 风险因素 | 风险影响 | 风险级别 |
| --- | --- | --- | --- | --- | --- |
| 施工阶段 | 1 | 自业主的风险 | （1）业主的支付能力差，经营状况恶化；<br>（2）业主违约、苛求、刁难，随便变更，错误行为和指令，非程序地干预工程；<br>（3）业主不能完成合同责任 | （1）支付延误或烂尾；<br>（2）干扰了 EPC 总承包正常施工管理；<br>（3）工期延误 | 中度风险 |
| | 2 | 工期风险 | （1）自然环境：不可预见的地质条件、恶劣的气候条件、不可抗力（高温、洪水等）、工地自然交通条件；<br>（2）承包商有关：项目管理人员素质偏低、施工进度计划有缺陷、现场组织结构不合理、施工准备不充分、施工人员、材料、机械短缺；<br>（3）业主有关：工期不合理、业主要求的工程变更频繁、过多干涉承包商的工作、不能按时提供施工条件、进度款不能按时支付 | 工期延误 | 高度风险 |
| | 3 | 质量风险 | 项目管理人员素质偏低、施工经验不足、设计错误、施工现场管理混乱、材料质量不合格、分包商工人技术水平过低、不熟悉图纸、不按图施工，不按有关施工验收规范施工、不按有关操作规程施工 | 返工、维修、质量不合格 | 中度风险 |
| | 4 | 安全风险 | （1）突发性的、超出目前控制能力的自然界的不可抗力；<br>（2）气候条件；<br>（3）现场地形条件、地质条件和地下障碍物等因素；<br>（4）设计的准确、适用和协调性；<br>（5）施工安全管理及制度 | 安全事故 | 中度风险 |
| | 5 | 成本风险 | （1）环境因素：政治、经济、自然灾害；<br>（2）规范不当，缺陷设计，设计内容不全；<br>（3）分包商和供应商招标、合同、采购因素；<br>（4）施工现场管理、施工方案的变化，造成缺陷工程；<br>（5）新材料、新工艺的引进，消耗定额变化，材料价格变化；<br>（6）资金不到位、资金短缺；<br>（7）施工设备选型不当，出现故障，安装失误；<br>（8）项目管理人员成本意识不强，缺少系统性成本管理机制 | 亏损 | 高度风险 |
| | 6 | 资金风险 | （1）业主支付拖延，合同支付比例过低；<br>（2）分包商、供应商支付与收款不匹配或比例失调 | （1）垫资施工现象严重；<br>（2）履约保证金返还时间长；<br>（3）工程账款拖欠现象严重 | 中度风险 |
| | 7 | 采购风险 | （1）EPC 项目规模大；<br>（2）涉及的专业多； | （1）采购损失；<br>（2）质量不合格；<br>（3）拖延工期 | 中度风险 |

续表

| 阶段 | 序号 | 风险名称 | 风险因素 | 风险影响 | 风险级别 |
|---|---|---|---|---|---|
| 施工阶段 | 7 | 采购风险 | （3）外部：价格上涨、采购质量不合格、技术进步、合同欺诈；<br>（4）内部：计划不合理、合同损失、验收把关不严、存储不当、责任不当 | （1）采购损失；<br>（2）质量不合格；<br>（3）拖延工期 | 中度风险 |
| 竣工验收及阶段阶段 | 1 | 验收延误风险 | （1）验收人员失责；<br>（2）工程整改；<br>（3）收集资料时发现资料丢失、漏项的现象；<br>（4）资料内容不实；<br>（5）资料手续不完善 | （1）竣工延误；<br>（2）工期延误 | 中度风险 |
| | 2 | 结算延误风险 | （1）竣工结算文件提交时间有误；<br>（2）结算文件资料不全；<br>（3）竣工结算谈判工作组织不到位；<br>（4）竣工结算周期漫长；<br>（5）结算错误 | （1）结算办理延期；<br>（2）结算值不达目标 | 中度风险 |

## 7.2 典型 EPC 项目案例分析

### 7.2.1 中山大学附属第一（南沙）医院项目

#### 1. 项目概况

中山大学附属第一（南沙）医院项目位于广州市南沙区横沥镇，为医疗、科研、教学、宿舍、办公等功能为一体的三级甲等综合医院，建设定位为“湾区特色、全国领先、国际一流的现代绿色智慧医疗科研中心”，建成后将成为国际医学中心、大湾区公共卫生灾难救治中心、医学研究与成果转化中心。项目分为南北两个区域，北区主要包括门急诊医技综合楼及住院楼，南区主要包括教学行政公寓综合楼、科研楼、动物实验楼及国际医疗部四栋主要建筑。项目总建筑面积为 510044.76m$^2$，其中地上建筑面积 308346.45m$^2$，地下建筑面积 201698.31m$^2$，总占地面积约 155934m$^2$，设置 1500 张床位，工程建设费用为 38 亿元。项目于 2018 年 7 月开工，计划 2021 年 5 月底完成竣工验收，7 月投入运营，献礼建党 100 周年。项目效果图如图 7–7 所示，项目建设情况如表 7–6 所示。

图 7-7　项目效果图

项目建设情况一览表　　表 7-6

| 序号 | 项目 | 内容 |
| --- | --- | --- |
| 1 | 工程名称 | 中山大学附属第一（南沙）医院项目 |
| 2 | 工程地址 | 广州市南沙区横沥镇明珠湾起步区横沥岛尖西侧 |
| 3 | 承包模式 | EPC 设计施工总承包 |
| 4 | 合同模式 | 固定总价合同 |
| 5 | 工程类型 | 公共建筑 |
| 6 | 建设单位 | 广州市南沙区建设中心 |
| 7 | 工程总承包单位 | 中国建筑第八工程局有限公司 |
| 8 | 勘察单位 | 广东省工程勘察院 |
| 9 | 方案设计单位 | 中国建筑设计研究院有限公司<br>广州市规划勘察设计研究院有限公司 |
| 10 | 施工图设计单位 | 中国建筑西南设计研究院有限公司 |
| 11 | 监理单位 | 广州建筑工程监理有限公司（北区）<br>广州珠江工程建设监理有限公司（南区） |
| 12 | 合同工期 | 2018 年 7 月 24 日至 2021 年 5 月 31 日，共 1052 日历天 |
| 13 | 合同质量目标 | 力保国家优质工程奖，争创鲁班奖、詹天佑、国家优质工程金奖、国家科学技术进步奖 |

### 2. 项目管理架构

项目在传统的矩阵式总承包管理组织架构的基础上，设立总包部进行总体统筹，其中设计、招采、专业管理职能均由总包部负责。下设南、北两个执行部，均为完整的施工总承包架构，体系健全。同时增设了“项目管理部”作为项目的最高决策机构，履行“代业主”职能。项目组织架构如图 7-8 所示。

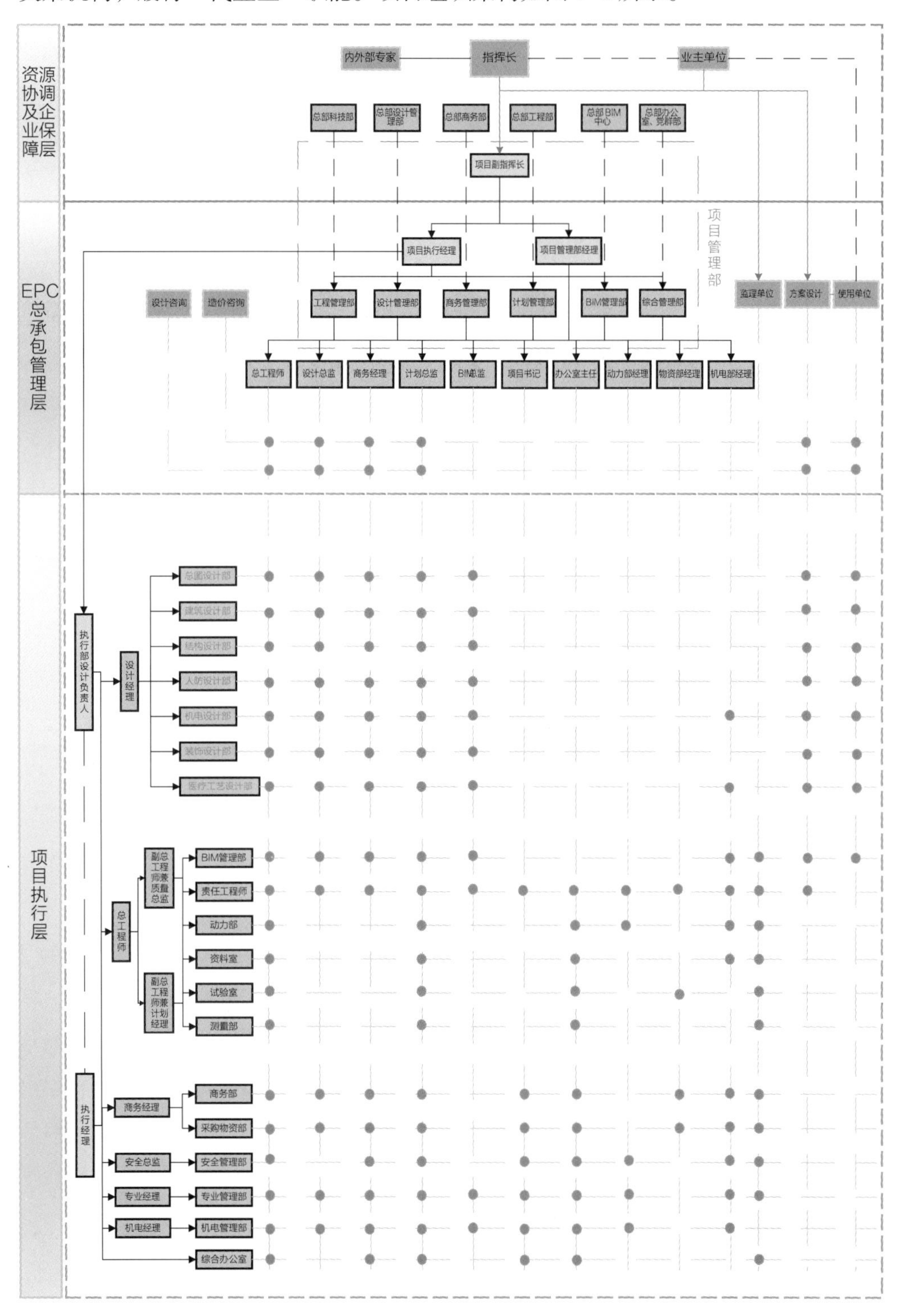


图 7-8　项目组织架构图

设立“代业主”职能下的项目管理部，该组织架构在对各方关系复杂的大型 EPC 工程管理中，具有以下几个方面的优势：

（1）项目指挥部前移，缩短管理链条。项目管理部融合参建各方高端资源共同组建，项目管理部会议可直接决策项目管理重要事项，减少繁复的审批流程，最大化提高了工作效率。

（2）联合体牵头，项目管理效率最大化。项目管理部内参考业主方的部门架构进行设置，设有工程管理部、设计管理部、合同造价部、计划管理部、综合管理部和 BIM 管理部等六大部门，分别对应业主方的相应部门。项目管理部内各部门部长由中建八局管理人员担任，统筹各部门的各项工作，设计院、业主作为部门成员充实到各部门中。该管理模式有助于提升 EPC 联合体对项目实施方向的管控力度。每两周召开一次项目管理部例会，起到决定项目实施计划、总体策划、重要决策的作用。

（3）“代业主”角色，提高决策执行力度。项目管理部代理实行业主的权利，全面统筹项目管理，所有决策文件均以业主的审批流程签发，是项目最高级别的实施指令。

### 3. 设计管理

（1）建章立制

中山大学附属第一（南沙）医院项目参建各方关系：在项目前期制定《中山大学附属第一（南沙）医院各参建单位设计工作机制》（以下简称《设计工作机制》）明确各参建单位在设计工作中角色、职责和相互之间协作关系，有序、高效推进设计工作，从而全面提高项目设计工作能力。结合各参建方设计管理机制和公司设计管理实施细则，编制项目部设计管理工作机制，做到依制度办理、责任到人。

（2）设计施工“一体化”融合

以 EPC 联合体为牵头单位，组织业主、咨询、院方、卫健局等单位共同参与设计，推进相关工作。同时局总部设计人员、项目技术人员、专业分包等技术力量全力配合设计，联合驻场办公，做到设计施工一体化融合。其工作流程如图 7–9 所示。

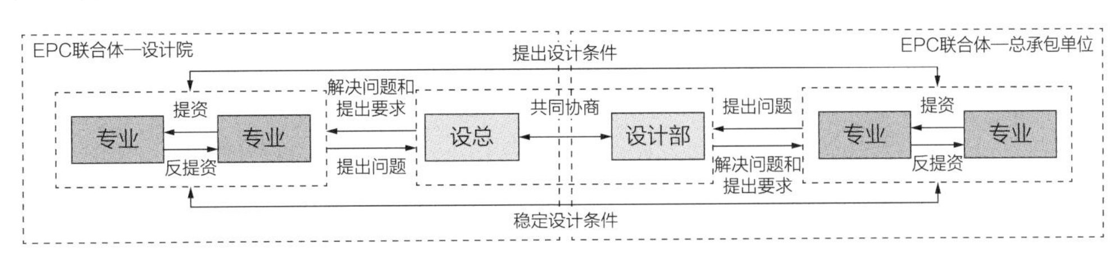


图 7-9　设计施工一体化工作流程

EPC 联合体内部编制《设计施工一体化机制》，促使内部形成良好的“一体化”工作机制，双方沟通顺畅，目标一致，互利共赢。

（3）意识形态转变

长期以来，设计属于工程整体建造上游工序，且设计人员对工程整体建造的认识深度不足。我们作为设计管理者身份的出现，要向设计单位灌输 EPC 这种新模式对工程整体管理的优势，帮助设计人员能够对项目的规模、功能、流程、成本控制等进行全面细致的分析比较。强调总承包单位在 EPC 项目设计管理中的核心地位，帮助设计人员树立以工期为主线、以成本控制为核心的工程整体建造管理意识，以达到从“遵循设计施工”向“引领设计”转变。同时，作为总承包方也要由原来被动的角色，转变为主动推进方案，主动与设计方沟通，提出项目更优方案，实现互利共赢。

（4）标准研定

坚持“过程管控，打造精品”原则，在已有验收规范的基础上，结合项目特点编制印发《设计标准》《工程建设实施标准》《绿色建筑设计》《低能耗建筑设计》《人性化建筑设计》等，提前研定设计标准，保证设计成果造价可控，品质保障，重点针对室内房间、外墙装饰、设备机房、医疗工艺用房等明确工艺标准要求，力求各分项工程内在质量和外部表现上的一致性和统一性，体现本医院定位和目标。设计标准如图 7-10 所示，标准研定阶段的主要工作如下：

① 分析设计任务书和可研报告，针对性梳理各专业设计标准。

② 在符合使用方功能要求的情况下，设计标准定位要适中，防止过度设计，使总体造价处于可控范围。

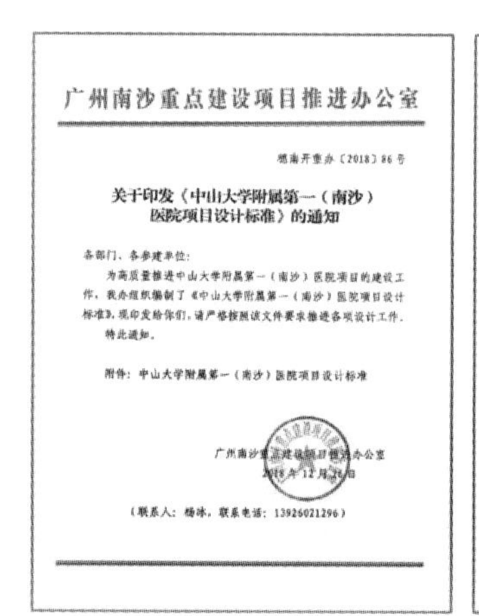

广州南沙重点建设项目推进办公室

穗南开重办〔2018〕86号

关于印发《中山大学附属第一（南沙）医院项目设计标准》的通知

各部门、各参建单位：

为高质量推进中山大学附属第一（南沙）医院项目的建设工作，我办组织编制了《中山大学附属第一（南沙）医院项目设计标准》，现印发给你们，请严格按照该文件要求推进各项设计工作。

特此通知。

附件：中山大学附属第一（南沙）医院项目设计标准

广州南沙重点建设项目推进办公室

2018年12月26日

（联系人：杨冰，联系电话：13926021296）

中山大学附属第一（南沙）医院项目

设计标准

编制单位：广州南沙重点建设项目推进办公室

日　期：2018年12月

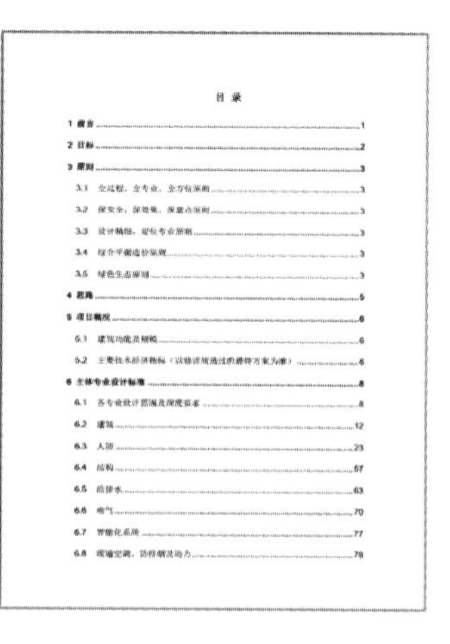

目录



图 7-10 《设计标准》

③ 在设计标准中增加“品质工程标准”作为兜底条款，所有设计标准不能突破品质工程创建底线。

④ 结合采购、施工需求寻求优化设计空间，革新挖潜，降低成本，节省工期。

（5）设计统筹

设计管理工作分专业专项策划，总计36项专业及专项，以医疗工艺确认为主线，统筹9大主体专业，16项医疗专项，11项非医疗专项，在保证院方最关注的医疗工艺设计品质的同时将项目策划内容全方面融入设计图纸中。设计流程如图 7–11 所示。

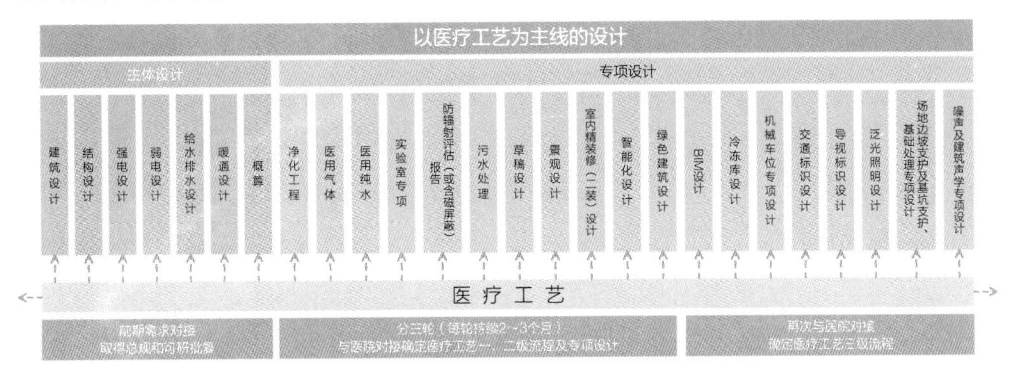


图 7-11　以医疗工艺为主线的设计流程

（6）需求对接

院方的需求对接作为设计管理工作中最为烦琐且重要的任务之一，直接影响了设计的周期、深度和质量。因此，EPC 联合体采取主动出击的方式，加快需求对接流程，做到“设计驻场服务 0 距离配合业主，专业团队驻医院服务 0 时差配合医院方沟通工艺流程”。各级流程运用可视化手段（如 BIM 剖解、VR 漫游方案），立体形象化展示设计成果，让非建筑专业人员（如医院各科室主任等）了解建设效果，促进医疗工艺流程及时落地，设计图纸快速稳定，避免后期大量拆改导致关键线路停工。可视化成果展示如图 7–12 所示。

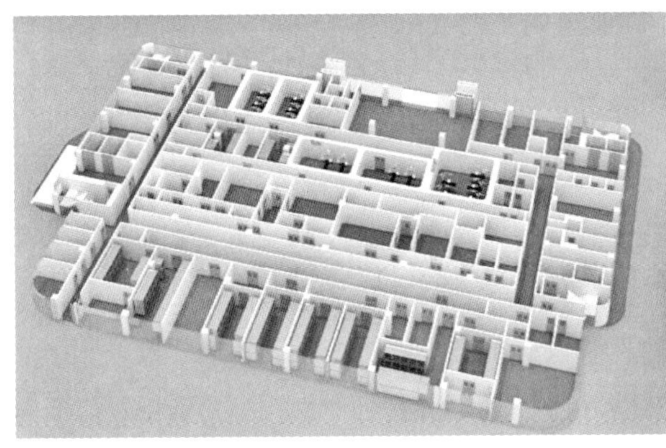
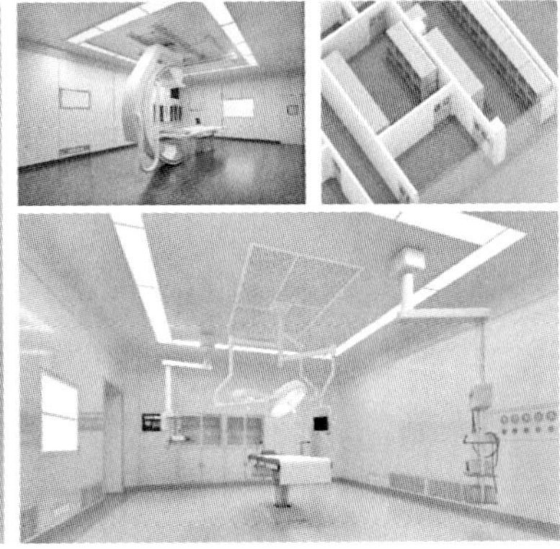

图 7-12　可视化成果展示辅助院方需求确认

以本医院项目为例，针对医院类 EPC 项目，为规范需求对接流程和稳定需求对接成果，重点应把握以下两个原则：

① 规范医疗工艺三级流程需求反馈流程，避免需求反馈流程混乱。

② 锁定医疗工艺三级流程需求接收的关门节点，避免院方需求反复调整，影响工程造价及现场工期。需求对接流程如图 7–13 所示。

图 7-13 需求对接流程

（7）限额设计

限额设计对于 EPC 项目而言，是项目效益指标实现的关键，限额划分是否合理也是项目品质目标、造价目标能否实现的直接因素，以本项目实践为例，总结出限额设计应遵循三大原则：

① 造价总控原则。按照项目投资额度在满足工程定位、建造目标、使用功能要求、技术要求的前提下坚持全过程限额设计控制，以保证总投资不被突破。并将投资额分解到各专业、各单位工程和分部工程，通过限额指标框定设计边界，根据技术图纸计算出的量与价反向控制设计内容在限额框架内，由传统的“画完算”提升为投资可控的“算着画”，保证限额方案合理、客观、真实，总体保证“投资估算≥一级限额≥二级限额≥施工图预算（概算）”。

②“分区域、分楼栋、分专业”造价控制原则。结合项目初步设计进度计划，分区域、分单体、分专业，逐级对经济指标进行讨论、核算、确定，并在二级总控下进行动态调配。

③ 严肃性和动态性原则。限额设计一、二级总控的制定确保指标准确、造价可控，并严格落实；但在设计过程需根据实际情况对各专项专业在内部进度动态调整、整体平衡。

为确保限额设计的合理性，应按“纵横向”分别进行限额控制，其中：

① 纵向限额控制是指限额设计应按造价编制深度、限额阶段、设计施工阶段持续性地完善限额设计的深度。纵向限额控制如图 7–14 所示。

② 横向限额控制是指根据设计各阶段所制定的单项工程、单位工程、分部分项、专业工程等限额设计的经济指标和技术指标与其他同类型医院的指标进行横向对比，利用中建八局丰富的医院类项目的经验数据，使指标设定更加准确，实现限

额设计的横向控制。横向限额控制指标列举如图 7-15 所示。

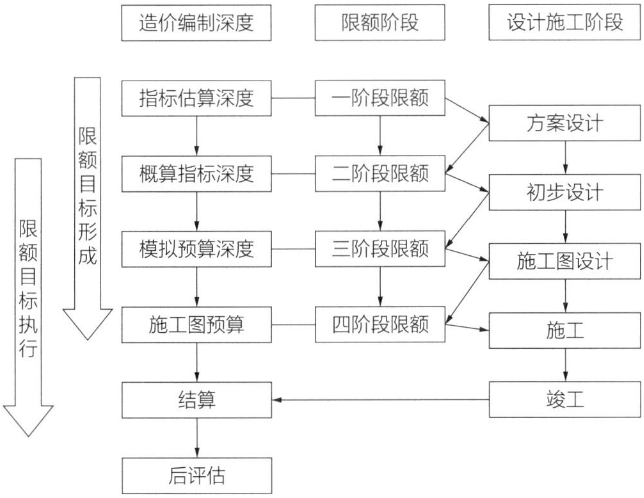

造价编制深度　限额阶段　设计施工阶段

指标估算深度　一阶段限额　方案设计

概算指标深度　二阶段限额　初步设计

模拟预算深度　三阶段限额　施工图设计

施工图预算　四阶段限额　施工

结算　竣工

后评估

限额目标形成

限额目标执行

图 7-14　纵向限额控制

- 混凝土及钢筋含量指标
- 幕墙选型
- 建筑节能措施
- 防水材料选择
- 装饰材料选择
- 基础选型
- 砌体材料选择
- 主机选型
- 空调方式
- 电缆选型
- 医疗专项工程
- ……

图 7-15　横向限额控制指标列举

结合限额设计需求，应建立匹配限额指标的分级品牌库，分专业、分单体编制品牌库，在造价可控的基础上保障品质。

（8）设计前置管理

为使设计成果满足造价、施工、效益要求，在设计过程中应着重对“四大前置”进行专项策划，具体内容包括：

① 招采前置。招标采购在项目中提前介入，设计管理提供材料与设备技术规格与参数，结合项目特点，招标采购材料与设备时，提前反馈参数给设计并落于图纸，从而提前锁定总体造价，确保设计准确性。

② 商务前置。在项目前期，联动项目商务系统人员，进行项目利润前期分析，结合盈亏分析表，在设计前期阶段将利润前置入图，创造利润空间。

③ 措施前置。在设计阶段就考虑现场的施工工艺，通过方案比选，措施入图，提高现场施工工效，降低现场施工难度，为项目实施创造有利条件。

④ 深化前置。各专项设计及深化设计工作充分前置，项目提前派驻大量专业单位协助设计院进行图纸深化优化及完善，做到施工图即深化图，既促进了设计快速出图，又便于现场实施。

（9）设计计划管理

根据总进度计划要求，各参建单位一起编制年度设计工作计划，根据年度计划分解形成月底计划，又根据月度工作计划和结合现场进度要求编制周工作计划。根据计划节点重要性，计划分 3 个等级，力保 1 级节点不得突破，2 级、3 级节点可以实际情况适当调整。若遇特殊情况，导致1级节点无法按计划执行时，由各参建单位一起商讨，在关门节点不变情况下，及时纠偏计划，并全力以赴完成落后的节点。同时，过程中设计进度受影响时，给各参建单位发提醒函件，并督促设计单位在规定时间内完成。

本项目推行“需求对接、设计出图、现场实施”三大工作齐头并进，最大限度控制现场实施等待时间，保证项目总体进度。设计把控主动性、专业性，造价的可控性，施工技术的可实施性，做到技术融合、造价融合、计划融合。

#### 4. 采购管理

项目从招标方式、招标方案、招标计划、招标文件、资源优选、招采手续、合同标的、合同模式等采购关键点详细识别，完成项目采购总体策划，并实时调整。

在项目初期，通过对项目实施过程中所需发生的所有合同（包括非合同支出）进行全景式的筹划，将项目目标成本分解至合同，进而有效指导项目的招标投标及合同管理。解决采购中合约包划分不全面、合约界面划分不清、合约费控测算不准、招采计划编排不合理的四大困扰。并根据分包工程及材料设备的采购特点，结合项目的特殊性，将项目分供采购分为普通类、特殊类、垄断类、其他类（指不在本合同投资范围，但采购时间必须与本项目设计与施工同步进行的）。以模拟清单形式对常规专业进行盈亏分析，按专业工程分类，分别收集各分供价格，建立分供商价格信息库。

项目商务部按公司主流做法和材料设备发包方式划分初步合约框架；结合项目其他部门提供的意见，确定标段划分、施工界面、定标方法、招标方式、合同模式、付款方式等形成初稿，最后组织对合约包划分进行集中评审。必要的专业采购联合公司、分公司采购部门进行评审。

根据项目模块计划、施工进度、材料设备采购及供应周期，分包采购时间、设计周期等编制总采购计划、年度采购计划、月度采购计划、专业分包考察计划，并按采购计划实施。以总控计划要求的分包开始施工时间，倒排招采启动时间，并做招采销项计划。同时识别了解专业分包材料加工、物流时间、深化周期、施工准备等前置条件，充分考虑专业采购全业务周期，预留专业分包采购时间。

通过项目可研、合同、设计方案对比分析，整理出各专业交付界面（对建设单位、使用单位）。整合各专业需求，整理出项目各专业工程界面（对项目内部）。

在专业分包及设备材料招标文件中明确区分各专业分包工程范围、工作内容及界面划分，规避后期因界面不清引起的无效成本（对专业单位及设备材料供应商）。整理不在 EPC 合同范围但必须同步实施的其他专业工程界面（智能化与大型医疗设备）。

### 7.2.2 山东第一医科大学项目

#### 1. 项目概况

工程名称：山东第一医科大学（山东省医学科学院）济南主校区（一期）工程建设项目

工程地址：济南市槐荫区医学大道以东、德州路以南、南北四号路以西、次横四路以北

建设单位：山东第一医科大学（山东新泉城置业有限公司代建）

设计单位：中建八局第二建设有限公司

勘察单位：山东省地矿工程勘察院（联合投标单位）

监理单位：山东泰山工程项目管理有限公司；山东天宇工程项目咨询有限公司；济南市建设监理有限公司

施工单位：中建八局

建筑规模：总占地面积 1843 亩，总建筑面积 87.7 万 $m^2$，一期 40.9 万 $m^2$（43 个单体）已交付学校。二期总占地面积 853 亩，总建筑面积 46.8 万 $m^2$，合计 38 个单体，管廊 2.2km，热力管沟 2km，园区道路 7.9km。楼层主要为 4 层 /5 层 /11 层。图书馆、转化医学中心、体育馆单层建筑面积约 1.5 万 $m^2$ 至 1.8 万 $m^2$，其余单体单层建筑面积 4000$m^2$ 至 5000$m^2$。

承包模式：EPC ＋ F，总合同额 52.15 亿元，二期合同额约 26.4 亿元，竣工后一年内收款。本项目以局名义与山东省地矿工程勘察院组成联合体投标，设计由中建八局第二建设有限公司设计院承担，所有专业均由中建八局第二建设有限公司各三级单位承担施工任务。

合同工期：2018 年 4 月 30 日 –2020 年 8 月 20 日，共 854 日历天；因拆迁原因，工期顺延至 2021 年 8 月 31 日。项目效果如图 7–16 所示。

图 7-16　项目效果图

## 2. 设计管理

（1）设计管理制度

以中建八局第二建设有限公司（以下简称“二公司”）《设计业务管理手册》相关流程作为设计管理的工作依据及推进指南，分解设计管理各项工作，打通“设计阶段的设计管理、设计生产管理、商务财务管理、报批报建管理”的沟通渠道，实现设计管理各项业务板块的无缝衔接。

（2）设计管理组织架构

本工程项目组织架构，由二公司设计院成立了由设计院院长担任设计管理总负责人，设计院各专业负责人、报规报建负责人、商务负责人协同作业的设计管理小组。设计管理小组对项目从编制设计策划、可行性研究报告、前期规划方案设计到施工图设计、深化、优化、会审、报审、项目交付的全过程进行设计管理。

同时，将设计管理小组纳入总承包项目管理体系，形成了设计管理小组各专业负责人、报规报建负责人、商务负责人直接对应项目部各专业总工、商务经理的工作模式，设计院设计专业负责人同时兼任总包项目部设计管理专业负责人，打通了设计与项目部的沟通路径、提升了设计管理效率。设计组织构架构如图 7–17 所示。

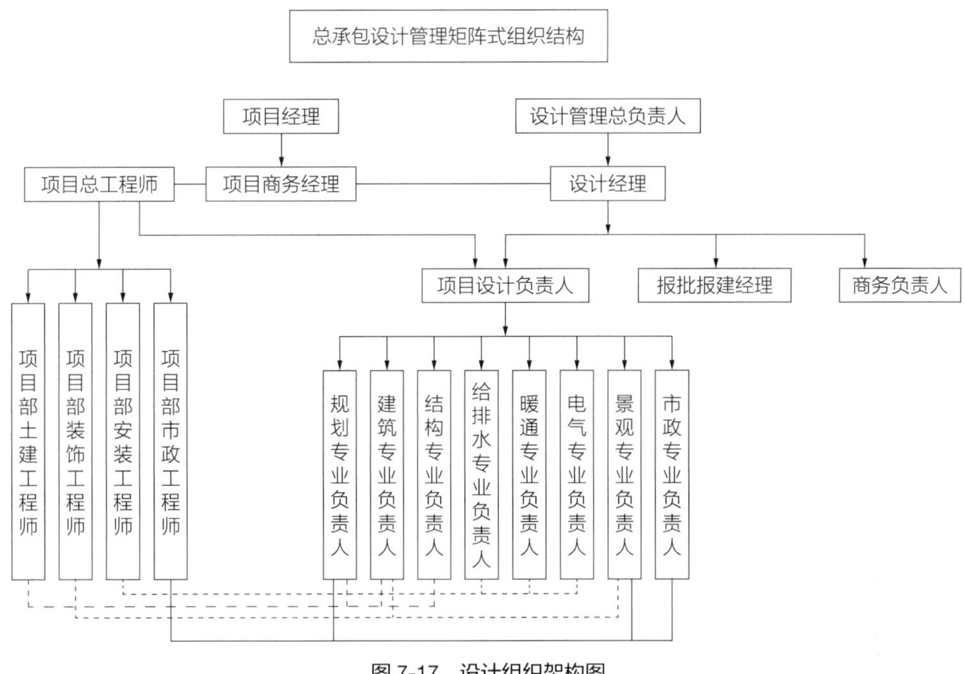


图7-17 设计组织架构图

### 3. 深化设计管理

设计管理主要工作为各专业深化设计的管理。根据本项目推进特点，结合公司组织架构，完善了深化设计管理相关流程，主要内容如下：

（1）计划与进度

① 深化设计的设计计划设置了明确时间节点（包含阶段性节点），包含需向周边专业提资、接收设计条件的时间及要求。

② 深化设计进度应与现场施工进度相匹配，必要时可采取分阶段出图、提资的方式确保现场工期。

（2）设计及审核流程

① 深化设计以建筑、结构、给水排水、电气、暖通等专业施工图及设计任务书为依据。

② 与公司外委设计（含深化设计）单位的对接，由对应专业进行技术沟通，正式技术文件、函件均需由各专业负责人起草后通过设计负责人转发、接收，各专业负责人做好台账登记及文件留存。

③ 与甲方的对接过程中，甲方口头要求、会议对接均做纪要，由专业负责人定期汇总给项目负责人，由项目负责人统一通过山东第一医科大学基建处盖

章确认。

④ 深化设计部门应通过 OA 平台提交图纸审核需求，原则上设计院仅对最终深化图纸进行审核，深化设计过程中如对设计院各专业施工图存在疑问或需要沟通，深化设计部门应及时对接相关专业负责人，对接过程中如出现阻碍、沟通不畅应及时要求项目负责人进行协调。

⑤ 设计院对深化设计图纸进行审核并出具审核意见单，深化设计师应根据审核意见内容对应修改。

⑥ 深化图纸的审核确认：设计院设计师在对深化设计部门提供的正式蓝图进行审核确认并签字，签字文件包括深化图纸、审核意见单。

（3）变更及设计交底

① 各专业的设计变更应及时下发本专业施工部门，并做好台账记录、文件留存、定期（一个月）归档等工作。

② 各专业出具的变更单应注明变更缘由，变更应及时向相关专业反馈、对接，避免现场错漏碰缺。

③ 各专业应在图纸提交项目部后由专业负责人组织设计交底工作，交底过程做好人员签到、会议拍照，会后整理会议纪要并及时下发给施工部门。

（4）图档资料留存

设计文件及时做好平台归档工作。

### 4. 采购管理

（1）招采机构设置和运行流程

1）招采机构设置：二公司总部—山东分公司物资部—项目部。

2）运行流程：

① 物资采购

a. 集中采购：由项目部填报物资采购计划上报山东分公司物资部，经山东分公司物资部汇总后编制集中采购策划并组织招标，招标文件经二公司总部审核通过后，由山东分公司物资部完成招标流程，并与中标单位签订框架协议。

b. 项目部采购：由项目部填报物资采购计划上报山东分公司物资部，由山东分公司物资部起草招标文件，采购金额在 500 万元以上的需经二公司总部审批，招标文件审核通过后，由山东分公司物资部完成招标流程，最终由项目部与中标单位签订采购合同。

② 分包采购

a. 区域联采：由项目部填报分包采购计划上报山东分公司商务部，经山东分公司商务部汇总后编制集中采购策划并组织招标，招标文件经二公司总部审核通过后，由山东分公司商务部完成招标流程，并与中标单位签订框架协议，根据联采中标单位划片施工。

b. 分散采购：由项目部填报物资采购计划上报山东分公司商务部，由山东分公司商务部起草招标文件，采购金额在 500 万元以上的需经二公司总部审批，招标文件审核通过后，由山东分公司商务部完成招标流程，最终由项目部与中标单位签订采购合同。

（2）招采计划和采购前置措施

1）招采计划：根据项目进度需要应至少提前一个月提报。

2）采购前置措施：根据项目合约规划及概预算科目提前编制采购总计划，确定项目采购物资及分包总数量，并划分不同类型物资及分包采用的采购方式，一般将具备一定标准化程度，通过整合内外部资源可以发挥规模优势、实现规模效益的标的进行集中采购，本项目进行集中采购的项目，如：钢筋、混凝土、砂浆、临设土建及安装、屋面等。

无法满足上述要求的，采用项目部或分散采购。如：沥青、防水工程、精装修工程。

（3）招采方案

带方案招标：对于某些技术要求高、专业强的特殊工程，项目部采用带方案招标方式，避免专业分包单位后期深化设计产生变更，增加成本，如本项目净化通风工程招标前，由项目部向设计院下达设计限额，由设计院进行多方案设计，经比选确定最优方案，本工程招标时已有明确的设计图纸、规格参数等详细数据，后期施工过程中未产生新的变更。

（4）招采效率和效益的提升举措

本项目在物资和分包采购时，绝大多数采用公司集中采购或战略采购，降低采购成本、提高采购效率。

# 参 考 文 献

[1] 李元庆. 工程总承包管理价值研究 [D]. 大连：大连理工大学，2016.

[2] 周礼云. 目标成本在工程总承包项目管理中的作用 [N]. 中国建材报，2015-01-28 (003).

[3] 李可愚. "十四五"规划中的重大工程项目陆续启动建设 [N]. 每日经济新闻，2021-09-10 (002).

[4] 邱军. 在约束条件的限制下实现工程总承包项目的管理目标 [J]. 化工管理，2015 (30)：58.

[5] 石通全. 关于目标管理在公路工程施工管理中的应用 [J]. 黑龙江交通科技，2021，44 (5)：181-182.

[6] 陈祖雄. 关于国外工程总承包项目的沟通管理探讨 [J]. 中国勘察设计，2011 (11)：59-62.

[7] 宋丽丽. EPC 工程总承包模式在军事设施建设中的应用 [J]. 施工技术，2020，49 (S1)：1479-1481.

[8] 陈炳立. 施工企业开展 PPP 项目资产证券化的实务问题 [J]. 国际商务财会，2021 (09)：82-84.

[9] 高华，马晨楠，张璇. PPP 项目全生命周期财务风险测度与评价 [J]. 财会通讯，2021 (18)：133-138.

[10] 郭慧，石磊，何雨佳. 行政发包制下的我国 PPP 模式演化机理研究 [J/OL]. 工程管理学报：1-6 [2021-09-13]. https://doi.org/10.13991/j.cnki.jem.2021.04.012.

[11] 孟允. 工程项目 EPC 总承包模式下建筑经济管理分析 [J]. 经济管理文摘，2021 (14)：93-94.

[12] 李庆. EPC 总承包模式下的工程项目管理问题探究 [J]. 中国设备工程，2021 (5)：10-11.

[13] 董清崇. 建筑施工总承包企业项目策划研究 [D]. 天津：天津大学，2004.

[14] 赵平. 建设工程项目总承包风险管理研究 [D]. 西安：西北工业大学，2006.

[ 15 ] 马骅. 国际工程项目管理（三）——国际工程 EPC 项目的设计管理 [ J ]. 石油工程建设，2005（2）：72–76，6.

[ 16 ] 黄钰. EPC 工程总承包项目成本管理探讨 [ J ]. 居舍，2021（22）：128–129.

[ 17 ] 王其洋. 某超高层续建工程施工项目总承包管理的研究 [ D ]. 广州：华南理工大学，2010.

[ 18 ] 吕贵宾. 公路工程设计施工总承包项目管理 [ D ]. 成都：西南交通大学，2009.

[ 19 ] 孟裕臻. 施工总承包企业物资信息化管理方法及应用 [ D ]. 兰州：兰州交通大学，2016.

[ 20 ] 刘勇. 工程项目施工管理策划与实施分析 [ D ]. 广州：华南理工大学，2012.

[ 21 ] 李源. 工程项目工期与成本控制协调机理研究 [ D ]. 西安：西安科技大学，2005.

[ 22 ] 康永宁. 大型公共建筑施工总承包管理研究 [ D ]. 西安：西安建筑科技大学，2007.

[ 23 ] 叶义. 计算机技术在建筑工程成本管理中的运用 [ D ]. 上海：上海交通大学，2008.

[ 24 ] 苑东亮. 工程项目质量与成本控制协调机理研究 [ D ]. 西安：西安科技大学，2006.

[ 25 ] 苗建军. 论区域性中心城市的发展道路 [ D ]. 成都：四川大学，2003.

[ 26 ] 毕晨. 建设工程施工阶段合同管理中的新模式 [ D ]. 武汉：武汉工程大学，2018.

[ 27 ] 杨德昊. 大型建设项目施工总承包管理创新与实践 [ J ]. 建筑技术开发，2021，48（7）：67–68.

[ 28 ] 闵凤霞. 山东海通地产有限责任公司项目工程质量管理研究 [ D ]. 长春：吉林大学，2018.

[ 29 ] 张雪莲. 建设工程总承包合同管理研究 [ D ]. 西安：西安建筑科技大学，2008.

[ 30 ] 沈显之. 对建设工程总承包合同主体间基本对价关系的研究（下）——从菲迪克合同条件看上述对价关系在法定和约定上的范围划分 [ J ]. 中国工程咨询，2006（10）：36–38.

[ 31 ] 沈显之. 对建设工程总承包合同主体间基本对价关系的研究（上）——从菲迪克合同条件看上述对价关系在法定和约定上的范围划分 [ J ]. 中国工程咨询，2006（9）：33–36.

[ 32 ] 朱梓萌，郎颖玫. 关于工程建设总承包合同管理的一点思考 [ J ]. 橡塑技术与装备，2013，39（10）：58–60.

[ 33 ] 袁鹤桐. 行业转型背景下工程总承包企业能力影响因素及机理研究 [ D ]. 济南：山东建筑大学，2021.

[ 34 ] 中国建筑业协会工程项目管理委员会，中国建筑第八工程局. 建设工程总承包项目管理实务指南 [ M ]. 北京：中国建筑工业出版社，2006.